AI

提示工程
实战

从零开始利用提示工程
学习应用大语言模型

兰一杰　于辉◎著

北京大学出版社
PEKING UNIVERSITY PRESS

内 容 提 要

随着大语言模型的快速发展，语言AI已经进入了新的阶段。这种新型的语言AI模型具有强大的自然语言处理能力，能够理解和生成人类语言，从而在许多领域中都有广泛的应用前景。大语言模型的出现将深刻影响人类的生产和生活方式。本书将介绍提示工程的基本概念和实践，旨在帮助读者了解如何构建高质量的提示内容，以便更高效地利用大语言模型进行工作和学习。

本书内容通俗易懂，案例丰富，适合所有对大语言模型和提示工程感兴趣的读者。无论是初学者还是进阶读者，都可以从本书中获得有价值的信息和实用技巧，帮助他们更好地应对各种挑战和问题。

图书在版编目(CIP)数据

AI提示工程实战：从零开始利用提示工程学习应用大语言模型 / 兰一杰，于辉著. — 北京：北京大学出版社，2024.1

ISBN 978-7-301-34763-8

Ⅰ.①A… Ⅱ.①兰… ②于… Ⅲ.①人工智能 Ⅳ.①TP18

中国国家版本馆CIP数据核字（2024）第003093号

书　　　名	AI提示工程实战：从零开始利用提示工程学习应用大语言模型
	AI TI SHI GONGCHENG SHIZHAN: CONG LING KAISHI LIYONG TISHI GONGCHENG XUEXI YINGYONG DAYUYAN MOXING
著作责任者	兰一杰　于　辉　著
责 任 编 辑	王继伟　刘　倩
标 准 书 号	ISBN 978-7-301-34763-8
出 版 发 行	北京大学出版社
地　　　址	北京市海淀区成府路205号　100871
网　　　址	http://www.pup.cn　新浪微博:@北京大学出版社
电 子 邮 箱	编辑部 pup7@pup.cn　总编室 zpup@pup.cn
电　　　话	邮购部 010-62752015　发行部 010-62750672　编辑部 010-62570390
印 刷 者	北京鑫海金澳胶印有限公司
经 销 者	新华书店
	787毫米×1092毫米　16开本　20印张　482千字
	2024年1月第1版　2024年1月第1次印刷
印　　　数	1-4000册
定　　　价	89.00元

大语言模型的强大自然语言处理能力和对话生成能力使其成为构建智能对话系统的有力工具，并且在各个领域都有望发挥重要的作用。特别是在智能客服和支持、虚拟助手和个人助理、教育和培训、内容创作和编辑、语言翻译和交流、个性化推荐和营销等方面，大语言模型具有巨大的应用潜力。

提示工程作为一种优化对话性能、提高对话系统质量和灵活性的技术，在未来的发展中也将会越来越受到关注。通过使用提示工程，对话系统可以更好地理解和生成人类语言，从而提供更准确、更自然、更个性化的对话体验。

随着对话模型技术的发展和优化，提示工程将成为进一步提升对话系统质量的重要手段之一。特别是在控制生成内容、提高准确性、解决偏见和敏感问题、改善用户体验、生产工具集成等方面，提示工程具有广阔的应用前景。

笔者的使用体会

基于国产大语言模型和ChatGPT的"提示工程"实践展现出了令人印象深刻的语言理解和生成能力。这些大语言模型可以理解复杂的问题，并生成准确和流畅的回复，使得与大语言模型的对话感觉更加自然和真实。然而，由于大语言模型的训练数据和知识库的限制，它们在某些情况下可能会生成不准确或误导性的回复。因此，设计和优化提示文本非常重要。

构建提示内容是一个动态的过程，需要不断实践和优化。通过尝试不同的提示策略和技巧，以及与模型的交互，可以逐步提高对话质量和模型的性能。同时，用户也需要保持学习能力，不断储备专业知识并增强自身的语言表述能力。这样可以帮助用户更好地构建有效的提示内容，并对大语言模型回答内容的正确性作出判断。

本书特色

- 从零开始：从大语言模型的使用环境开始讲解，逐步实践、应用"提示工程"。

- 内容新颖：紧跟技术发展，实践和应用前沿技术，发掘潜在应用价值。
- 结构完整：章节内容环环相扣，形式合理的技术体系，易于学习和总结。
- 内容实用：结合大量提示示例进行讲解，可解决工作、学习中的实际问题。
- 示例提示：提供大量的提示示例，帮助读者做到举一反三。

本书读者对象

- 基于大语言模型学习"提示工程"的入门读者和进阶读者
- 使用大语言模型提升工作效率的白领
- 使用大语言模型提升学习质量的学生
- 数据分析师
- Python 工程师

编　者

2023.7

温馨提示：本书附赠资源读者可用微信扫描封底二维码，关注"博雅读书社"微信公众号，并输入本书 77 页资源下载码，根据提示获取。

## 第 1 章

认识大语言模型

大语言模型（Large Language Model，LLM）是一种人工智能模型，这种模型的主要目标是理解和生成人类语言。

本章主要涉及的知识点如下。

- 介绍大语言模型是什么及其发展现状。
- 介绍大语言模型的相关概念。
- 介绍国产大语言模型的使用方式。
- 介绍ChatGPT的使用方式。

1.1 大语言模型是什么

大语言模型是指在大规模文本语料上训练得到的，参数规模巨大的神经网络语言模型。它有以下 5 个特征。

（1）参数规模巨大：大语言模型的参数量非常庞大，可以达到数十亿甚至上百亿个参数，远远超过传统的语言模型。

（2）预训练能力强：大语言模型通过在大规模语料上进行无监督预训练，学习语言的统计规律，获得强大的语言理解和生成能力。

（3）可微调：预训练的语言模型可以通过微调来适应下游的具体NLP任务，如文本分类、机器翻译等。

（4）编码器-解码器结构：大语言模型同时包含编码器和解码器，可以更好地支持理解与生成语言的双向运算。

（5）Transformer架构：大语言模型是基于Transformer的一种更复杂的模型结构，作为大语言模型的底座，Transformer提供了一种有效的方式来处理序列数据，特别是长序列数据。

1.2 大语言模型的发展现状

大语言模型正朝着规模不断扩大、能力持续提升、落地应用日益广泛等方向发展。以下介绍有一定代表性的国产大语言模型和ChatGPT的发展史。

1. 国产大语言模型

目前，国产大语言模型的发展呈现出百花齐放的态势。众多科技巨头结合自身的业务需求和战略布局，纷纷投身于大语言模型的研发和应用。表1-1介绍了目前国产大语言模型的发展特点。

表1-1 国产大语言模型的发展特点

发展现状	说明
注重落地应用	快速形成产品化，如面向客户服务、内容生产的智能对话机器人
多模态能力	图像、音频和文本的结合，形成丰富多模态能力
侧重中英文	训练数据集侧重中英文，对其他语言的适配性较弱，目前应用以中文为主
提升连续对话	由于模型规模所限，连续对话有待提升，这也是目前的研究重点
细分领域优势	国产大语言模型针对本地行业或企业的需求进行定制化，从而在特定领域（如金融、医疗、法律等）提供更专业的支持和解决方案

2. ChatGPT

ChatGPT作为目前最先进的大语言模型应用，有着庞大的用户群体和广阔的发展前景。表1-2介绍了ChatGPT的发展史。

表1-2 ChatGPT的发展史

版本	发布时间	说明
GPT-1	2018年	GPT-1是GPT系列的第一个版本，是基于Transformer架构的预训练语言模型，具有1.1亿个参数，但相对于后续的版本，其规模较小，性能有限
GPT-2	2019年	GPT-2是GPT系列的第二个版本，是一个大型的预训练语言模型，有15亿个参数，相比于GPT-1，在模型规模和性能上都有了显著的提升。它在生成文本和理解上下文方面表现出了更好的能力
GPT-3	2020年	GPT-3是GPT系列的第三个版本，是一种巨大规模的预训练语言模型，有1750亿个参数。GPT-3在对话和交互任务中具备出色的表现，在理解和生成文本方面表现出了一定的创造性和上下文理解能力
GPT-3.5	2021年	GPT-3.5是由GPT-3微调的版本，模型的参数量为2000亿，通过超大规模训练进一步增强了语言理解和生成的能力
GPT-4	2023年	GPT-4生成的答案错误更少，正确性比GPT-3.5高。GPT-4具有更广泛的常识和解决问题的能力

1.3 大语言模型的重要概念

理解大语言模型的重要概念，可以更好地发挥大语言模型的潜力，并根据任务要求和预期结果进行适当控制和调整。

1. Transformer

Transformer是一种用于处理序列数据的深度学习模型架构，它在大语言模型中扮演着关键的角色，其利用自注意力机制来捕捉输入序列中的依赖关系，帮助模型理解和建模上下文信息。

2. LLM

LLM（Large Language Model）是基于Transformer构建的大型语言模型，大型语言模型经过大规模的预训练，可以从大量的文本数据中学习到语言的统计特征和语义关联。

3. prompt

prompt是一段文本，用于引导和指导模型生成特定类型的回复。它可以是一个问题、指令或上下文信息，旨在影响模型生成的输出。

4. token

token是指对文本进行分割和编码后的最小单位。输入文本将被分割成一系列的token，每个token代表一个单词、一个字符或一个子词。

5. temperature

temperature是一个用于控制生成文本多样性的参数。较高的temperature值会使生成的文本更加随机和多样化，而较低的temperature值会使生成的文本更加确定和保守。

6. top_p

top_p采样是一种生成文本的策略，它基于给定的概率分布选择最高的一部分候选词。具体而言，它通过动态截断概率累积分布中的最低概率，以确保生成的词汇具有一定的多样性。

1.4 大语言模型的使用方式

各大语言模型操作上大同小异，在模型环境下输入提示词即可。ChatGPT作为目前最先进的大语言模型应用，能最大可能地理解和发挥提示词的作用。本节简要介绍国产大语言模型的使用流程后，详细介绍ChatGPT的使用流程。以便后续章节中在ChatGPT中实践提示词和复用提示技巧到国产大语言模型中。

1.4.1 国产大语言模型的使用流程

国产大语言模型在使用上大致相同，通过3个步骤即可完成，以下通过星火大模型进行演示。

1. 注册账号

打开星火大模型官网，单击右上角"登录"按钮，进入登录界面。如图 1-1 所示，输入手机号并填写手机验证码，勾选下方的"未注册的手机号将自动注册。勾选即代表您同意并接受服务协议与隐私政策"选项，然后单击"登录"按钮即可完成账号注册。

图 1-1　注册账号

2. 输入提示内容

完成第 1 步的操作后，进入星火网页应用，如图 1-2 所示，在底部的输入框中输入提示内容后，单击"发送"按钮即可。

图 1-2　输入提示内容

3. 探索特色功能

国产大语言模型提供了很多特色功能，如星火大模型有插件、助手中心、文生图等特色功能，读者可进行自由探索和学习。

1.4.2　ChatGPT的使用流程

1. 注册ChatGPT账号

使用ChatGPT首先需要注册账号，必备的资源包括畅通的网络和注册用的电子邮箱，注册过程可分为 2 个步骤。

（1）打开OpenAI官网，进入ChatGPT应用登录界面，单击"Sign Up"打开注册页面，如图 1-3 所示。

（2）使用电子邮箱注册。在注册界面中输入电子邮箱，注册时设置一个至少 8 个字符的密码，电子邮箱会收到一封验证邮件，按照指引完成注册验证，如图 1-4 所示。

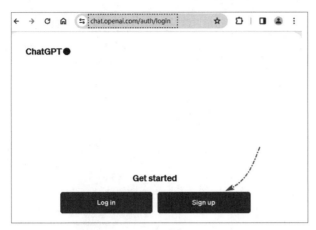

图 1-3 注册 ChatGPT 账号

图 1-4 使用电子邮箱注册

2. ChatGPT 对话程序

完成 ChatGPT 账号注册后，单击 "Log in" 进行登录。成功登录后，打开如图 1-5 所示的对话网页。在与 ChatGPT 进行对话时，需要注意 3 个功能点。在图中 1 标识处输入对话；在图中 2 标识处的下拉列表中可选择要使用的模型；单击图中 3 标识处可开启新的对话。

图 1-5 ChatGPT 对话网页

3. ChatGPT Playground 程序

ChatGPT Playground 是一个交互式的开发环境，提供了更多的控制和自定义选项，这个程序环境可以更好地探索和调整 ChatGPT 的行为。图 1-6 所示为 ChatGPT Playground 程序界面，可以发现它比 ChatGPT 对话网页有更多的功能。

图 1-6　ChatGPT Playground 程序界面

4. ChatGPT API

OpenAI官方提供了一系列 ChatGPT API，可用于将 ChatGPT 模型集成到自己的应用程序中，以便使用 ChatGPT 进行文本生成任务。使用 ChatGPT API 进行编程相对简单，只需了解 HTTP 协议和简单的 JSON 数据格式即可。目前，官方支持三种方法来使用 ChatGPT API，即使用 Python 包、使用 Node.js 包和使用 curl HTTP 工具。通过这些编程语言包或工具，ChatGPT API 成为一个强大的工具，在许多应用程序中有广泛的应用。同时，理解 API 参数的含义有助于构建更好的提示内容。

第 2 章

ChatGPT 应用体验

本章使用 ChatGPT 在多个场景中完成对话，旨在让读者了解如何应用 ChatGPT 及它的使用方式，并引出本书后续章节的内容。

本章主要涉及的知识点如下。

● 介绍与 ChatGPT 的对话环境。

● 设计特定语境上下文确保对话连贯性。

● 模拟 API 参数进行对话。

● 将 ChatGPT 作为助手完成特定领域的工作。

2.1 第一次对话

与 ChatGPT 进行对话的过程非常简单，只需输入想要提出的问题，ChatGPT 会迅速回答。这种对话方式无需任何技能或专业知识，适用于任何人与 ChatGPT 进行交流。接下来，我们将通过 ChatGPT 对话程序和 Playground 程序两种方式分别进行对话，通过比较提示内容和设置不同的参数，来体验"提示"在对话中的作用。

1. ChatGPT 对话程序

图 2-1 展示的是使用中文与 GPT-4 模型进行对话的示例。在这个示例中，没有提供任何提示的具体说明，而是让 ChatGPT 自行理解并生成回应。

> 🔟 **提示的内容如下（使用 GPT-4 模型）。**
>
> 　天空是蔚蓝的

ChatGPT 对提示内容"天空是蔚蓝的"的回答是对这一现象的解释。

> ⑥ **ChatGPT 的回答如下。**
>
> 　是的，天空通常是蔚蓝色的。这是因为大气中的气体和其他微小颗粒物质使得阳光在大气中散射。这种散射现象叫做"瑞利散射"。短波长的光（例如蓝光）比长波长的光（例如红光）更容易散射。因此，当阳

光穿过大气时，蓝色光的散射效果更为显著，使我们看到的天空呈现出蔚蓝色。

但这样的提示内容并没有意义，因为在提示内容中没有明确说明希望ChatGPT执行的操作，得到的结果可能并不是我们期望的。

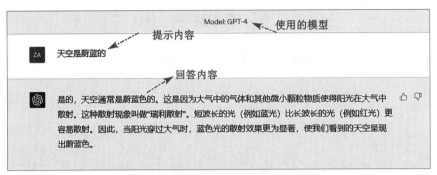

图 2-1　ChatGPT对话程序

2. Playground程序

在Playground程序环境中进行问答时，以下是提示内容的说明。我们使用的模型是"text-davinci-003"，它适用于各种文本生成任务。可以通过设置"Temperature"参数来控制回答内容的创造性程度，同时可以设置"Maximum length"参数的值来限制回答的最大输出长度。在以下提示的内容中明确地说明响应的行为是"补充句子"。

> 🔟 **提示的内容如下（使用text-davinci-003模型，Temperature的参数值为0.98，Maximum length的参数值为30）。**
> 要求：补充句子，补充内容不超过30个token长度
> 句子：天空是蔚蓝的，

如图 2-2 所示，ChatGPT按提示要求和设置参数响应提示内容。

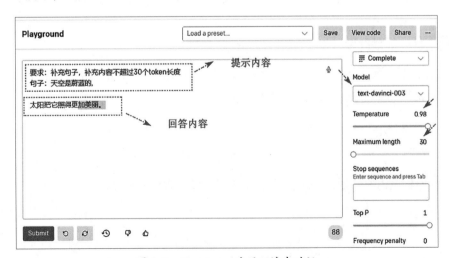

图 2-2　Playground应用环境中对话

2.2　设计特定语境上下文

人在日常对话中可以理解语境的上下文，做出符合逻辑的回答。ChatGPT 也可以基于语境进行推理，在本节将构建特定语境上下文让 ChatGPT 来回答。

2.2.1　现实例子

有一句话叫"说曹操曹操就到"，用来描述"正当谈论某个人的时候，那个人就出现了"的情景，同时提供了一个非常特别的语境。构建以下提示内容测试 ChatGPT 是否理解这句话的意思，并能结合语境给出正确的回答。

> 提示的内容如下（使用 GPT-4 模型）。
>
> 　场景：小红和小明在谈论小黄，这时小黄从远处走来，小红说"说曹操曹操就到"。
>
> 　上述场景中谁是曹操，回答字数控制在 20 个字以内。

> ⑤ ChatGPT 的回答如下。
>
> 　上述场景中，曹操代指小黄，因为小红和小明正在谈论他。

2.2.2　构建语境

在以下提示内容中构建特定的语境上下文让 ChatGPT 进行推理。提示的内容如下所示，在提示内容中通过时间点"周五 5 点""早上""周六"串联起来场景。

> 提示的内容如下（使用 GPT-4 模型）。
>
> 　情景：周五 5 点时乌云密布，张三早上上班时没带雨伞，周六张三卧床休息。
>
> 　回答：张三周六为什么要卧床休息，回答字数控制在 20 个字以内。

ChatGPT 基于语境"乌云密布""没带伞""卧床休息"，而推导出"淋雨感冒"，ChatGPT 的回答如下所示。

> ⑤ ChatGPT 的回答如下。
>
> 　张三周六卧床休息可能是因为周五淋雨感冒了。

2.3　模拟 API 参数

OpenAI 提供了使用 ChatGPT 的 API 方式，我们模拟 API 请求参数与 ChatGPT 进行对话，可以更好地控制 ChatGPT 的输出内容。

2.3.1 模拟API参数进行对话

在以下提示内模拟一个API请求中的对话交互数据，在messages对象数组中首先告诉ChatGPT，其扮演的角色为"助手"，然后给出"用户"和"助手"的对话例子，最后让"助手"给出应答。为了让回答更具创造性，设置参数"temperature"的值为0.85，为了限制回答的最大字符长度，设置参数"max_tokens"的值为60。

> 🔟 **提示的内容如下（使用GPT-4 模型）。**
>
> 要求：模拟对话API"v1/chat/completions"，基于参数给出回答。
>
> ```
> -d
> {
> "messages": [
>     {"role": "system", "content": "您是一位富有创意的助手。"},
>     {"role": "user", "content": "写一个关于太空冒险的短篇故事。"},
>     {"role": "assistant", "content": "在 2999 年，张三船长执行了一场大胆的任务，
> 探索银河系的外围。"},
>     {"role": "user", "content": "生动地描述一下张三船长遇到的神奇外星硅基文明。"}
> ]
> "temperature":"0.85",
> "max_tokens":"60"
> }
> ```

上述的提示技巧是"角色提示"，提示内容的特点是"想象力"，ChatGPT理解后作出回答。

> 🤖 **ChatGPT的回答如下。**
>
> ```
> "message": {
>             "role": "assistant",
>             "content": "张三船长遇到了一支神秘的硅基生命种族，它们的身体闪烁着五彩
> 斑斓的光芒，每一位生命体都拥有超自然的心灵力量。张三进入一个漂浮在虚空的神奇城市，那里充
> 满了梦幻的晶体建筑和浮动的能量场。"
> }
> ```

2.3.2 通过Playground调整参数

如图 2-3 所示，在 Playground 程序环境中选择 Chat 模型。调高 Temperature 参数值，使回答更富创造力。在 SYSTEM 输入框中输入提示，读者可以根据需要调整参数，比较不同的输出，体会参数的重要性。

图 2-3　通过 Playground 程序环境调整参数

2.4　专业领域助手

ChatGPT 最重要的应用场景之一是作为各个专业领域的 AI 助手。然而，在专业领域中，对于提示内容的要求更为严格和具体。本节将通过列举统计分析和 Python 编程这两个专业领域的例子，来说明在专业领域中提示内容的重要性。在这些领域中，准确和清晰的提示内容可以帮助 ChatGPT 更好地理解问题，并给出更具专业性和可靠性的回答。

2.4.1　统计分析

通过 Markdown 标记语言编写了一份表格数据，然后要求 ChatGPT 计算出这份数据的统计学描述，提示内容如下。

> 🔟 提示的内容如下（使用 GPT-4 模型）。
>
> 请对以下的 Markdown 表格数据进行统计学描述，计算体重和血压的相关性。
>
> ```
> | 体检号 | 血压（mmHg） | 体重 (KG) |
> | ------ | ------------- | -------- |
> | 1      | 79            | 60.5     |
> | 2      | 100           | 70.3     |
> | 3      | 120           | 72.2     |
> | 4      | 80            | 55.4     |
> | 5      | 60            | 58.5     |
> | 6      | 89            | 66.8     |
> | 7      | 99            | 74.3     |
> ```

在提示内容中只给出要分析的数据，没有明确地说明希望计算哪些统计量。以下是ChatGPT回复的部分内容，只展示了血压和体重的平均值和标准差，但计算结果有误。

> ⑤ **ChatGPT的回答如下。**
> 首先，我们将提供这 7 位体检者的血压和体重的基本统计信息。
> 血压（mmHg）：
> 平均值：89.57
> 标准差：19.83
> 体重（KG）：
> 平均值：65.57
> 标准差：6.69
> ……

为了尝试修正回答的错误，重新提交提示内容。其中用方括号引用的内容就是为了修改错误而添加的提示内容。

> 🔟 **提示的内容如下（使用GPT-4 模型）。**
> 请对以下的Markdown表格数据统计平均数和标准差，［请一步一步计算，平均数和标准差的正确性很重要］。
>
> | 体检号 | 血压（mmHg） | 体重（KG） |
> | ------ | ------------ | --------- |
> | 1 | 79 | 60.5 |
> | 2 | 100 | 70.3 |
> | 3 | 120 | 72.2 |
> | 4 | 80 | 55.4 |
> | 5 | 60 | 58.5 |
> | 6 | 89 | 66.8 |
> | 7 | 99 | 74.3 |

基于新提示的内容，ChatGPT的回答如下。首先它按要求进行了分步计算，正确地计算了平均值，但是标准差还是计算有误。为了能得到全部正确的计算，可以让ChatGPT按详细的步骤计算，或是让其编写Python代码，然后自己执行Python代码。

> ⑤ **ChatGPT的回答如下。**
> 首先，我们计算血压和体重的平均值。
> 血压（mmHg）：
> (79 + 100 + 120 + 80 + 60 + 89 + 99) / 7 = 627 / 7 = 89.57
> 体重（KG）：
> (60.5 + 70.3 + 72.2 + 55.4 + 58.5 + 66.8 + 74.3) / 7 = 458 / 7 = 65.43

现在我们已经得到了平均值，接下来计算标准差。首先，计算每个数据与平均值的差值的平方，然后求和，最后除以数据量减 1，得到方差。然后对方差开平方得到标准差。

血压（mmHg）方差：

$[((79-89.57)^2 + (100-89.57)^2 + (120-89.57)^2 + (80-89.57)^2 + (60-89.57)^2 + (89-89.57)^2 + (99-89.57)^2) / 6] = 2457.14 / 6 = 409.52$

血压（mmHg）标准差：

sqrt(409.52) = 20.24

······

2.4.2　编程语言

通过 2.4.1 节例子发现 ChatGPT 并不擅长数据计算，可以让 ChatGPT 编写 Python 代码进行数据统计。

🔟 提示的内容如下（使用 GPT-4 模型）。

指令：使用 Python Pandas 包的 describe 函数统计 Markdown 表格数据

数据：

```
| 体检号 | 血压（mmHg）| 体重 (KG) |
| ------ | ----------- | -------- |
| 1      | 79          | 60.5     |
| 2      | 100         | 70.3     |
| 3      | 120         | 72.2     |
| 4      | 80          | 55.4     |
| 5      | 60          | 58.5     |
| 6      | 89          | 66.8     |
| 7      | 99          | 74.3     |
```

ChatGPT 输出的 Python 代码如下，首先将 Markdown 表格数据转换为字典列表，然后将字典列表转换为 Pandas DataFrame 类型，最后使用 Pandas 包的 describe 函数统计数据。

⑤ ChatGPT 的回答如下。

要使用 Python Pandas 包的 describe 函数统计 Markdown 表格数据，首先需要将 Markdown 表格数据转换为 Pandas DataFrame。以下是一个示例。

```
import pandas as pd

# 将 Markdown 表格数据转换为字典列表
data = [
    {'体检号': 1, '血压（mmHg）': 79, '体重 (KG)': 60.5},
```

```
        {'体检号': 2, '血压(mmHg)': 100, '体重(KG)': 70.3},
        {'体检号': 3, '血压(mmHg)': 120, '体重(KG)': 72.2},
        {'体检号': 4, '血压(mmHg)': 80, '体重(KG)': 55.4},
        {'体检号': 5, '血压(mmHg)': 60, '体重(KG)': 58.5},
        {'体检号': 6, '血压(mmHg)': 89, '体重(KG)': 66.8},
        {'体检号': 7, '血压(mmHg)': 99, '体重(KG)': 74.3}
]

# 将字典列表转换为 Pandas DataFrame
df = pd.DataFrame(data)

# 使用 Pandas 的 describe 函数统计数据
stats = df.describe()

# 输出统计结果
print(stats)
```

执行上述的 Python 代码的结果如下，统计了数据集的行数、平均数、标准差、最大值/最小值、四分位数。这样就解决了 ChatGPT 不善于数据计算的问题。

	体检号	血压（mmHg）	体重（KG）
count	7.000000	7.000000	7.000000
mean	4.000000	89.571429	65.428571
std	2.160247	19.156001	7.337510
min	1.000000	60.000000	55.400000
25%	2.500000	79.500000	59.500000
50%	4.000000	89.000000	66.800000
75%	5.500000	99.500000	71.250000
max	7.000000	120.000000	74.300000

2.5 基于对话绘图

随着诸如 ChatGPT 语言模型的发展，AI 绘图应用也能够更好地理解提示内容，并绘制出质量更高、更符合要求的图片。在本节中，我们将介绍两款 AI 绘图模型，即 DALL·E 和 Stable Diffusion，并演示如何通过基于提示内容的方式进行绘图。

2.5.1 DALL·E 绘图

DALL·E 是由 OpenAI 研发的一个图像生成模型，它可以接受文本描述作为输入，并生成对应的图像。这个模型是基于 GPT-3 语言模型技术进行构建的，能够生成多样化、高质量的图像。

> 💬 **提示的内容如下（使用DALL·E模型）。**
>
> 画一幅阳光灿烂，天空蔚蓝，有金黄色沙滩的油画

图 2-4 所示为DALL·E基于提示内容绘制的图像。

图 2-4　DALL·E基于提示生成图像

2.5.2　Stable Diffusion绘图

Stable Diffusion是开源AI绘图模型，可以根据文本输入生成图像。目前 Stable Diffusion只支持英文输入，将提示"画一幅阳光灿烂，天空蔚蓝，有金黄色沙滩的油画"翻译成英文后，提示的内容如下。

> 💬 **提示的内容如下（使用 Stable Diffusion 模型）。**
>
> Paint an oil painting with bright sunshine, blue sky, and golden beaches

图 2-5 所示为 Stable Diffusion基于提示内容绘制的图像。

图 2-5　Stable Diffusion基于提示生成图像

2.6　场景总结

前面几节中在不同的应用场景下演示了使用ChatGPT，并通过不同的提示内容生成了多样化的

结果。以下将进行总结，说明提示内容的重要性，并引出后续章节的内容。

1. 关注提示方式、内容、格式、语境上下文

本章通过演示各种提问方式，观察应答内容的差异，从而帮助我们明确提示工程中的主要关注点。这些关注点包括提示的方式、内容、格式及语境上下文的重要性。通过对这些方面的认识和理解，能够更好地设计和构建有效的提示内容，从而影响ChatGPT生成的回答。

2. 尝试以清晰、简单、灵活的方式提问

在2.3节中，模拟了ChatGPT API参数的内容，并使用JSON数据的方式组织提示内容。使用JSON数据的好处是它既易于阅读和编写，又易于机器解析和生成。通过使用JSON数据，能够清晰地组织和定义提示模板，使其具有组织清晰、简单和灵活的特点。这种组织方式为构建高效的提示模板提供了良好的开端，同时也方便了后续的扩展和修改。

3. 严谨对待专业领域的提示

在2.4节中，演示了ChatGPT在统计分析和编程两个专业领域的应用，同时也发现目前ChatGPT在数值计算方面的表现还不够出色。这个观察提醒我们，在各类专业领域中使用ChatGPT时需要保持严谨的态度。作为提示者，需要具备相应的知识储备，能够运用专业术语进行提问，并且对ChatGPT生成的回答结果进行判断。这样才能确保在专业领域的应用中获得准确、可靠的结果。

4. 关注提示工程广泛应用的可能性

在2.5节中，演示了如何通过ChatGPT与其他应用程序协同工作，以完成相关的任务。作为读者应该结合自己的工作和学习情况，合理地将ChatGPT与相关的应用程序结合使用，以实现更高效的目标。通过充分利用ChatGPT的能力和其他应用程序的功能，可以提高工作和学习效率。

## 第 3 章

ChatGPT API

使用ChatGPT API进行编程相对简单，只需要了解HTTP协议和JSON数据格式即可。在本章中，我们将介绍HTTP请求的基本原理，讲解JSON数据格式的结构和使用方法，说明ChatGPT API的调用流程。

本章主要涉及的知识点如下。

- HTTP的请求流程及重要概念。
- 学习和应用JSON数据格式。
- ChatGPT API的调用流程。
- 介绍ChatGPT API参数和返回结果。

> 注意：使用ChatGPT时切勿使用个人或企业的敏感信息构建提示内容。

3.1 准备工作

为了调用ChatGPT API，我们需要构建适合的调用环境。在本节中，我们将使用curl工具来构建学习和测试HTTP请求的环境。curl是一个功能强大的命令行工具，它能够发送HTTP请求并接收响应，非常适合用于与ChatGPT API进行交互。

3.1.1 HTTP请求

在日常工作中使用浏览器来访问网页，这实际上是向远程服务器发送HTTP请求，服务器接收到请求后返回相应的资源，然后浏览器将其展示给我们。为了更好地理解ChatGPT API的调用方式，接下来将介绍HTTP请求的流程和方法。

1. HTTP请求流程

图 3-1 所示为HTTP请求响应流程。HTTP请求是指从客户端（如浏览器）到服务器的请求消息，为了理解HTTP请求，需要了解以下几个重要概念。

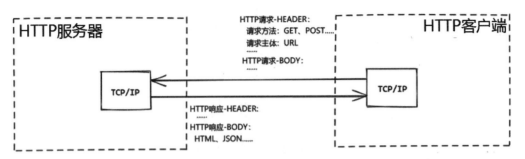

图 3-1 HTTP 请求响应流程

（1）URL（统一资源定位符）。URL 用于指定资源的位置，以便客户端能够定位并请求该资源。一个典型的 URL 由协议（如 HTTP）、域名（如 www.example.com）、端口（可选，如 80）和路径（如 /index.html）组成。

（2）HTTP 请求方法。HTTP 请求中包含一个表示操作类型的方法，常见的 HTTP 方法如表 3-1 所示。

表 3-1 HTTP 请求方法

请求方法	说明
GET	请求获取指定资源
POST	提交数据以创建新资源
PUT	更新现有资源
DELETE	删除指定资源
HEAD	与 GET 类似，但仅请求资源的元信息，不包括实际数据
OPTIONS	查询服务器支持的 HTTP 方法

（3）HTTP 请求消息头。HTTP 请求包含一些元数据，这些元数据以键值对的形式存储在请求头中。请求头提供了有关客户端、服务器和请求本身的信息。

（4）HTTP 请求主体。对于某些 HTTP 方法（如 POST、PUT 和 PATCH），请求主体中包含了需要发送给服务器的数据。请求主体的格式可以是多种多样的，如表单数据、JSON、XML 等。

2. 一个 HTTP 请求示例

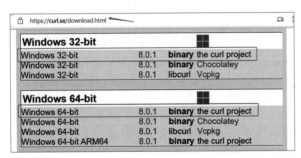

图 3-2 下载适合 Windows 平台的 curl 工具

通过使用 curl 工具发起 HTTP 请求，读者可以详细了解 HTTP 的请求过程，并为后续演示调用 ChatGPT API 做好准备。

（1）下载 curl 工具。从 curl 官网下载适用于操作系统的 curl 版本。对于 Windows 平台用户，可以下载包含 curl 可执行文件的压缩包，如图 3-2 所示。

（2）配置环境变量。解压缩下载的curl压缩包到合适目录，将curl解压目录中bin文件路径信息配置到"环境变量"中的"Path"变量中。配置完毕后，打开"Power Shell"或"CMD"控制台工具，输入"curl.exe --help"命令，如可以正常输出信息，说明配置成功可以正常使用。

（3）发起HTTP请求。在"Power Shell"或"CMD"控制台中，可以输入以下测试命令，向本地测试API发起HTTP请求。

```
命令参数说明：

-v选项：可以输出HTTP请求的整个过程，包括请求头和响应信息。
-X选项：可以指定HTTP请求方法，如-X POST表示使用POST方法。
-H选项：可以指定HTTP请求头的参数。
-d选项：可以指定HTTP请求主体数据，并以JSON格式组织请求参数。
curl  -v \
-X 'GET' 'http://127.0.0.1:8000/v1/completions/' \
-H "Content-Type: application/JSON" \
-H "Authorization: API_KEY_XXXXXXXXXXXXXXXXXX" \
-d '{
  "model": "text-davinci-003",
  "prompt": "Say this is a test",
  "max_tokens": 7,
  "temperature": 0
}'
```

发起请求响应的数据如下：以"*"开头的行是curl自动添加的辅助信息，以">"开头的行表示请求信息，以"<"开头的行表示响应信息。在响应信息的最下方是返回的数据，本测试API返回的是JSON格式数据。

```
* Connected to 127.0.0.1 (127.0.0.1) port 8000 (#0)
> GET /v1/completions/ HTTP/1.1
> Host: 127.0.0.1:8000
> User-Agent: curl/7.88.1
> Accept: */*
> Content-Type: application/JSON
> Authorization: Bearer
> Content-Length: 116
>
} [116 bytes data]
< HTTP/1.1 200 OK
< date: Thu, 06 Apr 2023 07:03:31 GMT
< server: uvicorn
< content-length: 136
```

```
< content-type: application/JSON
<
{ [136 bytes data]
100    252  100    136  100    116  65510    55876 --:--:-- --:--:-- --:--:--
123k[{"item":"GPT-4"},{"item":"GPT-3.5"},{"item":"DALL·E"},{"item":"Whisper
"},{"item":"Embeddings"},{"item":"Moderation"},{"item":"GPT-3"}]
* Connection #0 to host 127.0.0.1 left intact
```

3.1.2　JSON数据格式

为了更好地调用ChatGPT API，本节将介绍JSON数据格式，该格式在ChatGPT API的请求数据和响应数据中均有使用。

1. JSON是什么

JSON是一种轻量级的数据交换格式，它的设计原则是易于阅读和编写，并且方便机器解析和生成。JSON格式被广泛应用于不同系统之间的数据交换，如前后端之间的数据传输及各种API的返回数据。

下面是一个JSON格式数据的示例，JSON数据具有自我描述性，即使对JSON不熟悉的人，也可以猜测出以下JSON数据表达的意义。

```
{
    "name":" 张三 ",
    "age":28,
    "isMarried":false,
    "hobbies":["playing basketball","traveling"],
    "address":
    {
        "city":"Beijing",
        "district":"Haidian"
    }
}
```

2. JSON数据的结构

JSON数据的结构是由一组键值对构成的集合，它们按顺序排列，并被大括号 {} 包围。每个键值对之间用逗号分隔。在下面的JSON数据中，name、age和isMarried是键，键必须是字符串类型。而对应的值为张三、25和true，值可以是字符串、数字、对象、数组等不同的数据类型。

```
{
    "name": " 张三 ",
    "age": 25,
    "isMarried": true,
}
```

JSON对象用大括号 {} 表示，而 JSON 数组用方括号 [] 表示。这两种结构可以相互嵌套。下面是一个示例的 JSON 数据，其中联系方式的键 "contact number" 对应的值是一个对象类型的数据。

```
{
    "address": "Beijing",
    " contact number":
    [
        {
            "type": "home",
            "number": "12345678"
        },
        {
            "type": "phone",
            "number": "18123456789"
        }
    ]
}
```

3.1.3 GPT模型和API

目前最成熟且最常用的 GPT 版本是 GPT-3.5 和 GPT-4。它们是由一系列模型组成的集合，每个模型都能完成不同的功能。

1. GPT 模型

表 3-2 列出了 GPT-3.5 和 GPT-4 中部分常用模型的信息。对于许多基本任务而言，GPT-4 和 GPT-3.5 之间的差异并不明显。然而，在更复杂的推理情境下，GPT-4 展现出了超越以往任何模型的能力。

表 3-2 GPT-3.5 和 GPT-4 部分常用模型

模型	说明	最大TOKENS	所属GPT
gpt-4	能够完成更复杂的任务，并为聊天进行了优化，该模型将与最新的模型迭代更新	8192	GPT-4
gpt-4-32k	与基础 gpt-4 模型有相同的功能，但上下文长度是它的 4 倍	32768	GPT-4
gpt-3.5-turbo	相比 text-davinci-003 模型，它是更强大、更高效的自然语言处理模型，但成本只是其 1/10	4096	GPT-3.5
text-davinci-003	该模型有很强的文本生成能力，可以生成与输入相似的自然语言文本	4097	GPT-3.5

续表

模型	说明	最大TOKENS	所属GPT
text-davinci-002	与 text-davinci-003 功能类似，但是用监督微调而不是强化学习进行训练的	4097	GPT-3.5

2. 对外开放的API

并非所有模型都提供可调用的API接口，而且其中一些API也并非完全开放，需要付费才能使用。表3-3中列举了一些开放的API的相关信息。

表3-3　部分开放的API

API端点	说明	适用模型
/v1/chat/completions	用于进行对话式文本生成	gpt-4、text-davinci-003、gpt-3.5-turbo 等
/v1/completions	用于生成单个或多个文本片段	text-davinci-003、text-davinci-002、text-babbage-001 等
/v1/models	返回所有可用的模型列表	适用于所有模型
/v1/models/{model}	返回特定模型的详细信息	适用于所有模型

3.1.4　认识ChatGPT API

ChatGPT API 允许开发人员将功能强大的语言模型 ChatGPT 无缝集成到他们自己的应用程序、产品或服务中。通过 ChatGPT API，提供了各种参数和选项，可以对 ChatGPT 模型的行为进行定制。

1. 模型信息

OpenAI 发布了不同的版本模型，如 gpt-3.5-turbo、text-davinci-003 等。每个版本的性能特征略有不同，以下介绍可查询模型信息的API。

（1）查看可用模型的API

```
1- 命令说明：https://api.openai.com/v1/models 是模型列表 API, API 返回结果以 JSON 格式数据组织模型信息。curl -H 选项中的 Authorization 指定 API Key。
curl https://api.openai.com/v1/models \
  -H "Authorization: Bearer $OPENAI_API_KEY"

2- 结果说明：JSON 格式结果中 id 键指定模型的标识，object 键指定模型类型，owned_by 键指定模型所有者，permission 键指定模型使用的权限。
{
  "data": [
    {
      "id": "model-id-0",
      "object": "model",
```

```
        "owned_by": "organization-owner",
        "permission": [...]
    },
    ......
```

（2）查看模型信息 API

```
1- 命令说明: https://api.openai.com/v1/models/{model} 是查看模型信息的 API，API 中
的参数 {model} 是模型的 id。
curl https://api.openai.com/v1/models/text-davinci-003 \
  -H "Authorization: Bearer $OPENAI_API_KEY"

2- 结果说明: JSON 格式数据，id 键指定模型的标识，object 键指定模型类型，owned_by 键指定
模型所有者，permission 键指定模型使用的权限。
{
    "id": "text-davinci-003",
    "object": "model",
    "owned_by": "openai",
    "permission": [...]
}
```

2. 内容补充和对话

ChatGPT 可基于语境上下文对提示内容进行补充，或以对话的方式进行应答，下面将介绍 ChatGPT 中与提示补充和对话应答相关的 API。

（1）提示补充 API

```
1- 命令说明: https://api.openai.com/v1/completions 是提示补充 API，该 API 基于提示
内容返回一个或多个预测文本的补全。-d 选项中的 model 键指定使用的模型 id，prompt 键指定提
示内容。
curl https://api.openai.com/v1/completions \
  -H "Content-Type: application/JSON" \
  -H "Authorization: Bearer $OPENAI_API_KEY" \
  -d '{
    "model": "text-davinci-003",
    "prompt": "Say this is a test"
  }'
2- 结果说明: JSON 格式数据，object 键指定返回的对象类型，created 键指定响应的时间戳，
model 键指定模型信息。choices 数组包含补全内容，其中 text 键指定补全内容，logprobs 键指
定补全内容中各标记的对数概率，finish_reason 键指定结束的字符串。usage 对象说明 tokens 的
使用情况。
{
    "id": "cmpl-uqkvlQyYK7bGYrRHQ0eXlWi7",
    "object": "text_completion",
```

```
  "created": 1589478378,
  "model": "text-davinci-003",
  "choices": [
    {
      "text": "\n\nThis is indeed a test",
      "index": 0,
      "logprobs": null,
      "finish_reason": "length"
    }
  ],
  "usage": {
    "prompt_tokens": 5,
    "completion_tokens": 7,
    "total_tokens": 12
  }
}
```

（2）提示对话 API

1- 命令说明：https://api.openai.com/v1/chat/completions 是对话 API，该 API 基于聊天语境完成对话响应。请求数据中以 messages 数组构建的对话语境，具体以对象中的角色键（role）和对话内容键（content）的方式组织提示内容。

```
curl https://api.openai.com/v1/chat/completions \
  -H "Content-Type: application/JSON" \
  -H "Authorization: Bearer $OPENAI_API_KEY" \
  -d '{
    "model": "gpt-3.5-turbo",
    "messages": [{"role": "user", "content": "Hello!"}]
  }'
```

2- 结果说明：JSON 格式数据，object 键指定返回的对象类型，created 键指定响应的时间戳。choices 数组包含对话内容信息，其中 message 对象构建对话应答信息，具体以角色键（role）和内容键（content）的方式组织对话应答内容。

```
{
  "id": "chatcmpl-123",
  "object": "chat.completion",
  "created": 1677652288,
  "choices": [{
    "index": 0,
    "message": {
      "role": "assistant",
      "content": "\n\nHello there, how may I assist you today?",
    },
```

```
    "finish_reason": "stop"
  }],
  "usage": {
    "prompt_tokens": 9,
    "completion_tokens": 12,
    "total_tokens": 21
  }
}
```

3. API参数

不同的GPT模型可能因其能力和配置方式的不同而具有不同的请求体参数。某些模型可能会提供额外的参数，用于控制生成文本的风格或语气，而其他模型可能会提供参数，用于对特定任务或领域进行模型微调。表3-4详细说明了能够改变模型输出结果的参数。

表 3-4　API参数

参数	说明
model	指定要使用的ChatGPT模型的标识符
prompt	设置对话的起始文本或提示
max_token	该参数用于限制生成的回复的最大长度，以令牌数（token）计算
temperature	此值控制生成文本的随机性，更高的值会产生更随机的响应，较低的值会使输出更加集中和确定
top_p	采样参数，控制生成文本的多样性。较高的值（接近1）会导致更多的候选词被考虑，而较低的值会限制生成的选择范围
frequency_penalty	此参数根据训练数据中标记的频率对其进行惩罚。较高的值会产生使用不常见单词的响应，而较低的值会产生使用更常见单词的响应
presence_penalty	此参数根据其在对话历史中的出现情况对新标记进行惩罚。较高的值会产生较少的重复，而较低的值会生成使用更常见单词的响应
stop	使用该参数来指定模型生成文本的终止条件

3.2　ChatGPT API调用流程

OpenAI官方提供了三种调用ChatGPT API的方式：Node.js API库、Python API库和curl工具。此外，还可以使用第三方开发的ChatGPT API库来进行调用。

3.2.1　申请API Key

ChatGPT API Key是开发者访问ChatGPT API的身份标识，类似于密码，用于识别访问者的身份和授权其访问API。使用ChatGPT API Key可以确保API访问的安全性和可控性，只有持有API Key的开发者，才能访问API并使用其提供的功能。以下是申请API Key的步骤。

（1）注册ChatGPT账号，用于申请API Key。

（2）点击登录的账号，选择下拉列表中的"View API keys"选项，如图3-3所示。

（3）创建API Key。根据图3-4的指示，点击"Create new secret key"链接以创建新的API Key，务必复制并妥善保管该API Key。新创建的API Key的相关信息将显示在"Create new secret key"链接上方的表格中。

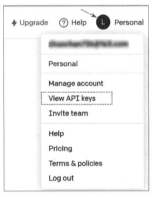
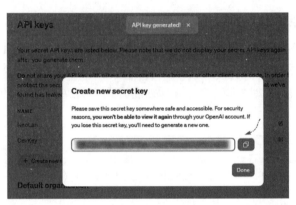

图 3-3　选择"View API keys"选项　　图 3-4　单击"Create new secret key"链接创建API Key

3.2.2　选择模型和API

在成功创建API Key后，请结合3.1.3和3.1.4节的内容选择适合的模型与API。为了更有效地使用API，请注意以下三点。其中最重要的是在构建提示内容时避免泄露个人或企业的敏感数据。

1. 明确目标用途

在开始使用ChatGPT之前，首先要明确希望使用它来完成的具体任务。例如，文本生成、摘要、翻译、问答系统等。一旦明确了任务，就可以选择适合的模型和相关的API来实现目标。

2. 注意API使用限制和使用权限

在调用ChatGPT API时会有一些限制需要注意，这些限制可能因不同的订阅计划和用户类型而有所不同。以下是一些主要的限制：首先是速率限制，根据订阅级别和用户类型，可能会受到请求速率的限制；其次是令牌限制，每个模型都有一个最大令牌数的限制，令牌是文本中的单位，不同类型的请求会消耗不同数量的令牌；最后是用量限制，根据账户订阅计划，可能会对每月的API调用次数进行限制。

3. 合理调试API参数

合理调试API参数有助于提高GPT模型的性能。可以使用Playground进行调试，但在进行调试时，务必遵循API的使用限制和配额。常用的调试参数包括以下几个：温度（temperature），用于控制生成文本的多样性，较高的温度值会生成更随机的文本，而较低的温度值会生成更确定的文本；

最大令牌数（max_tokens），用于限制生成文本的长度。可以根据需要设置适当的最大令牌数，以确保生成的文本不会过长或超出预期；提示（prompt），优化输入提示可以改善模型的输出，确保提示有明确的说明和上下文信息，以帮助模型更好地理解意图。

3.2.3　发起请求和处理数据

在选择要使用的ChatGPT模型和API，并完成API参数的调试后，发起请求时必须携带申请的API Key。同时，注意检查HTTP响应的状态，并解析返回的JSON数据。

1. 发起请求

以下命令演示了如何使用curl工具发起请求。读者只需要复制以下命令，并将"Bearer $OPENAI_API_KEY"替换为自己的API Key，将"content"键的值替换为自己的提示内容即可。

```
curl https://api.openai.com/v1/chat/completions \
  -H "Content-Type: application/json" \
  -H "Authorization: Bearer $OPENAI_API_KEY" \
  -d '{
    "model": "gpt-3.5-turbo",
    "messages": [{"role": "user", "content": "Say this is a test!"}],
    "temperature": 0.7
  }'
```

2. 解析JSON数据

调用API后，返回的数据通常为JSON格式。可以使用编程语言或相关工具来解析这些JSON数据。然而，需要特别注意的是，如果JSON结果中包含个人或企业的敏感数据，务必小心处理，确保不会泄露这些信息。在处理JSON数据时，建议采取适当的数据脱敏和保护措施，以确保数据的安全性和保密性。

## 第 4 章

Python ChatGPT API 库

本章介绍 Python ChatGPT API 库,首先构建 Python ChatGPT 开发环境,然后安装并提供了示例应用。

本章主要涉及的知识点如下。

● 构建 Python ChatGPT 开发环境。

● 解析 Python ChatGPT 示例应用。

4.1 Python ChatGPT开发环境

Python是一种跨平台的编程语言,几乎可以在所有操作系统上使用。在Windows系统中,安装和配置Python环境也相当简单。本节将介绍如何在Windows系统中安装和配置ChatGPT API的Python开发环境。

4.1.1 安装Python环境

构建Python环境最常用的方法是使用官方版本的Python或Conda工具。以下将分别介绍它们的安装方法。

1. 安装官方版Python

打开 Python 官方网站,并进入下载页面。在该页面中,会看到一个与操作系统对应的版本。如图 4-1 所示,选择正确的版本并下载。

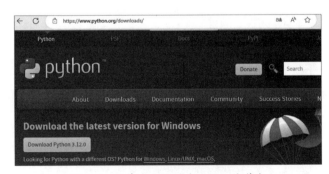

图 4-1　从官方网站下载 Python 安装包

双击下载的安装包将打开 Python 的安装界面，如图 4-2 所示。请注意勾选"Add python.exe to PATH"复选框，把 Python 的路径信息添加到系统的环境变量中。然后，点击"Install Now"选项以默认设置进行安装。这样就能顺利完成 Python 的安装过程。

验证 Python 是否安装成功，打开 IDLE（Python 3.12.0 64-bit），输入如下所示的 Python 代码。

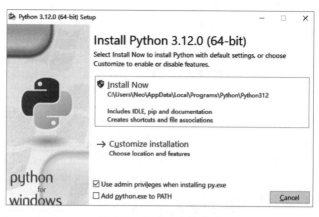

图 4-2　Python 安装界面

```
Python 3.12.0 (tags/v3.10.11:7d4cc5a, Apr 5 2023, 00:38:17) [MSC v.1929 64
bit (AMD64)] on win32 Type "help", "copyright", "credits" or "license()"
for more information.
>>  print("Hello World")     # 输出字符串 Hello World
Hello World
>>> name= "NEO"              # 定义变量
>>> print(name)              # 输出变量值
NEO
```

2. 通过 Conda 安装 Python

Miniconda 是 Conda 的最小安装包版本，它是一个强大的软件包管理器，可用于查找和安装各种 Python 软件包。图 4-3 所示为 Miniconda 的下载页面，单击 Windows 版本链接即可下载。

安装包下载完毕后双击打开，按默认方式安装即可。安装完毕后，在安装目录中打开"Anaconda Powershell Prompt (miniconda3)"工具，输入测试 Python 代码验证是否安装成功。

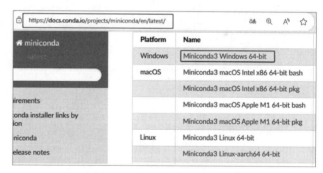

图 4-3　下载 Miniconda 安装包

4.1.2　安装 openai 库

下面说明使用 pip 工具和 Conda 工具安装 Python openai 库的方法。

1. 使用 pip 工具安装

pip 是 Python 的包管理工具，它使用户能够方便地安装、升级和卸载 Python 包。pip 工具通常随着 Python 一同安装。要使用 pip 安装 openai 库，需要打开"PowerShell"或"CMD"控制台，并输入以下命令进行安装。

```
pip install --upgrade openai
```

2. 使用Conda工具安装

要使用Conda工具安装openai库，请打开"Anaconda Powershell Prompt (miniconda3)"控制台，并输入以下命令进行安装。

```
conda install -c conda-forge openai
```

4.1.3 使用API Key

在成功安装openai Python库后，可以编写以下代码进行测试，以确保在第3章申请的API Key能够正常使用。

```
import openai                  # 导入 openai 库
# 将 API Key 值赋予 openai.api_key，本处代码为测试，实际上 API Key 不应在代码中明文书写
openai.api_key = "OPENAI_API_KEY"
openai.Model.list()            # 调用 list 方法查看可用的模型
```

执行上述代码后，如果API Key能正常使用，list函数将返回JSON格式数据，其中每个模型的信息以对象的方式组织，代码如下所示。

```
{
  "data": [
    {
      "id": "model-id-0",
      "object": "model",
      "owned_by": "organization-owner",
      "permission": [...]
    },
    ......
    {
      "id": "model-id-2",
      "object": "model",
      "owned_by": "openai",
      "permission": [...]
    },
  ],
  "object": "list"
}
```

4.2 Python示例应用

OpenAI官方提供了一个基于Python openai库构建的"为我的宠物取名"的Web应用示例。可以按照以下步骤安装该示例程序，并根据自己的需求调整提示内容和API参数。

4.2.1 安装Python示例应用

Python ChatGPT示例应用以项目的形式存放在GitHub网站上，有两种下载方式，通过git工具克隆下载和直接从项目页面上下载。

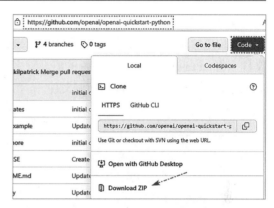

1. 下载示例应用源代码

如图 4-4 所示，在示例应用对应的GitHub工程页面上，点击"Code"下拉列表，然后点击下拉窗口中的"Download ZIP"链接下载应用源代码的压缩包。下载完毕后将源代码压缩包解压到合适的目录中。

图 4-4　下载示例应用压缩包

如果是使用git工具进行下载，首先下载并安装git工具，然后打开"git bash"控制台工具，使用"cd"命令切换到要存放示例应用源代码的目录下，输入以下的克隆命令。

```
git clone https://github.com/openai/openai-quickstart-python.git
Cloning into 'openai-quickstart-python'...
remote: Enumerating objects: 35, done.
remote: Counting objects: 100% (15/15), done.
remote: Compressing objects: 100% (12/12), done.
remote: Total 35 (delta 5), reused 3 (delta 3), pack-reused 20
Receiving objects: 100% (35/35), 10.65 KiB | 2.66 MiB/s, done.
Resolving deltas: 100% (10/10), done.
```

2. 安装示例应用的依赖包

（1）创建Python虚拟环境

Conda创建虚拟环境的命令如下所示，-n选项指定要创建虚拟环境的名字，并且指定了要使用的Python版本为 3.10。成功创建后使用activate命令切换到新建的虚拟环境。

```
conda create -n gpt python=3.10
conda activate gpt
```

对于非Conda用户，创建虚拟环境和切换环境的命令如下所示。

```
python -m venv gpt
source .\gpt\Scirpts\Activate.bat
```

（2）安装示例应用依赖包

为了运行示例应用程序，需要安装其所依赖的 Python 包。可以使用以下命令根据示例应用提供的"requirements.txt"文件进行安装。

```
pip install -r requirements.txt
```

（3）配置 API Key

安装成功示例应用的依赖包后，需要将 API Key 配置到一个文件中，以确保 API Key 的安全性。在示例应用的源代码目录下，找到名为 .env.example 的文件；将该文件拷贝并重命名为 .env；打开 .env 文件，将 OPENAI_API_KEY 字段的值设置为自己的 API Key。根据需要设置 .env 文件的访问权限，以确保只有授权的用户能够访问该文件。

```
FLASK_APP=app
FLASK_ENV=development
# Once you add your API Key below, make sure to not share it with anyone!
The API Key should remain private.
OPENAI_API_KEY=
```

4.2.2 启动 Python 示例应用

示例应用是基于 Python Flask Web 框架开发的，在示例应用源代码目录下，输入如下的命令以启动应用。

```
(gpt) PS D:\openai-quickstart-python> flask.exe run
 * Serving Flask app 'app' (lazy loading)
 * Environment: development
 * Debug mode: on
 * Restarting with stat
 * Debugger is active!
 * Debugger PIN: 710-802-128
 * Running on http://127.0.0.1:5000/ (Press CTRL+C to quit)
......
```

成功启动应用后，可在输出信息中看到示例应用的访问地址。在浏览器中输入地址 http://127.0.0.1:5000/，以打开如图 4-5 所示的示例应用界面（为方便读者观看，已翻译为中文）。在应用界面的输入框中，输入想要为某种动物取的名字，并单击"生成名字"按钮。应用将使用 ChatGPT 根据提供的提示内容自动生成名字。

图 4-5 示例应用界面

4.2.3　调试提示内容和参数

示例应用的提示内容和请求参数可通过示例应用源代码目录下的app.py文件查看，以下的代码为app.py文件中的generate_prompt函数，该函数的作用为构建提示内容。

```
def generate_prompt(animal):
    return """Suggest three names for an animal that is a superhero.
Animal: Cat
Names: Captain Sharpclaw, Agent Fluffball, The Incredible Feline
Animal: Dog
Names: Ruff the Protector, Wonder Canine, Sir Barks-a-Lot
Animal: {}
Names:""".format(
        animal.capitalize()
    )
```

示例应用的提示内容是英文的，接下来把提示内容翻译为中文，分析提示内容构建方式，并使用ChatGPT Playground进行参数调整。

1. 中文提示内容

调整示例应用提示内容的部分内容，便于使用中文讲解和读者理解。

> 🔟 **提示的内容如下。**
> 为一只超级英雄动物提供三个名字的建议。
> 动物：猫
> 名字：尖爪队长、毛球特工、好奇侠客
> 动物：狗
> 名字：忠诚卫士、骨头爱好者、嗅觉侦察兵

2. 请求参数

示例应用源代码目录下的app.py文件中的请求参数信息可通过index函数查看，如下代码为index函数API请求的参数。

```
animal = request.form["animal"]          # 读取输入框中的 "动物名"
# Completion 为提示补全类，使用 create 方法创建新的对话
# modle 参数指定使用的模型为 text-davinci-003
# 将 generate_prompt 函数生成的提示内容赋予 prompt 参数
# temperature 参数设置 ChatGPT 回答内容的随机性
response = openai.Completion.create(
model="text-davinci-003",
    prompt=generate_prompt(animal),
```

```
        temperature=0.6,
......
)
```

3. 使用Playground调整参数

通过前面的内容了解了提示内容和请求参数后，现通过Playground调试提示内容和请求参数。提示的内容如下，新输入提示的动物为"马"。

> 🔟 **提示的内容如下（使用text-davinci-003 模型）。**
>
> 要求：为一只超级英雄动物提供三个名字的建议。
>
> 动物：猫
>
> 名字：尖爪队长、毛球特工、好奇侠客
>
> 动物：狗
>
> 名字：忠诚卫士、骨头爱好者、嗅觉侦察兵
>
> 动物：马

设置的参数如图 4-6 所示：模型使用text-davinci-003；Temperature的值设置为 0.8；Maximum length 设置为 40；Show probabilities 参数设置为Full spectrum，此参数的作用为以高亮方式显示补充字段的可能性，可用于调试生成的内容。最终"马"生成的文本结果为"荣耀斥候、极速骑士、忠心战士"。

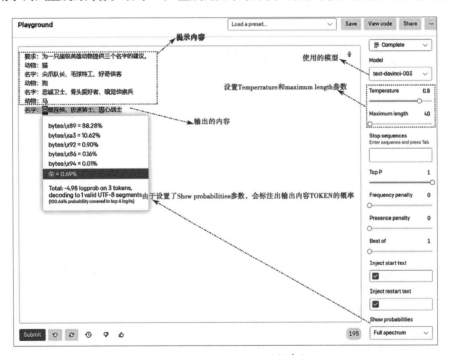

图 4-6　使用 Playground 调整参数

通过使用Playground调试参数和提示内容，可以修改示例应用的Python代码，以构建符合自己需求的ChatGPT应用。可以根据调试结果对代码中的提示内容和参数值进行修改，以满足个性化的需求。

解析Python示例应用

前面已经完成了Python ChatGPT应用的运行环境配置，并对提示内容和请求参数进行了分析和调试。在本节中，将整体介绍示例应用的执行流程，并进一步介绍Python openai库的重要接口，以及讨论在其他系统中集成ChatGPT的方式。

4.3.1 解析示例应用

Python示例应用的文件结构如图4-7所示。API Key信息存储在 .env 文件中。app.py脚本的功能包括构建提示内容、发起请求和解析结果。templates文件夹中包含前端页面的模板文件。为了全面理解此示例应用，可以从以下三个方面进行深入。

图 4-7 Python 示例应用的文件结构

1. 读取 API Key 的方式

最开始在app.py中的代码如下所示，首先导入要使用的库，然后使用os.getenv函数读取API Key。

```python
import os
import openai                   # 导入 openai 库
from flask import Flask, redirect, render_template, request, url_for
                                # 导入 flask 相关包和功能
app = Flask(__name__)           # 创建 flask 应用
openai.api_key = os.getenv("OPENAI_API_KEY")        # 从 .env 文件读取 API Key
```

2. 配置参数和发起请求

app.py文件中的index函数用于构建请求参数、发起请求、解析结果，generate_prompt函数用于构建提示内容。index函数的完整代码如下，并添加了中文注释。

```python
@app.route("/", methods=("GET", "POST"))           #HTTP 路由绑定
def index():
    if request.method == "POST":                    #POST 请求处理
        animal = request.form["animal"]             # 读取输入框中的 "动物名"
        # Completion.create 函数创建
        response = openai.Completion.create(
            model="text-davinci-003",               # 使用的模型
            prompt=generate_prompt(animal),        # 由 generate_prompt 函数生成提示内容
            temperature=0.6,         # 参数设置 ChatGPT 回答内容的随机性
        )
        # 请求返回 JSON 数据中 choices 对象的第一个属性为 ChatGPT 会的内容
        return redirect(url_for("index", result=response.choices[0].text))
```

```
    result = request.args.get("result")
return render_template("index.html", result=result)
```

3. 前端页面

示例应用源代码目录中的templates文件夹中包含了前端页面的index.html文件。下面是该文件的源代码，并添加了相应的注释。读者可以根据注释的提示修改文件内容，并同时调整generate_prompt函数中的提示内容，以构建符合自己需求的ChatGPT应用。

```html
<!DOCTYPE html>
<head>
  <title>OpenAI Quickstart</title>    <!-- 定义 HTML 文档标题，可根据个人应用需求修改 -->
  <link
    rel="shortcut icon"
    href="{{ url_for('static', filename='dog.png') }}"
  />                                   <!-- 设置网页标题图标 -->
  <link rel="stylesheet" href="{{ url_for('static', filename='main.css') }}"
/>
</head>

<body>
  <img src="{{ url_for('static', filename='dog.png') }}" class="icon" />
<!-- 页面内容上图片 -->
  <h3>Name my pet</h3>          <!-- 应用名称 -->
  <form action="/" method="post">
     <!-- 输入框，修改 placeholder 属性内容，修改输入框中的提示内容 -->
<input type="text" name="animal" placeholder="Enter an animal" required />
<!-- 提交按钮，修改 value 属性内容，修改按钮上显示的文本 -->
    <input type="submit" value="Generate names" />
  </form>
  {% if result %}
  <div class="result">{{ result }}</div>
  {% endif %}
</body>
```

4.3.2 Python ChatGPT API

Python openai库是ChatGPT API的封装，示例应用中的Completion类对应的API端点是"/v1/completions"。在本节中，将介绍Python openai库中常用的类，读者可以结合 3.1.3 节的内容来深入理解ChatGPT API的工作原理，这将有助于读者更好地理解和应用Python openai库。

1. 模型信息类

Python openai 库中与模型相关的类定义在 "model.py" 文件中，下面是具体的类定义代码。Model 类中的 list 方法和 retrieve 方法可以用于获取模型的信息，这两个方法都是从父类 ListableAPIResource 继承而来的。这些类的定义提供了方便的接口来管理和操作 ChatGPT 模型。

```
from openai.api_resources.abstract import DeletableAPIResource,
ListableAPIResource
class Model(ListableAPIResource, DeletableAPIResource):
    OBJECT_NAME = "models"
```

（1）list 方法

list 方法对应的 API 端点是 "/v1/models"，其功能是列出当前可用的模型并提供每个模型的基本信息。以下代码演示了如何使用 list 函数。

```
import os
import openai
openai.api_key = os.getenv("OPENAI_API_KEY")
openai.Model.list()          # 调用 list 方法
```

（2）retrieve 方法

retrieve 方法对应的 API 端点是 "/v1/models/{model}"，其功能是查询特定模型实例并提供有关模型的基本信息。以下代码演示了如何使用 retrieve 函数。

```
import os
import openai          # 导入 openai 库
openai.api_key = os.getenv("OPENAI_API_KEY")  # 读取 API Key
openai.Model.retrieve("text-davinci-003")     # 调用 retrieve 方法
```

2. 提示补充类

openai 库中的 Completion 类用于发送提示内容请求，对应的 API 端点是 "/v1/completions"。其中，Completion 类最重要的方法是 create，用于创建提示并设置相关参数。以下代码演示了如何使用 create 函数。

```
import os
import openai          # 导入 openai 库
openai.api_key = os.getenv("OPENAI_API_KEY")      # 读取 API Key
openai.Completion.create(
  model="text-davinci-003",        # 使用的模型
  prompt=" 天空是蓝色的，",          # 提示的内容
  max_tokens=14,                    # 回答内容的最大长度
  temperature=0.3                   # 设置温度值，调整回答内容的随机性
)
```

3. 提示对话类

openai库中的ChatCompletion类用于发送对话内容请求，对应的API端点是"/v1/chat/completions"。其中，ChatCompletion类最重要的方法是create，用于创建对话内容并设置相关参数。以下代码演示了如何使用create函数。

```
import os
import openai                      # 导入 openai 库
openai.api_key = os.getenv("OPENAI_API_KEY")   # 读取 API Key
completion = openai.ChatCompletion.create(
  model="gpt-3.5-turbo",    # 使用的模型
  messages=[                     # messages 是主要的输入参数
    {"role": "user", "content": "Hello!"}
  ]
)
print(completion.choices[0].message)
```

4.3.3 集成模式讨论

通过示例应用，我们根据ChatGPT的集成方式进行了一些有趣的创意工作，并为我们提供了思考，如何将ChatGPT集成到其他应用中的方向。在本节中，我们将讨论以下两种ChatGPT的集成模式。

1. 集成应用的多样性

示例应用虽然规模较小，但展示了基于ChatGPT的各种应用场景的潜力，特别是将ChatGPT与一些生产力工具集成以提高生产效率。实际上，已经有一些工作在这方面展开，例如，将ChatGPT集成到办公软件中，将ChatGPT与AI绘图软件进行集成等。这些尝试进一步拓宽了ChatGPT的应用领域，为用户带来了更多的创造力和效率。

2. 重要工作内容

通过解析示例应用代码，我们可以发现构建ChatGPT应用只需要很少的开发技能，主要是掌握HTTP请求和JSON格式数据的构造与处理。整个处理过程都是按部就班进行的。其中，关键的工作是组织好"提示内容"，这将是我们在下一章中要学习的重要内容。

第 5 章

提示工程

随着人工智能的不断进步，提示工程这项技能变得越来越重要。从本章开始介绍如何使用提示工程。本章主要涉及的知识点如下。

- 介绍什么是提示工程。
- 介绍提示内容的相关要素。
- 介绍规范化提示。

5.1 提示工程是什么

提示工程（Prompt Engineering）是一门较新的学科，专注于开发和优化提示词，以帮助用户在不同的场景和研究领域中更好地应用大语言模型。用户掌握了提示工程相关的技能，能够更好地理解大语言模型的能力和局限性。

5.1.1 提示工程模式

大语言模型是将文本映射到文本的函数。给定一个文本输入作为提示内容，一个大语言模型预测接下来应该出现的文本。如图 5-1 所示为提示工程的工作流程，包括三大部分：提示内容、大语言模型和生成文本。在本书中使用的实践模型即大语言模型，

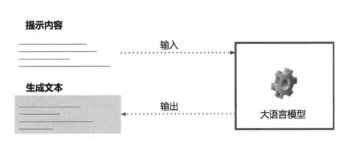

图 5-1 提示工程的工作流程

即 ChatGPT，提示内容以中文或英文构建不同的内容格式和主题，ChatGPT 模型基于提示内容生成对应的应答文本。

5.1.2 提示方法

针对不同的业务场景有一些通用的提示方法，以下 3 点原则是基于以往的使用经验总结的。

1. 引导模型生成有用的输出

为了确保模型能够产生符合预期的输出，明确目标和任务是至关重要的。模型需要了解要解决的问题，并在生成输出之前对任务目标有清晰的认识。例如，如果模型需要生成一篇文章，那么在提示内容中应明确指定文章应包含的信息。在提示内容中明确说明希望的结果可以帮助模型学习并理解任务的目标，如图 5-2 所示。

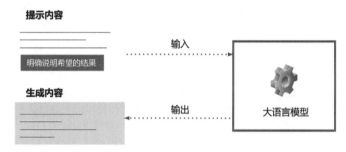

图 5-2　引导模型生成有用的输出

以下是一个基于 ChatGPT 的提示示例，用于进行归纳总结。在提示内容中，首先明确告知 ChatGPT 要进行的任务是归纳总结，并用方括号将任务说明标注出来以区别于文本数据。然后输入需要进行归纳总结的文本数据，本例中是关于"神经网络"的说明。

> 🔟 提示的内容如下（使用 GPT-4 模型）。
>
> ［将以下内容归纳总结到 50 个字］
>
> 现代神经网络是一种非线性统计性数据建模工具，神经网络通常是通过一个基于数学统计学类型的学习方法得以优化，所以也是数学统计学方法的一种实际应用，通过统计学的标准学习方法我们能够得到大量的可以用函数来表达的局部结构空间，另一方面在人工智能学的人工感知领域，我们通过数学统计学的应用可以来做人工感知方面的决定问题（也就是说通过统计学的方法，人工神经网络能够类似人一样具有简单的决定能力和简单的判断能力），这种方法比起正式的逻辑学推理演算更具有优势。

ChatGPT 对提示内容的归纳总结如下所示。

> ⑤ ChatGPT 的回答如下。
>
> 现代神经网络是非线性统计数据建模工具，应用数学统计学优化。在人工智能领域，利用统计学实现人工感知决策能力，优于逻辑学推理演算。

2. 任务描述和常规设置

为了使模型更好地理解要完成的任务，在第 1 点中介绍的"引导"内容上添加更详细的文本描述，以形成更完整的提示语境上下文。如图 5-3 所示，在提示内容中添加了任务的描述来更清楚地说明要求。

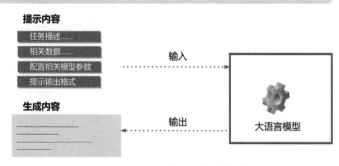

图 5-3　任务描述和常规设置

以下的提示示例针对ChatGPT的"客服应答"任务进行了安排，其中任务内容包含了详细的背景描述和要求。这样的安排可以帮助模型更好地理解任务，并提供符合背景和要求的应答。

> 📢 **提示的内容如下（使用GPT-4模型）。**
>
> ［这是一段客户与礼貌、乐于助人的客服人员之间的对话］
>
> 客户问题：我是否可以退订购买的新款手机？
>
> 客服人员回复：您好，感谢您与我们联系，是的。

ChatGPT对提示内容的回答合理地补充了客服回应的对话内容。

> 🌀 **ChatGPT的回答如下。**
>
> 您可以退订购买的新款手机。请提供相关信息，我们会协助您办理退订手续。如有问题，请随时联系。

3. 向模型展示想要的内容

向模型展示所需内容的最直观方式是提供示例，如图5-4所示，在提示内容中给出了若干所需内容的示例。

以下提示演示向ChatGPT展示了一个使用Python计算两个数相加的函数的示例，并在提示内容中添加了"C++？"的提示，以期望它生成对应的C++函数。

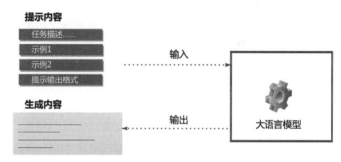

图5-4 向模型展示想要的内容

> 📢 **提示的内容如下（使用GPT-4模型）。**
>
> 定义一个Python函数计算两个数相加。
>
> ```
> def functionname(a,b):
>     c = a + b
>     return c
>
>
> C++ ?
> ```

ChatGPT基于提示示例回答的内容如下。

> 🌀 **ChatGPT的回答如下。**
>
> 定义一个C++函数计算两个数相加。
>
> ```
> int functionname(int a, int b) {
>     int c = a + b;
> ```

```
    return c;
}
```

5.1.3　能力要素

构建提示内容的门槛很低，但使用的效果主要依赖提问者的个人能力，以下总结了 4 点重要的能力。

1. 专业知识存储

专业知识存储对于构建准确、详细的提示内容至关重要。它能弥补数据的不足，为模型提供更丰富的背景知识和输出选项。两者相结合可以实现互补效果，显著提升系统的语言能力。

在生成响应时，模型需要准确理解输入的上下文和意图，并将其与相关的知识相连接。专业知识存储能够提供这些背景知识，帮助模型建立上下文和内容之间的关联。

2. 表述能力

对于使用者来说，良好的表达能力至关重要。清晰而详细的问题可以帮助模型更好地理解提问者的意图，并以此提供更准确和详尽的回答。如果问题表述不清楚，模型可能会误解提问者的意图，从而给出不相关或不准确的回复。

3. 整体设计

构建有效的提示工程模型和内容需要从宏观的角度进行思考。单纯关注局部设计难以实现优质的交互体验。在建立提示内容时，提问的顺序和逻辑是至关重要的。高质量的提示内容应该是经过计划的、连贯的一系列提问，而非孤立的单个问题。提问者需要考虑每一轮提问之间的逻辑关联，确保对话具有清晰的主题和方向。

4. 鉴别能力

在与模型交互时，使用者除了思考如何提出高质量的问题外，还需要评估和判断模型的回答。这需要具备一定的领域知识和对话理解能力，以全面评估交互效果和模型的表现。这有助于使用者进一步改进提问内容和方式，引导模型逐步提升回答的准确性、详尽性和连贯性。

5.2　提示内容

在前面已经介绍了与提示工程相关的示例和应用。可以注意到，提示词是由一些要素组成的。在本节中将进一步讨论提示内容的相关要素。

5.2.1　提示词要素

为了确保高质量的提示内容，需要尽可能详细和具体地告知模型各个方面的生成需求。这些需求包括但不限于生成指令、上下文环境、输入数据和输出指示等。只有在提供充分详细的信息的前提下，模型才能够生成准确而高质量的输出。图 5-5 举例说明了提示内容中的关键要素。

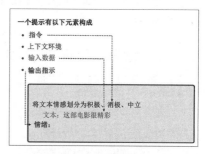

图 5-5 关键要素

1. 指令

明确的指令告知模型需要执行的操作有摘要、翻译和问答等，这为模型生成目标提供了清晰的方向。

2. 上下文环境

详尽的上下文环境包括相关背景知识、要点和细节等，有助于模型深入理解输入和生成要求。缺乏上下文环境会使模型难以准确判断所需生成的内容。如果在生成过程中需要满足特定约束条件或避免某些要素，也需要事先告知模型。

3. 输入数据

如果需要根据某些数据生成内容，那么这些数据也应该提供给模型，数据可能为临床报告、产品说明和用户评论等，模型需要利用这些数据生成相应的输出，此外提供一个或多个生成示例可以帮助模型理解所需生成的规格。

4. 输出指示

除了明确生成类型或内容外，还可以提供有关输出要素的相关提示，例如，输出的长度、结构和用词方面的注意事项等，这可以进一步指导模型在生成过程中的具体行为和内容。

5.2.2 常用提示

在不同的应用场景下，可以使用 5.2.1 节所述的提示要素来构建提示内容。在本节中将列举一些常见的应用场景。

1. 文本概述

在这个例子中，指令清晰地告知了生成目标是对文章的观点与要点进行概括。上下文详尽地描述了文章的主旨与内容，为模型理解文章并产生概括提供了信息支持。以下是提示的详细内容，以指令、上下文、输入数据和输出指示等关键词组织了整个提示。

> 🔟 提示的内容如下（使用 GPT-4 模型）。
>
> 指令：请根据以下文章，概括其主要观点与要点。
>
> 上下文：这是一篇讨论人工智能发展方向的文章。文章认为，人工智能的进步需要在算法、数据与计算能力三个方面齐头并进。其中，算法方面需要继续优化机器学习与深度学习的模型，探索跨模态或强化学习等新方法。数据方面需要丰富数据质量并提高数据质量，特别是在更多领域开放高质量数据。计算方面需要加速推进算力，提升与量子计算等新计算范式的发展。文章还提到，人工智能的发展同时需要加强对人工智能伦理与治理的研究。需要注重人工智能的可解释性、公平性与安全性，并建立标准与规范来指导人工智能的开发与应用。跨领域合作也是实现人工智能进一步发展的重要途径之一。
>
> 输入数据：无

> 输出指示：概括文章的三个主要观点，每个观点 2 ~ 3 句。要点表达清晰准确，避免过于主观的评论。概括长度在 80 ~ 120 字。

输出指示说明了响应要求，ChatGPT 的回答如下所示。

> ⑤ ChatGPT 的回答如下。
>
> 文章主要讨论了人工智能发展的三个关键方向：一是优化算法，包括改进机器学习和深度学习模型，探索跨模态和强化学习等新方法；二是提升数据质量和数量，尤其是开放更多领域的高质量数据；三是加速推进算力，如推进算力发展和量子计算等新计算范式。同时，文章强调加强人工智能伦理与治理研究，关注可解释性、公平性和安全性，并推动跨领域合作。

2. 信息提取

这个例子是一个信息抽取的生成任务。指令清晰地指出了需要抽取的信息类型和要素。上下文进一步描述了评论的主要内容，并提供了源评论内容作为输入数据。输出指示明确要求以 Markdown 表格格式输出内容。

> ⑩ 提示的内容如下（使用 GPT-4 模型）。
>
> 指令：请从以下评论中抽取出产品的 3 个优点和 3 个缺点，整理到表格中。
>
> 上下文：以下是用户对某款新发布智能手机的评论。用户在评论中提到了该手机的屏幕、拍照效果和性能表现等方面的看法。
>
> 输入数据：
>
> 评论 1：这个手机的屏幕很赞，分辨率高，显示效果棒极了；拍照也不错，特别是夜景模式的效果超级棒；性能一般般，对我来说已经够用了。
>
> 评论 2：手机拍照效果和以前的机型拍照效果一样；屏幕倒是大了不少，高刷新率确实流畅；玩游戏时手机有时会发烫，不知道是不是散热不足的问题。
>
> 评论 3：性能优越！玩大型游戏没有丝毫卡顿，界面也很顺滑；相机夜拍也很出色，拍实物图很好看；看电影超级享受，外观一般。
>
> 输出指示：以 Markdown 表格形式在第一列填入产品优点，第二列填入缺点。每个优缺点使用 1 ~ 2 个词语表示，示例如下。
>
> | 优点 | 缺点 |
> | --- | --- |
> | 屏幕清晰 | 性能一般 |
> | 拍照稳定 | 电池发烫 |
> | 性能优越 | 外观一般 |

根据提示内容，ChatGPT 的回答如下所示。输出指示指导了如何表达抽取的信息及表格结构。

> ⑤ ChatGPT 的回答如下。
>
> | 优点 | 缺点 |

```
|---|---|
|高分辨率屏幕|性能一般|
|夜景拍照|发烫问题|
|高刷新率|拍照一般|
```

3. 问答

这个例子展示了一个简单的问答交互过程。指令明确告知需要进行答题，并给出了正确答案的提示。上下文进一步说明这是一道选择题，并给出了正确答案的选项。输入数据提供了完整的问题和选项信息。

> 🔟 **提示的内容如下（使用 GPT-4 模型）。**
>
> 指令：请根据下述问题与选项给出正确的答案。
>
> 上下文：这是一道关于人工智能的单选题。
>
> 输入数据：
>
> 问题：人工智能的发展趋势包括（）
>
> 选项：
>
> A. 深度学习与强化学习
>
> B. 机器视觉与语音识别
>
> C. 自动驾驶与机器人
>
> D. 云计算与大数据
>
> 输出指示：在选项前方的括号内填入正确答案对应的字母。
>
> （F）

根据提示内容，ChatGPT 的回答如下所示。这种问答的提示内容属于比较简单和定向的模式。

> ⑨ **ChatGPT 的回答如下。**
>
> （A）

4. 文本分类

该例子要求模型根据新闻开头内容判断其所属类别，并给出相应的代码。指令明确告知了分类的目标和要素，上下文进一步描述了输入文本的主要特征，输出指示提供了每个类别对应的代码。

> 🔟 **提示的内容如下（使用 GPT-4 模型）。**
>
> 指令：请根据以下文本内容判断其类别，并填入相应的类别代码。
>
> 上下文：这是一篇新闻文章的开头内容。文章可以归属于政治、科技、娱乐等多个类别。
>
> 输入数据：
>
> 据《×××邮报》报道，一项划时代的技术突破可能加速人工智能的发展。×××人工智能企业最新研发的第三代人工智能芯片的计算能力首次超越人脑。这款芯片集成了超过 1000 亿个晶体管，机器学习计算能力达 1000 毫瓦，是目前世界上最强大的芯片。

输出指示：

政治:A

科技:B

娱乐:C

根据提示内容，ChatGPT 的回答如下所示。文本分类的难易程度与领域的专业性密切相关。在专业领域内，不同文本属性和主题之间的差异较大。

ChatGPT 的回答如下。

B

5. 对话

这个例子展示了一个对话的完整过程。指令明确要求生成回复，上下文提供了对话的上下文环境和话题，输入数据给出了具体提问。输出指示从多个角度约束回复的要点，以确保回答的全面性。

提示的内容如下（使用 GPT-4 模型）。

指令：请根据以下对话上下文与提问，生成一个恰当的回复。

上下文：你与朋友在讨论机器人的发展前景。朋友提到，机器人技术的进步可能会对许多行业产生深远影响，未来机器人将在生产制造、服务业、交通运输等领域得到广泛应用。

输入数据：

朋友：那么，机器人在未来会对就业市场产生什么影响呢，它会减少许多工作机会吗？

输出指示：回复单词数量在 40～60;表达观点并给出理由支持;语气平和且结构清晰。

根据提示内容，ChatGPT 的回答如下所示。在这样清晰和详尽的提示下，模型需要理解对话的上下文和提问，并构思出一个恰当且符合输出指示的回复。

ChatGPT 的回答如下。

机器人确实可能在某些领域取代部分工作岗位，如生产线上的重复劳动和低技能任务。然而，机器人技术的发展也将创造新的就业机会，如机器人设计、维护和相关软件开发等。此外，技术进步往往会提高生产率，从而推动经济增长和就业。因此，机器人对未来就业市场的影响是复杂的，既有挑战也有机遇。

6. 代码生成

该例子展示了一个简单的 Python 代码生成提示。指令明确描述了需要实现的功能，上下文进一步阐明了具体的运算过程和要求。输入数据给出了 4 组运算式的操作数，输出指示从多个角度详细描述了需要生成的 Python 代码的结构、要素和规范。

提示的内容如下（使用 GPT-4 模型）。

指令：请根据以下功能描述生成相应的 Python 代码。

上下文：你需要实现一个简单的计算器程序，可以完成加减乘除四种基本运算。运算过程需要显示运算式与结果。

　　输入数据：

　　加法运算：6 + 8

　　减法运算：17 − 9

　　乘法运算：9 * 4

　　除法运算：42 / 5

　　输出指示：

　　1) 定义四个函数：加法、减法、乘法和除法，传入两个操作数并返回运算结果

　　2) 在主程序中读取四次键盘输入，获得运算符与两个操作数

　　3) 根据运算符调用相应的运算函数，输出运算式与运算结果

　　4) 代码规范清晰，包含必要的注释

　　根据提示内容，ChatGPT 的回答如下所示。这种 Python 代码生成的提示内容属于比较典型的案例。它通过明确描述程序的功能和要求，并在输出指示中详尽规定代码的组织结构和各要素，为模型的生成提供了较强的引导。

🌀 **ChatGPT 的回答如下。**

```python
def add(a, b):
    """加法运算"""
    return a + b


def subtract(a, b):
    """减法运算"""
    return a - b


def multiply(a, b):
    """乘法运算"""
    return a * b


def divide(a, b):
    """除法运算"""
    return a / b


def main():
    operations = {
        '+': add,
        '-': subtract,
        '*': multiply,
        '/': divide,
    }
```

```
for _ in range(4):
    # 读取用户输入
    a = float(input("请输入第一个操作数："))
    operator = input("请输入运算符 (+, -, *, /): ")
    b = float(input("请输入第二个操作数："))

    # 调用相应的运算函数
    operation = operations.get(operator)
    if operation:
        result = operation(a, b)
        # 输出运算式与运算结果
        print(f"{a} {operator} {b} = {result}")
    else:
        print("输入的运算符无效，请重新输入。")

if __name__ == "__main__":
    main()
```

将上述代码拷贝到一个名为 "example5-8-pycode.py" 的新建文件中，然后执行Python脚本文件。执行脚本的结果如下所示。

```
(base) PS D:\ChatGPT\ 章节 \chapter5> python.exe .\example5-8-pycode.py
请输入第一个操作数：5
请输入运算符 (+, -, *, /): /
请输入第二个操作数：2
5.0 / 2.0 = 2.5
请输入第一个操作数：
```

7. 推理

这个例子展示了一个简单的推理过程。指令明确要求根据线索进行推理，并给出最有可能的情况，并作简要解释。上下文描述了案件的背景，输入数据提供了多条相关线索。输出指示进一步细化了生成要求，从两个角度要求模型作出回答。

> 🔟 **提示的内容如下（使用GPT-4 模型）。**
>
> 指令：请根据以下线索与信息，推理出最有可能的情况并给出简要解释。
>
> 上下文：一位居民报案称其家中手机失窃，要求警方调查处理。警察来到现场询问情况并检查现场后发现一些线索。
>
> 输入数据：
>
> 线索 1：家门没有受损，锁也没有被破坏；
>
> 线索 2：窗户是开着的，但是外面并没有脚印或指纹；

线索 3:丢失的物品都放在楼上的卧室里，但没有明显的翻找痕迹；

线索 4:屋内一切都很整洁，似乎并没有争执或搏斗的迹象。

输出指示：

1) 根据线索推理出最有可能的窃案情况(限 2~3 句)；

2) 给出简要的解释。

根据提示内容，ChatGPT的回答如下所示。这种推理的提示内容属于比较基础的案例。它提供了相关线索，并在输出指示中详细规定了结果的要点。这给模型的生成提供了一定的引导，但在实际的复杂推理中，相关信息和要生成的内容通常更加开放，很难在提示中进行详尽说明。

> ⑯ **ChatGPT 的回答如下。**
>
> 最有可能的情况是失窃者熟悉居民的家庭环境，并可能有进入屋内的钥匙。失窃者行动迅速，有选择地带走了一些贵重物品。
>
> 解释：家门未受损、锁未被破坏，说明窃贼未采用强行闯入的手段；窗户虽然是开着的，但没有脚印或指纹，排除了从窗户进入的可能；屋内整洁且无明显翻找痕迹，表明失窃者行动有计划且迅速。

5.2.3　让ChatGPT构建提示

当我们想让ChatGPT完成一个复杂任务时，有时候自己无法清晰地表达需求，或者不确定需要考虑哪些方面，或者缺乏相关任务所需的专业知识。针对这些情况，可以构建特定的指令，让ChatGPT生成提示内容。下面以一个例子进行说明。

（1）构建交互提示语境。下面的提示内容指示ChatGPT扮演专家提示助手的角色。它需要根据提示的三个部分（提示、评论、问题）提供新的提示。这个过程类似于递归，当生成的提示符合我们的要求时，可以输入一个关键词来结束递归过程。

> ⑯ **提示的内容如下（使用GPT-4 模型）。**
>
> 指令：你是我的专家prompt助手，目标是根据我的需要编写最好的prompt。
>
> 上下文：
>
> 1. 你和我的对话类似程序代码中的递归过程，直到我发出＜停止＞命令才停止。你每次的响应由以下三部分组成。
>
> 1.1 提示:{根据我的请求提供最好的prompt}
>
> 1.2 评论:{提供如何改进prompt的简洁说明}
>
> 1.3 问题:{提供改进prompt的 3 个问题，特别是某些专业领域需要更多细节}
>
> 2. 我基于你的响应给出新的prompt需求，继续这个递归过程直到prompt完善。
>
> 输入数据：无
>
> 输出指示：
>
> 生成的提示应该让ChatGPT更容易理解，在我们第一次对话时，你只要问好并询问prompt是关于什么的。

ChatGPT的回答中按要求分点输出了提示、评论和问题三个部分的内容。第一次的提示中询问我们需要哪方面的提示。

> **⑤ ChatGPT的回答如下。**
>
> 1.1 提示：您好！欢迎使用专家提示助手。请问您需要关于哪方面的提示？
>
> 1.2 评论：在问候和邀请用户提供提示需求方面，该提示已经表达清晰。但可能还可以进一步优化，以让用户更具体地描述他们的需求。
>
> 1.3 问题：
>
> 您需要关于哪个主题的提示？
>
> 您是否有特定的问题或挑战需要解决？
>
> 您的需求与哪个行业或领域相关？

（2）进入下一轮对话中告诉ChatGPT需要使用Python编写一个计算器程序。

> **⑩ 提示的内容如下（使用GPT-4 模型）。**
>
> 我需要使用Python编写一个计算器程序。

ChatGPT的回答具体化了Python编写计算器程序的提示内容与相关问题。

> **⑤ ChatGPT的回答如下。**
>
> 1.1 提示：使用Python编写一个计算器程序，您需要定义四个函数：加法、减法、乘法和除法，每个函数接收两个参数并返回结果，然后根据用户输入的运算符和操作数调用相应的函数并显示结果。
>
> 1.2 评论：该提示提供了编写计算器程序的基本概念，但没有给出具体的示例代码。为了帮助用户更好地理解，我们可以提供一个简单的代码实现。
>
> 1.3 问题：
>
> 您希望计算器程序能接收命令行输入还是图形界面输入？
>
> 您是否需要计算器程序支持括号和运算优先级？
>
> 您是否需要为程序添加注释和说明？

（3）根据上一轮的回答内容给出新的提示。

> **⑩ 提示的内容如下（使用GPT-4 模型）。**
>
> 我希望有GUI界面，支持括号和运算优先级，程序代码有详细注释。

ChatGPT的回答中使用了Tkinter库构建图形界面，利用eval()函数处理括号和运算优先级。

> **⑤ ChatGPT的回答如下。**
>
> 1.1 提示：要使用Python编写带有GUI界面的计算器程序，支持括号和运算优先级，您可以使用Tkinter库构建图形界面。利用Python的内置eval()函数可处理括号和运算优先级。编写时，请确保代码有详细的注释，以便于理解。

1.2 评论：该提示提供了关于如何创建带有GUI界面的计算器程序的基本方向，并给出了用于处理括号和运算优先级的函数。但是，仍未给出具体的代码实现。提供一个简单的Tkinter界面示例将有助于用户入门。

1.3 问题：

您是否熟悉Tkinter库？如果不熟悉，需要我提供一些Tkinter的基本知识吗？

您希望计算器界面有哪些功能按钮，如清除、退格等？

您希望计算器的外观如何布局？

（4）根据上一轮的回答内容给出新的提示。

提示的内容如下（使用GPT-4模型）。

计算器外观与市面上主流计算器外观相似，数字按钮1~9呈现3×3的网格排列，0放到最下方。在右侧放置加、减、乘、除的操作按钮。

ChatGPT对计算器程序界面相关的提示内容进行了细化。

ChatGPT的回答如下。

1.1 提示：为了使用Python创建一个类似市面上主流计算器的GUI界面，您可以使用Tkinter库。您需要创建一个窗口，将数字按钮1~9以3×3的网格排列，0位于底部中央，然后在右侧放置加、减、乘、除的操作按钮。此外，还需要为显示结果的文本框留出空间。

1.2 评论：本次提示描述了如何布局计算器的外观，但尚未提供具体的代码实现。为了帮助您开始构建计算器的GUI，我们可以提供一个简单的Tkinter界面代码示例。

1.3 问题：

您是否需要一个完整的Tkinter界面代码示例作为参考？

计算器是否需要支持小数运算，以及是否需要包含小数点按钮？

您需要其他额外的功能按钮，如清除、退格、百分比等吗？

（5）让ChatGPT输出示例代码。

提示的内容如下（使用GPT-4模型）。

我需要一个完整的Tkinter界面代码示例作为参考。

将ChatGPT生成的Python代码复制到一个名为"example5-9-pycode.py"的新建文件中，然后使用命令"python.exe .\example5-9-pycode.py"来执行代码。相应的GUI界面计算器程序如图5-6所示，可以通过程序界面进行测试，以判断是否需要进一步改进。如果不需要改进，请务必输入"停止"命令，否则ChatGPT将继续以提示、评论、问题的格式进行响应。

图5-6 GUI界面计算器程序

5.3 规范化提示

提示内容的格式不像编程那样需要遵循严格的规范，只要构建条理清晰、内容明确的提示即可。然而，为了使提示内容易于维护和修改，在本节中探索构建提示模板的方法。这些模板可以帮助我们更方便地生成各种类型的提示内容。

5.3.1 规范化提示

总结前面章节中的提示内容并结合 ChatGPT API 的请求参数，构建如图 5-7 所示的提示结构。此提示结构是在提示要素的基础上进行扩展，探索对应的规范化模板。

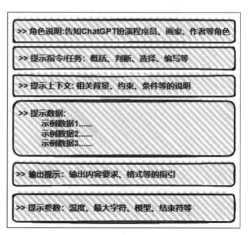

图 5-7　提示结构

1. 文本形式构建规范提示

规范的文本形式提示可以为用户提供清晰、连贯和高效的互动体验。文本相对简单，方便修改，这使其在很多交互场景下成为构建提示工程的首选。

2. 半结构数据规范提示

半结构化数据的提示可以实现灵活、连贯和个性化的用户体验。相比纯文本，它增加了数据的智能性和自动化处理能力，适用于各类复杂的交互场景。

5.3.2 探索提示模板

构建提示模板是一个权衡选择的过程，提示模板需要在结构清晰与应用性之间保持平衡，推崇简洁和实用。

1. 纯文本提示模板

下面是以纯文本形式呈现的提示模板，它的定义清晰而详细，涵盖了人机交互的各个方面。这个提示模板在结构和功能上已经相当完备，但在实际应用中可以根据具体需求选择使用其中的部分内容。

> 1. 角色：需要扮演何种角色
>
> 2. 指令/任务：
>
> 　　2.1 任务 1
>
> 　　2.2 任务 2
>
> 3. 提示上下文：
>
> 　　3.1 上下文说明 1
>
> 　　3.2 上下文说明 2
>
> 4. 提示数据

> 　　4.1 示例 1
> 　　4.2 示例 2
> 　5. 输出指示：
> 　　5.1 输出格式、要求说明
> 　　5.2 问题
> 　6. 提示参数：temperature、stop 等

（1）角色：明确定义了需要扮演的角色，这有助于更好地理解需要完成的任务和输出的要求。

（2）指令/任务：列出了需要完成的具体任务，这有助于明确方向，理解后续提示并完成响应。

（3）提示上下文：提供相关的上下文信息，这有助于模型理解任务的语境和要求，产生更加符合上下文的回答。

（4）提示数据：给出示例数据，这有助于模型理解不同任务与上下文的要求，并在生成时产生类似的回答。

（5）输出指示：明确定义了输出格式与要求，能清楚回答的具体形式和要点，定义详尽的输出指示可以产生更为准确的回答。

（6）提示参数：设置相关的参数来控制输出行为，能够根据要求控制响应内容的行为，选择合适的参数可以实现不同要求的生成效果。

2. JSON 格式提示模板

下面是以 JSON 格式呈现的提示模板，这种格式使提示模板在信息的表达和获取方面表现出良好的效果。通过使用 JSON 数据格式，可以更清晰地组织和传递提示的信息。

```
{
    "提示元数据": {
        "编号": "1",
        "目的": "规范化提示，以便其他人和大语言模型能更好地理解提示",
        "使用说明": ["提示参数控制输出行为",
                  "基于以下提示作出响应",
                  "其他的提示可基于编号引用提示内容"]
    },
    "角色": "说明要扮演什么角色",
    "指令/任务": ["任务 1","任务 2","任务 3"],
    "提示上下文": ["上下文 1","上下文 2","上下文 3"],
    "提示数据": ["示例 1","示例 2","示例 3"],
    "输出指示": ["输出格式","问题"],
    "提示参数": {
        "max_tokens": "7",
        "temperature": "0",
        "top_p": "1",
        "n": "",
```

```
        "stream": "",
        "logprobs": "",
        "stop": "###",
        "frequency penalty": "",
        "presence penalty": ""
    }
}
```

3. 权衡选择提示模板

构建提示模板需要在结构清晰与应用性之间保持平衡，在表 5-1 中总结了提示模板的优缺点，读者可以根据实际情况权衡选择。

表 5-1　提示模板的优缺点

优点	缺点
提高了人机交互的效率和准确性	可能产生过于生硬和枯燥的交互体验
扩大了人机交互的可能性	模板结构难以兼顾语义表达的自然流畅性
产生更加符合预期的交互效果	实际应用需结合具体需求
简化了参数设置，方便重复使用	可能产生过度依赖，限制创新

5.3.3　测试提示模板

构建的提示模板需要进行必要的测试，以持续改进其响应效果。接下来，将对前面介绍的模板进行实际测试和实践。通过实际应用和反馈，可以不断完善和优化这些模板。

1. 提示模板的可识别性

（1）将纯文本模板内容提交给 ChatGPT，要求它做出评价并给出建议，提示内容如下所示。

> 🔟 **提示的内容如下（使用 GPT-4 模型）。**
>
> 你可以理解以下提示模板吗，有何评论和建议？
>
> "1. 角色：需要扮演何种角色
>
> 2. 指令/任务：
>
> 　2.1 任务 1
>
> 　2.2 任务 2
>
> 3. 提示上下文：
>
> ……
>
> "

ChatGPT 首先表明自己可以理解这个模板的目的和作用，并对模板中的各部分给出相关的建议和评论。

> ⑥ **ChatGPT 的回答如下。**
>
> 　　我可以理解您提供的这个提示模板。这是一个用于构建聊天机器人或人工智能系统的指导模板，旨在帮助您更好地组织和描述各种任务、场景和要求。关于这个模板，我有一些建议和评论。
>
> 　　1. 角色：这部分描述了人工智能系统需要扮演的角色。请确保您为模型提供了清晰的角色描述，以便更好地完成任务。
>
> 　　2. 指令/任务：这部分用于描述具体任务。为了方便理解和执行，建议将任务分解成更小的子任务，并按顺序列出。
>
> 　　3. 提示上下文：这部分用于提供关于任务的背景信息。确保提供足够的上下文信息，以便模型在执行任务时更加准确。
>
> 　　4. 提示数据：这部分可以提供一些示例数据，以帮助模型理解任务的具体要求。尽量确保示例数据的质量和数量。
>
> 　　5. 输出指示：这部分描述了模型的输出要求。请提供详细的输出格式说明，以及需要回答的问题。这将帮助模型生成满足要求的答案。
>
> 　　6. 提示参数：这部分包括一些与模型相关的参数，如 temperature（温度）和 stop（停止）。这些参数可以影响模型生成结果的方式。确保为模型提供合适的参数值，以获得理想的输出。
>
> 　　总之，这个模板对于构建一个人工智能系统是非常有用的。只要确保提供了足够详细的信息，模型就能够理解任务并提供合适的输出。同时，可以根据具体情况调整和优化这个模板，使其更符合您的需求。

　　（2）向 ChatGPT 询问该模板有何缺点和不足，对应的回答如下所示。

> ⑥ **ChatGPT 的回答如下。**
>
> 　　这个模板作为一个基本的指导框架，有一定的通用性，但也存在一些缺点和不足。
>
> 　　1. 过于简化：该模板可能无法涵盖所有类型的任务和场景，对于一些复杂或特殊的任务，可能需要进一步细化和扩展模板来满足需求。
>
> 　　2. 依赖于高质量输入：模板的有效性在很大程度上取决于提供的提示信息的质量。如果提示不清晰、不详细或包含错误，模板可能无法准确地理解任务并给出合适的回答。
>
> 　　3. 适用性：虽然这个模板可以作为一个基本的框架来构建聊天机器人或人工智能系统，但它可能不适用于某些特定的场景或领域。在实际应用中，可能需要根据具体需求定制模板。
>
> 　　4. 参数调整：模板中包含的参数设置对于生成高质量的输出至关重要。然而，找到适合特定任务的最佳参数组合，可能需要一定的尝试和错误。此外，不同任务可能需要不同的参数设置，从而增加了调整和优化的难度。
>
> 　　5. 对于新手不够友好：对于缺乏经验的用户来说，这个模板可能不够直观和易于理解。需要提供更多的示例和解释，以便新手更好地掌握如何使用这个模板。
>
> 　　尽管存在这些缺点和不足，该模板仍然可以作为一个有用的工具来帮助构建和组织聊天机器人或人工智能系统。在实际应用中，根据具体需求和场景进行适当的调整和优化是很重要的。

　　（3）将 JSON 格式模板内容提交给 ChatGPT，让其做出评价并给出建议。

🔟 **提示的内容如下（使用GPT-4模型）。**

你可以理解以下JSON提示模板吗，与上面的文本模板对比，你有何建议和评论，如何选择二者才能让你更好地做出回答。

```
"{
    "提示元数据": {
        "编号": "1",
        "目的": "规范化提示，以便其他人和大语言模型能更好地理解提示",
        "使用说明": ["提示参数控制输出行为",
                  "基于以下提示作出响应",
                  "其他的提示可基于编号引用提示内容"]
    },
    "角色": "说明要扮演什么角色",
    ......
"
```

ChatGPT首先表明可以理解JSON模板的目的和作用，并给出了相关的建议和评价。

---

⑤ **ChatGPT的回答如下。**

我可以理解您提供的这个JSON提示模板。这个模板以JSON格式组织了与之前文本模板相似的信息，使用JSON格式有助于标准化和结构化提示内容，使其更易于被其他人和大型语言模型理解。关于这个JSON模板，我有以下建议和评价。

结构化和可扩展性：JSON格式具有良好的结构化特性，使提示内容更加清晰和易于维护。此外，JSON格式可以方便地扩展和修改，以适应不同的任务和场景。

便于解析和处理：JSON格式易于解析和处理，与各种编程语言和库兼容。这意味着使用JSON格式的提示模板可以更容易地与其他系统集成。

可读性：虽然JSON格式在结构上比文本模板更加清晰，但对于非程序员用户来说，它可能不如文本模板那样直观和易于阅读。在选择使用哪种模板时，需要考虑目标用户群体的技能和需求。

适用于自动化处理：JSON格式的提示模板更适合与自动化处理和生成工具一起使用。这些工具可以自动根据JSON模板生成相应的输入和输出，提高工作效率。

在选择文本模板和JSON模板时，您可以根据实际需求和场景进行权衡。如果您关注更好地组织和标准化提示内容，且更易于与其他系统集成，那么JSON模板可能是更好的选择；如果您关注可读性和易用性，尤其是对于非程序员用户，文本模板可能更适合。

总之，根据您的具体需求和目标用户群体，可以灵活选择和调整提示模板。无论是文本模板还是JSON模板，都需要提供清晰、准确和详细的提示信息，以便能够更好地理解任务并提供合适的回答。

---

2. 使用大语言模型测试

为了测试提示模板的通用性，在不同的大型语言模型环境中编写一些示例，并要求模型发现Python代码中的两个错误：print语句的缩进问题和字符串与数值相加的问题。下面是提示的具体内容。

> 文本模式:
1. 角色:你是一个程序员
2. 指令/任务:
　　2.1 任务:指出 Python 代码的错误
3. 提示上下文:
　　3.1 初学者编写了一段代码但有错误,自己又无法找到原因
4. 提示数据:
　　4.1 示例代码如下

```
def func_test(a,b):
print("a test function")
    return 5 + "hello"
```

5. 输出指示:
　　5.1 错误代码行; 错误原因; 修正建议
6. 提示参数:
　　随机性:0.1
　　最大输出长度:200

（1）使用 ChatGPT 测试。向 ChatGPT 提交了上述的提示内容后,它给出了以下响应结果。ChatGPT 能够发现 Python 代码中的两个错误,并提供了修正建议。

> 🅢 **ChatGPT 的回答如下。**
> 　根据您提供的提示模板,我将作为一个程序员,帮助初学者找出 Python 代码的错误并提供修正建议。
> 　1. 错误代码行: print("a test function")
> 　错误原因: 行的缩进不正确。
> 　修正建议: 在 Python 中,代码块的缩进应该保持一致。根据 Python 的规范,函数内部的代码应该有一个额外的缩进层次。修正后的代码行如下。
> 　……
> 　2. 错误代码行: return 5 + "hello"
> 　错误原因: 尝试将整数（5）与字符串（"hello"）相加,这在 Python 中是不被允许的。
> 　修正建议: 请明确您希望实现的操作。如果想将数字 5 与字符串 "hello" 拼接在一起,可以将整数转换为字符串,使用 str() 函数,然后将两个字符串连接在一起。修正后的代码行如下。
> 　……

（2）使用 Bard 测试。Bard 是谷歌公司推出的大语言模型,目前处于测试使用阶段,对中文的支持还不够完善,将上述的提示内容翻译为英文后再提交。回答的内容如下所示,Bard 只发现了一个错误,为了发现另一处代码错误需要继续提示。

Bard回答：

```
def func_test(a,b):
  print("a test function")
      return 5 + "hello"
Use code with caution. Learn more
Line 3: There is an error in the return statement. The expression 5 +
"hello" is trying to add an integer to a string. This is not possible, so
the code will raise an error.

Correction suggestion: The return statement should be changed to return 5.
```

（3）使用Claude测试。Claude是Anthropic新推出的一款类似于ChatGPT的AI助手，向Claude提交了上述的提示内容，响应结果如下。Claude可以发现Python代码中的两个错误，并给出修正建议。

Claude回答：

错误1: print语句缩进错误。

　　错误原因:print语句作为func_test函数体的一部分，缩进应与def语句相同。

　　修正建议:将print语句缩进与def语句一致。

```
def func_test(a,b):
  print("a test function")
      return 5 + "hello"
```

错误2:return语句的数据类型不一致。

　　错误原因:数字5和字符串"hello"的数据类型不同，不能相加。

　　修正建议:

1) 将5改为b,如果a和b都是数字。

2) 使用str()将5转换为字符串,再与"hello"相加。

```
def func_test(a,b):
  print("a test function")
  return 5 + b    # 如果a和b都是数字
  # return str(5) + "hello"  # 如果需要返回字符串
```

　　总之,这个代码示例中存在的两个错误分别是:缩进错误和数据类型不一致导致的错误。 initialfixed缩进和数据类型一致,便可运行成功。

第6章

提示类型

随着大语言模型的发展，提示技术也在不断进步。本章将在第5章介绍的提示要素和提示模板的基础上，结合这些要素并精简模板，以提炼出相对精简的提示类型和公式。

本章主要涉及的知识点如下。

● 介绍和实践标准提示、指令提示和角色提示。

● 学习和实践思维链提示。

● 学习和实践自洽提示、知识生成提示。

● 提示工程实施建议。

6.1 标准、指令、角色提示

标准提示、指令提示、角色提示是最常用的提示。标准提示加强交互，指令提示告知操作，角色提示定制方向。

6.1.1 标准提示

标准提示方法通过为ChatGPT模型提供一个特定而清晰的任务目标来引领其生成响应输出。

1. 提示公式

以下内容介绍标准提示公式，标准提示方法定义了一个明确的任务目标或内容标准，让ChatGPT理解需要达成的目的和效果。

> ⑩ 表达方式如下（基本格式：任务）。
>
> 完成<任务>或<任务>

2. 应用演示

以下提示内容是标准提示公式的应用演示，简要阐述人工智能的发展机遇与影响。

⏱ **提示的内容如下（使用 GPT-3.5 模型）。**

撰写一篇 100 字左右的短文，简要阐述人工智能的发展机遇与影响。

ChatGPT 的回答如下所示，按照任务描述生成内容。由于提示任务中只提供了简单的说明，所以回答的内容中规中矩。

ChatGPT 的回答如下。

人工智能的发展给我们带来了巨大的机遇和影响。在医疗领域，人工智能能够帮助医生更快速、准确地诊断疾病。在交通领域，人工智能的智能化驾驶系统可以提高交通安全性。在制造业领域，人工智能的应用可以提高生产效率和质量。但是，人工智能的发展也带来了一些负面影响，例如，大规模失业和个人信息泄露等问题。我们需要寻找平衡，以确保人工智能的发展既能够给我们带来机遇，同时也能够尽量减少负面影响。

6.1.2 指令提示

该提示是让用户对话式地引导 AI 模型不断学习和提高的一种重要手段，也让人工智能的交互体验更加自然流畅。

1. 提示公式

以下内容介绍指令提示公式，有清晰的任务目标和结构化的指令，ChatGPT 就可以生成更加聚焦和满足需求的响应。

⏱ **表达方式如下（基本格式：指令 + 任务）。**

按照指令完成＜任务＞：＜指令＞

按＜指令＞完成任务＜任务＞

2. 应用演示

以下提示内容是指令提示公式的应用演示，其中任务为"编写使用说明"，指令为"在说明中包含 5 个步骤，每个步骤 2～3 句话"。

⏱ **提示的内容如下（使用 GPT-3.5 模型）。**

按指令为即将发布的安卓手机编写使用说明：在说明中包含 5 个步骤，每个步骤 2～3 句话。

ChatGPT 的回答如下所示，按提示要求生成包含 5 个步骤的手机使用说明。

ChatGPT 的回答如下。

为了使用您的新安卓手机，请按照以下 5 个简单步骤。

开始使用前，插入 SIM 卡并充电。将 SIM 卡插入手机的 SIM 卡槽中，然后连接手机充电器并插入电源插座。在手机充电过程中，请耐心等待，直到充电完成。

接下来，开机并设置语言。按住手机的电源按钮几秒钟，直到屏幕亮起。然后，按照指示设置您的语言、日期和时间。确保您设置的语言是想要使用的主要语言。

登录您的 Google 账号并下载应用程序。输入您的 Google 账号凭据，然后在 Google Play 商店中浏览和下载应用程序。您可以通过搜索应用程序名称或浏览应用程序分类来查找应用程序。一旦下载了应用程序，可以将其添加到主屏幕或应用程序抽屉中以方便使用。

调整手机设置以满足您的需求。在"设置"菜单中，您可以调整各种设置，例如，屏幕亮度、音量、蓝牙、Wi-Fi和安全设置。可以根据自己的偏好进行调整，以确保手机满足您的需求。

最后，保持手机安全并定期进行备份。设置密码、指纹识别或面部识别以保护您的手机免受未经授权的访问。同时，定期备份您的手机数据以防止意外数据丢失。在"设置"菜单中，您可以启用自动备份功能或手动备份您的数据。

6.1.3　角色提示

角色提示方法通过为ChatGPT模型指定一个特定的角色定位来引导其生成响应输出。这种方法在产生符合特定场景或对象的内容上效果显著。简单来说，角色提示方法就是告诉模型在生成响应内容时扮演一个具体的角色，并采取相应的身份角色和立场来表达观点与回答问题。

1. 提示公式

以下内容介绍角色提示公式，有了明确的角色定位，ChatGPT 就可以根据该角色的特征和要素生成个性化的响应内容。

> 🗫 **表达方式如下（基本格式：角色 + 任务）。**
> 作为<角色>完成<任务>

2. 应用演示

以下提示内容是角色提示公式的应用演示，在例子中ChatGPT的角色为产品经理，要完成的任务是为新款手机编写使用说明。

> 🗫 **提示的内容如下（使用GPT-3.5 模型）。**
> 作为产品经理为新款手机编写使用说明。

ChatGPT 的回答如下所示，在回答内容的开始和结尾明显是以产品经理的口吻进行回答。

> ⑤ **ChatGPT 的回答如下。**
> 欢迎使用我们的新款手机！为了使您能够轻松地开始使用，以下是几个简单的步骤。
> 插入 SIM 卡并充电。插入您的 SIM 卡并连接充电器开始充电。
> 开机并设置语言。按下电源键并按照指示进行设置。
> 登录您的 Google 账号并下载应用程序。通过 Google Play 商店浏览和下载您需要的应用程序。
> 调整设置以适应您的需求。您可以通过"设置"菜单调整各种设置，例如，音量、屏幕亮度、安全设置等。

保持手机安全并定期备份数据。设置密码或指纹识别以保护您的手机，并定期备份您的数据以防止数据丢失。

祝您使用愉快！

6.2 / 思维链提示

思维链的主要思想是通过向大语言模型展示一些少量的示例，在示例中解释推理过程，大语言模型在响应时也展示其推理过程，这种解释性的推理过程往往能够引导出更准确的结果。

6.2.1 让ChatGPT说明思维过程

Chain of Thought（COT）思维链提示是在 2022 年开发的提示方法，其鼓励大预言模型解释推理过程。以下先构建一个准提示例子，然后再改造为思维链提示。

> 🔟 **提示的内容如下（使用GPT-3.5模型）。**
>
> 计算以下Markdown表格数据中血压的平均值、标准差、最大值
>
> | 编号 | 血压（mmHg）|
> | ---- | ------------- |
> | 1 | 79 |
> | 2 | 100 |
> | 3 | 120 |
> | 4 | 80 |
> | 5 | 60 |
> | 6 | 89 |
> | 7 | 99 |

ChatGPT 直接回答这 3 个统计值。为了检验计算方法和结果的正确性，可以让 ChatGPT 展示其计算过程。

> ⑥ **ChatGPT 的回答如下。**
>
> 根据上述表格数据，我们可以得出以下统计学描述。
>
> 血压的平均值：89.57 mmHg
>
> 血压的标准差：20.54 mmHg
>
> 血压的最大值：120 mmHg

因为 ChatGPT 不擅长进行复杂的数字计算，所以 ChatGPT 在前后两次回答中的计算结果不一样。在原来的提示内容中添加"步骤计算"关键字，并重新提交给 ChatGPT。

> 🔟 **提示的内容如下（使用GPT-3.5模型）。**
>
> 按步骤计算以下Markdown表格数据中血压的平均值、标准差和最大值，并说明这3个统计量间的计算关系。

ChatGPT的部分回答内容如图 6-1 所示，按步骤计算每个统计量，并且每个步骤中包括对应的计算公式和过程。

1. 平均值：

   平均值是数据集的总和除以数据集中的元素个数，可以表示为：

   $$\bar{X} = \frac{1}{n} \sum_{i=1}^{n} X_i$$

   根据这个公式，我们可以计算出给定数据集的平均值：

   $$\bar{X} = \frac{79+100+120+80+60+89+99}{7} = 89.57$$

2. 标准差：

   标准差是对数据集的离散程度的度量，它衡量了每个数据点相对于平均值的距离。标准差可以表示为：

   $$s = \sqrt{\frac{1}{n-1} \sum_{i=1}^{n} (X_i - \bar{X})^2}$$

   根据这个公式，我们可以计算出给定数据集的标准差：

   $$s = \sqrt{\frac{(79-89.57)^2+(100-89.57)^2+(120-89.57)^2+(80-89.57)^2+(60-89.57)^2+(89-89.57)^2+(99-89.57)^2}{6}} = 19.16$$

图 6-1　ChatGPT 展示详细计算过程

通过在重新提交的提示内容中添加"步骤计算"这样的魔法关键字，可以引导ChatGPT展示其思维过程，因为 ChatGPT 不擅长计算并且计算结果也不一定准确，所以不建议使用ChatGPT进行复杂的数字计算。除了"步骤计算"之外，还有其他一些魔法关键字可以达到相同的效果。表 6-1 展示了研究者对不同思维链提示词效果的说明。这些关键字的使用可以帮助我们更好地理解模型的推理过程，并获得更准确的回答。

表 6-1　思维链提示关键词

编号	提示词	效果（准确率%）
1	让我们一步一步来思考	78.7
2	让我们从逻辑上思考这个问题	74.5
3	我们把这个问题分成几个步骤来解决	72.2
4	让我们现实一点，一步一步地思考	70.8
5	让我们像侦探一样一步一步地思考	70.3
6	让我们想想	57.5
7	在我们深入研究答案之前	55.7
-	Zero-shot 类提示	17.7

6.2.2　向ChatGPT展示思维过程

在前面的例子中，ChatGPT已经学过这些知识，所以能按正确的步骤进行计算。然而，如果ChatGPT遇到了它未学习过的知识，可能会给出不准确的回答。为了解决这个问题，需要向ChatGPT展示相关的思维过程。下面是一个示例的提示内容，要求ChatGPT撰写一篇关于保护环境的文章。

> 🔟 **提示的内容如下（使用GPT-3.5模型）。**
>
> 　　你是一名记者，要写一篇关于保护环境的文章。

基于上述的提示，ChatGPT将利用其训练数据，选择与主题相关且最有可能的句子和短语来组合成一篇文章。然而，写作是高度依赖个人思维过程的工作。在构思文章大纲时，人们会考虑相关场景、关键字和创意点。为了让ChatGPT按照我们的思维方式进行写作，以下的提示向ChatGPT展示了我们在思考写作时的一些关键字，并要求ChatGPT围绕这些关键字编写一篇在逻辑上合理的文章。通过这样的提示，我们期望能够引导ChatGPT生成更符合我们预期的文章内容。

> 🔟 **提示的内容如下（使用GPT-3.5模型）。**
>
> 　　你是一名记者，要写关于保护环境的文章，按以下思考过程的关键字完成 200 字左右的文章。
>
> 　　你思考过程中对应的关键字顺序为：碳排放 –> 森林 –> 摩天大楼 –> 包子 –> 碳中和。

基于我们给出的关键字，ChatGPT进行了内容扩展，并巧妙地衔接了各个部分的内容。在思维链中，故意加入了一个突兀的关键字"包子"，而ChatGPT将其联系到了"粮食生产"上，尽管这并非原本的意图。在下一个提示中，将告诉ChatGPT"包子"的实际作用，以更好地满足我们的思考需求。

> 🤖 **ChatGPT 的回答如下。**
>
> 　　近年来，全球气候变暖已经引起了人们的高度关注。碳排放是温室气体的主要来源之一，而森林则是减缓气候变化的关键。在城市中，摩天大楼是城市化的象征，然而，它们的建造也意味着大量的能源消耗和碳排放。为了达到碳中和，我们需要采取更加可持续的方式来建造和维护这些大型建筑，例如，采用绿色建筑材料和设计，以及减少建筑的能源需求。此外，人们也需要采取措施保护森林，因为它们可以吸收大量的二氧化碳，为我们的生态系统提供栖息地，保护地球上的生物多样性。此外，碳排放对气候变化的影响非常复杂，它还可能影响到我们的粮食生产。因此，我们必须采取积极的措施来减少碳排放，保护我们的森林，以实现碳中和，为我们的子孙后代创造一个更加美好的未来。最后，不要忘记吃包子哦，选择环保材料的餐具和包装，从小事做起，共同呵护地球家园。

在思维链上"包子"关键字是比喻的作用，逻辑上的关系为：由于碳排放过高，大气层包裹着的摩天大楼就像一个滚烫的包子。在以下的提示中告知ChatGPT这点信息，引导它完成比喻的内容，使文章内容更丰富。

🔟 **提示的内容如下（使用GPT-3.5模型）。**

你是一名记者，要写关于保护环境的文章，按以下思考过程关键字及要求完成200字左右的文章。

思考过程中对应的关键字顺序为：碳排放 –> 森林 –> 摩天大楼 –> 包子 –> 碳中和。

思维提示：包子的作用是比喻，由于碳排放过高，大气层包裹的摩天大楼像滚烫的包子。

ChatGPT编写了比喻的内容，并在比喻的语境下引出了"碳中和"的概念。通过向ChatGPT展示我们的思维过程，得到更符合我们期望的内容。

🅢 **ChatGPT的回答如下。**

随着工业化进程的加速，碳排放逐渐成为世界各国共同面临的环境问题。碳排放过高不仅导致全球气候变暖，也威胁着生态系统的稳定性。那么该如何减少碳排放呢？森林是一种重要的碳吸收器，能够通过光合作用吸收二氧化碳，缓解气候变暖。此外，森林也为各种生物提供栖息地，维持着生态系统的平衡。但是，随着城市化进程的加速，大面积的森林被砍伐和占用。此时，我们需要做出努力，保护好我们的森林资源，从而实现保护环境。

然而，减少碳排放并不只是保护森林那么简单。想象一下，由于碳排放过高，在大气层中包裹的摩天大楼就像一个滚烫的包子。而我们需要做的，就是让这个包子变凉。这就是碳中和的概念，也就是在减少碳排放的同时增加碳吸收，实现碳的平衡。碳中和可以通过种植树木、使用清洁能源等方式来实现，让我们共同努力，为保护环境出一份力吧。

6.3 自洽、知识生成提示

在本节中，我们将介绍和使用自洽提示与知识生成提示，这些提示要求大语言模型像人类一样进行学习和推理。

6.3.1 自洽提示

自洽提示要求模型预测和补全内容时确保生成的内容与上下文保持内在的连贯一致。这种提示方法在事实核查、数据验证、文本生成和一致性检查等任务中有效。

1. 提示公式

以下内容介绍自洽提示公式，在提示的内容中明确告知ChatGPT确保上下文内容保持逻辑自洽。

🔟 **表达方式如下（基本格式：角色、任务等提示元素 + 自洽说明）。**

完成<任务>，确保<信息一致|上下文一致>说明

2. 应用演示

以下提示内容是自洽提示公式的应用演示，在例子中故意设计了上下文不一致的信息，即"在我45岁时，妹妹年龄应该为42"。

> 提示的内容如下（使用 GPT-4 模型）。
>
> 改写以下场景内容，字数控制在 100 字。
>
> 当我 6 岁时，我唯一的妹妹年龄为 3 岁。现在我 45 岁生日时，我 40 岁的妹妹来为我庆祝生日。

ChatGPT 忽略了年龄差的上下文保持一致，使用错误的内容进行回答。

> ⑤ ChatGPT 的回答如下。
>
> 在我 6 岁时，我的小妹妹刚满 3 岁。如今，我迈入 45 岁的生命新篇章，而她则以 40 岁的姿态，来共同庆祝这特殊的日子。

以下改写了提示内容，添加了"确保上下文中年龄差值保持一致"。需要注意的是本例子是在 GPT-4 模型上演示的，如在 GPT-3.5 模型有很大可能无法给出正确的内容。

> 提示的内容如下（使用 GPT-4 模型）。
>
> 改写以下场景内容，确保上下文中年龄差值保持一致，字数控制在 100 字。
>
> 当我 6 岁时，我唯一的妹妹年龄为 3 岁。现在我 45 岁生日时，我 40 岁的妹妹来为我庆祝生日。

ChatGPT 的回答中保持了年龄差上下文的一致性。

> ⑤ ChatGPT 的回答如下。
>
> 当我 6 岁那年，我独一无二的妹妹刚好 3 岁。时光荏苒，如今我正迎来 45 岁的生日，而她也已步入 42 岁的人生旅程。在这特殊的日子里，她与我共同庆祝，增添欢乐气氛。

6.3.2 知识生成提示

知识生成提示可以引导大语言模型基于已有知识生成全新且原创的信息，但非常依赖大语言模型的能力。知识生成提示的公式是"生成关于相关主题的新的和原创的信息"。在以下的提示内容中，要求 ChatGPT 将"天空是蓝色的"和"海市蜃楼"两个现象对应原理进行知识整合。

> 提示的内容如下（使用 GPT-4 模型）。
>
> 基于"天空是蓝色的"和"海市蜃楼"两个现象对应原理进行知识整合，内容确保科学、准确。

ChatGPT 的回答如下所示。

> ⑤ ChatGPT 的回答如下。
>
> 天空呈蓝色的原因在于大气中的气体和悬浮颗粒对阳光的短波长（蓝色）光线进行了散射，使得蓝色光线在各个方向传播，形成蓝天景象。这一现象称为"瑞利散射"。
>
> 海市蜃楼则是一种光学现象，当光线穿过具有不同温度和密度的空气层时，会发生折射。在特定条件下，折射的光线使远处物体的影像倒映在地面或水面上，使人产生错觉。
>
> 这两个现象的共同点在于它们都涉及光线在大气中的传播。瑞利散射解释了为何天空呈蓝色，而海市

蜃楼揭示了光线折射在特定条件下产生的幻影。它们都展示了光学现象在自然界中的独特魅力。

6.4 总结和建议

　　本节是对前面章节介绍的提示内容简要的总结，从而加深对 ChatGPT 工作机制的了解，并学习一些通用的提示设计技巧。

6.4.1　ChatGPT工作机制

　　通过语言模型的预测能力，ChatGPT 可以生成连贯的回复，从而使对话更加自然流畅。图 6-2 展示了 ChatGPT 的工作机制。

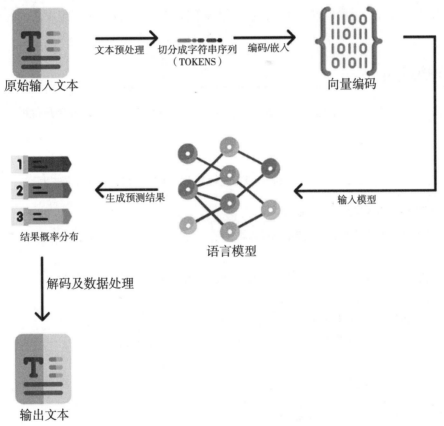

图 6-2　ChatGPT 工作机制

1. 文本预处理

　　文本预处理是指使用句子分割、词令牌化、词干提取、停止词删除、拼写纠正等技术清理文本。预处理的目的是将粗糙文本转换为模型可直接消化的格式，高质量的预处理对于很多自然语言处理任务来说是至关重要的，可以显著提高模型的准确性与效果。

2. 编码/嵌入

将文本中的词汇、短语与句子映射为实数向量，以便计算机可以处理。作为离散符号的语言元素需要被转化为模型可以识别的格式，常转换为向量或张量格式的数据。

3. 输入模型

将编码后的输入传入模型进行处理，实际上就是将编码所得的向量或张量赋值给模型参数。

4. 生成预测结果

语言模型的输出结果为"单词可能性概率分布"，提供了语言模型对下一单词的预测与判断。可以使用第 5 章中介绍的 temperature、top_p、max_tokens 等参数控制输出的结果。

5. 解码及数据处理

解码是第 2 步中编码的逆过程，将模型输出的数字向量还原为人类可理解的语言格式。数据处理通过诸如拼写检查、语法检查、修改标点符号等手段来进一步提高模型生成语言的准确性和流畅性。

6.4.2 内容从简单开始

设计高质量的提示是一个迭代的过程，需要进行大量的实验和比较以发现最优的方案。可以从简单的提示开始，逐步丰富和扩展，这是一个逐渐权衡的过程。如果一开始就考虑太多复杂因素，容易迷失方向，无法做出明智的选择。因此，采用渐进的方式进行交互是一个良好的起点。以下将以简单修改的方式构建基于 5.2.3 节的提示内容，以实现从简单内容开始的提示方式。

🔟 提示的内容如下（使用 GPT-3.5 模型）。

指令：你是我的专家助手，职责是根据我的需求完成相关任务

上下文：

1. 你和我进行交互对话，直到我发出 < 停止 > 命令，响应内容由以下三部分组成。

　1.1 提示：{根据我的需求生成 3 个解决思路}

　1.2 评论：{提供 3 个如何改进提示的简洁说明}

　1.3 问题：{提供改进提示的 3 个问题，特别是某些专业领域需要更多细节}

输入数据：无

输出指示：第一次对话只询问要完成什么任务

ChatGPT 最开始只询问了要完成什么任务。

💬 **ChatGPT 的回答如下。**

好的，让我们开始吧。请告诉我你需要完成什么任务，我将尽力根据你的需求为你提供支持。

继续对话，告诉 ChatGPT 要对一份数据判断是否符合正态分布。

⌒ **提示的内容如下（使用GPT-3.5 模型）。**

　　我没有统计学基础，但我需要判断一份数据是否符合正态分布。

　　ChatGPT给出了 3 个解题思路，并给出了 3 个可能存在的问题，可以以这些问题为基础拓展到下一次对话中。

◎ **ChatGPT的回答如下。**

　　明白了，你需要判断一份数据是否符合正态分布，但是你没有统计学基础。以下是我为你准备的 3 个解题思路，帮助你完成任务。

　　使用直方图和Q-Q图：绘制数据的直方图并生成Q-Q图。如果数据分布呈正态分布，则直方图应该类似于钟形曲线，并且Q-Q图的点应该沿着对角线分布。如果数据分布不是正态分布，则直方图和Q-Q图的点可能会显示偏斜或偏离对角线。

　　使用正态概率图：正态概率图是一种将数据绘制在横坐标为标准正态分布的分位数上的图形。如果数据符合正态分布，则数据点应该沿着一条直线分布。如果数据分布不是正态分布，则数据点将偏离这条直线。

　　使用Shapiro-Wilk检验：Shapiro-Wilk检验是一种用于检验数据是否符合正态分布的统计方法。这个方法需要一定的统计学基础，但是你可以使用在线工具来进行计算。如果p值小于显著性水平（通常是0.05），则可以拒绝原假设（数据不符合正态分布）。

　　以下是 3 个问题，可帮助你更好地了解这些解决思路。

　　如何绘制直方图和Q-Q图，你需要哪些软件或工具？

　　如何理解正态概率图，如何绘制正态概率图？

　　什么是Shapiro-Wilk检验，如何进行Shapiro-Wilk检验？

　　继续对话中选择了上一步ChatGPT给出的一个解题思路，并向ChatGPT询问如何使用Excel实现这个思路。

⌒ **提示的内容如下（使用GPT-3.5 模型）。**

　　如何使用Excel绘制Q-Q图？

　　在ChatGPT的回答中，详细说明了如何使用Excel绘制Q-Q图，以判断一份数据是否符合正态分布。如果还有不理解的地方可以继续提问，直到达到我们的要求。

◎ **ChatGPT的回答如下。**

　　在Excel中，你可以使用散点图来绘制Q-Q图。以下是绘制Q-Q图的步骤。

　　打开Excel并导入数据。

　　选择数据列并计算每个数据点的正态分布分位数。

　　在Excel中打开"插入"选项卡并选择"散点图"。然后，选择"散点图与平滑线"。

　　将正态分布分位数作为横轴，将原始数据点作为纵轴，并绘制散点图。

　　在散点图上添加一条对角线，以帮助确定数据点的分布情况。你可以选择"设计"选项卡中的"添加图表元素"，然后选择"趋势线"并添加一条"线性趋势线"。

> 查看散点图，如果数据点沿着对角线分布，则说明数据符合正态分布。
> 请注意，你需要先计算每个数据点的正态分布分位数，然后才能绘制Q-Q图。Excel提供了一些函数，如"STANDARDIZE"和"QUARTILE.INV"函数，可以用于计算正态分布分位数。

设计出色的提示需要作者在知识储备、技术方法、语言表达方面都达到一定水准，这需要投入大量时间进行实践、总结和提升。因此，对于提示的设计和优化，需要不断学习和提升自己，不断探索和实践，以提供最佳的用户体验和交互效果。

6.4.3 避免内容歧义

1. 建议

构建良好的提示内容需要考虑语境，避免模棱两可。为了表达清晰，建议如下。

（1）把握提示的目的和意图

为了保证一个好的提示内容，必须明确地为语言模型指明需要完成的目标或任务。如果意图不清晰，很容易产生理解偏差和歧义。

（2）采用清晰和具体的表达

为了确保语言模型能够准确理解提示内容，需要避免使用抽象、笼统或模糊的词汇和表达方式。这样的表达可能会给语言模型带来理解上的障碍，甚至导致误读或错误的生成结果。

（3）根据语境提供足够的信息

为了确保语言模型能够准确理解提示内容，需要提供足够的语境信息，以帮助模型理解当前的任务环境和所需完成的事项。缺乏语境信息可能会导致提示内容显得突兀或难以理解。

（4）避免否定式和复杂的表达

在设计提示内容时，最好采用肯定和简洁的表达方式。否定式表达容易引起理解上的歧义，而复杂的表达方式则增加了语言模型的理解难度。

2. 例子

以下提示内容是基于一个关于歧义语境的笑话改写的，用于测试ChatGPT是否能够发现其中歧义的原因。

🔟 **提示的内容如下（使用GPT-3.5模型）。**

如何理解这句话：

甲让乙去买4个包子，看到西瓜就买2个。乙买回来2个包子，并且甲很满意。

要理解其中的歧义，就需要提供更完善的上下文以便ChatGPT理解。

✳ **ChatGPT的回答如下。**

这句话可能存在一些歧义，但是根据字面理解，乙只买回来2个包子并不符合甲的要求。根据甲的指示，乙应该去买4个包子，如果看到西瓜，那就买2个。因此，如果乙只买回来了2个包子，那么他就没有完全满足甲的要求。但是，如果甲对乙只买回来2个包子表示满意，那么可能存在以下一些情况。

甲的指示中并没有强调必须买回 4 个包子，而只是强调了如果看到西瓜，就需要买 2 个西瓜。这种情况下，乙只买回来 2 个包子可能就是符合甲的要求的。

甲可能对乙只买回来 2 个包子感到满意，是因为乙同时还买回了 2 个西瓜，达成了甲的要求。如果乙买回了 4 个包子和 2 个西瓜，那么甲可能会更满意。

需要进一步澄清才能确定具体情况。

以下提示内容是另一个有歧义的例子，歧义点是作者被批评还是作者批评了很多人。

提示的内容如下（使用 GPT-3.5 模型）。

如何理解这句话：

他在某杂志生活栏目上发表的那篇关于饮食习惯与健康的文章，批评的人很多。

ChatGPT 的回答中分析了歧义的原因，我们需要给出更明确的表述，以避免 ChatGPT 给出偏离目标的回答。

ChatGPT 的回答如下。

这句话可以理解为：

1. 他发表了一篇关于饮食习惯与健康的文章；

2. 这篇文章发表在某杂志的生活栏目上；

3. 很多人对这篇文章进行了批评。

从这句话中我们可以推测出，这篇文章可能存在一些有争议的观点或信息，引起了批评者的不满或反对。这句话的语境并没有具体指出文章的作者是否被批评或文章中存在什么具体问题，因此具体情况需要根据其他上下文来进一步理解。

## 第 7 章

基于提示工程应用 Python 数据分析

前面介绍了提示工程相关的知识点，第 7～10 章讲解应用实践提示工程。本章将从 Python 的基础知识开始讲解，最终使用 Python 相关包进行数据分析。

本章主要涉及的知识点如下。

● 介绍通过 ChatGPT 学习数据分析的思路。

● 介绍 Python 的基础语法与实践操作。

● 使用 Python Pandas 包和 Python Matplotlib 包进行数据分析。

7.1 提示构建思路

在开始使用 ChatGPT 构建使用 Python 的提示内容前，本节先说明学习思路，参考费曼学习法组织内容和构建对应费曼学习法的提示内容。

7.1.1 参考费曼学习法

费曼学习法是理解概念和学习知识的一种高效方法，得名于物理学家理查德·费曼。图 7-1 所示为费曼学习法的步骤，以下将简述费曼学习法的整个过程及参考费曼学习法使用 ChatGPT 的方式。

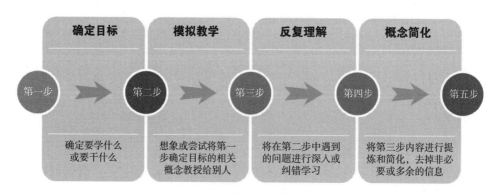

图 7-1　费曼学习法步骤

1. 费曼学习法说明

（1）确定目标。选择一个想要学习或理解的概念或主题，可以是书本上的一个知识点，也可以是一个更广泛的主题。

（2）模拟教学。向一个初学者解释在上一步中确定目标的相关概念，使用最简单的词语进行解释，要避免使用过于复杂的词汇和示例。

（3）反复理解。在模拟教学的过程中，对解释不清楚或遗漏的知识点，利用各种手段进行深入、纠错学习，直到能用大白话把它讲清楚为止。

（4）概念简化。经过深入、纠错学习后对知识有更全面的理解，再用更加精简、通俗的方式描述对应的知识点和概念。

2. 参考费曼学习法

（1）用输出倒逼输入，通过输入来帮助输出。以个人对概念的理解作为输入，个人对概念的表达作为输出。输入和输出是紧密相连和互相促进的，输出对输入提出要求并加以检验，输入的提高又反过来拓展和加强输出。

（2）与 ChatGPT 交互的相似性。使用 ChatGPT 的过程，也体现了"用输出倒逼输入，通过输入来帮助输出"这一理念。我们与 ChatGPT 的交互过程如表 7-1 所示。

表 7-1　与 ChatGPT 的交互过程

步骤	说明
输出要求	首先我们向 ChatGPT 提出问题或需求，ChatGPT 按要求响应输出
输入改进	我们对 ChatGPT 的响应内容进行理解，提交更准确地输入
提高输出要求	由于上一步输入信息更准确，ChatGPT 的输出也趋向更准确，于是我们就可以基于 ChatGPT 的输出提出更高的输出要求

像 ChatGPT 这类基于大量数据训练得到的 AI 系统，拥有海量的知识储备，但不能保证每次与 ChatGPT 的交互对话都按表 7-1 的步骤进行，需要不断优化输入和输出来实现人机对话的持续改进。

7.1.2　费曼学习法提示模板

参考费曼学习法并结合 ChatGPT 的特点，构建合理的提示内容。由于 ChatGPT 具备海量知识储备及强大的语言表达能力，所以在参考费曼学习法构建提示内容时以 ChatGPT 作为教学者，我们作为学习者对提示进行理解、验证并引导整个交互提示过程。

以下是参考费曼学习法构建的提示模板。在"#指令#"中说明像 ChatGPT 这样的 AI 系统扮演的角色为"费曼学习法专家"，用于帮助我们学习数据分析；在"#上下文#"中定义回答内容包括了"解释概念"和"学习建议"；在"#输入数据#"中列举说明使用"费曼学习法"进行交互的步骤；在"#输出提示#"中说明输出的信息。

> #指令#：你是费曼学习法专家，帮助我学习数据分析。

#上下文#：

1. 你和我的对话类似程序代码中的递归过程，<停止>命令停止递归，<总结>命令总结知识，你每次的响应由以下 2 部分组成。

1.1 解释：{根据要学习的知识点，解释相关的概念}

1.2 建议：{给出 3 个学习建议}

2. 我基于你的响应进行深入学习和纠错学习；最后你以简洁、通俗的语言总结知识点

#输入数据#：

你基于费曼学习法进行教学的例子。

确定目标：我提出要学习的知识点

模拟教学：你对要学习的知识点概念进行解释，并给出 3 个学习建议

反复理解：我与你基于解释内容和建议，进行深入学习和纠错

概念简化：你将前面步骤的内容进行提炼和简化

#输出指示#：

确保输出的知识点信息准确，我们第一次对话时你只要问好，并询问要学习的知识点

在 ChatGPT 环境中验证"费曼学习法提示"是否有效。首先向 ChatGPT 提交上述费曼学习法的提示内容，其第一次回答如下。

ⓢ **ChatGPT 的回答如下。**

你好！很高兴以费曼学习法的方式帮助你学习。请告诉我你想学习的知识点。

然后输入想要学习的知识点，比如英语中的时态。

⑩ **提示的内容如下（使用 GPT-4 模型）。**

英语中的时态

ChatGPT 对英语中时态的相关知识进行了解释并给出了 3 个学习建议。

ⓢ **ChatGPT 的回答如下。**

解释：

英语时态是描述一个动作或状态发生的时间和进程。它包括以下几种。

1. 一般现在时：表示经常发生的动作或状态。

2. 一般过去时：表示过去发生的动作或状态。

3. 一般将来时：表示将来会发生的动作或状态。

4. 现在进行时：表示正在进行的动作。

5. 过去进行时：表示过去某一时刻正在进行的动作。

6. 将来进行时：表示将来某一时刻正在进行的动作。

7. 现在完成时：表示过去发生的动作对现在产生的影响或结果。

8. 过去完成时：表示过去某一时刻之前已经发生的动作。

9. 将来完成时：表示将来某一时刻之前已经发生的动作。

10. 现在完成进行时：表示从过去某一时刻开始，一直持续到现在并仍在进行的动作。

11. 过去完成进行时：表示在过去某一时刻之前一直在进行的动作。

12. 将来完成进行时：表示将来某一时刻之前一直在进行的动作。

建议：

1. 阅读英语语法书籍，学习时态的构成、用法和例句；

2. 观看英语视频课程，了解时态在不同情景下的应用；

3. 练习时态相关的题，巩固理解和应用时态的能力。

深入提问了解为何在英文中需要时态。

🔟 **提示的内容如下（使用 GPT-4 模型）。**

为什么英文要有时态，中文就没有？

ChatGPT 对比了中英文，说明了为什么英文需要时态。

🌀 **ChatGPT 的回答如下。**

解释：

英文和中文在表达时间关系方面有不同的方式。英文中的时态是通过动词的形式变化来表达动作发生的时间，而中文通常通过语境、时间状语或词汇选择来表达动作发生的时间。这是由于英文和中文分别属于不同的语言类型，英文属于屈折语，而中文属于分析语。

1. 英文：时态系统在英文中是十分重要的，因为它表达了动作发生的时间和状态。通过动词形式的变化和助动词的使用，英文可以清晰地表示动作的时间关系。

2. 中文：中文没有明确的时态标记，但仍然能表达时间关系。中文使用语境、时间状语（如"昨天""现在""明天"）及词汇选择来传达时间信息。此外，中文动词本身不会因为时间关系而改变形式。

建议：

1. 比较英文和中文在表达时间关系方面的差异，理解两种语言的特点和优劣；

2. 分析中文中表达时间关系的例子，了解中文如何通过上下文和时间状语表达动作发生的时间；

3. 学习其他语言的时态系统，以便更好地理解时态在语言中的重要性和作用。

最后，向 ChatGPT 发出 <总结> 和 <停止> 命令，使其按命令要求进行响应。

🔟 **提示的内容如下（使用 GPT-4 模型）。**

<总结>

🌀 **ChatGPT 的回答如下。**

英语中的时态通过动词形式变化来表达动作发生的时间和进程，包括一般现在时、一般过去时、一般将来时、现在进行时、过去进行时、将来进行时、现在完成时、过去完成时、将来完成时、现在完成进行时、过去完成进行时和将来完成进行时。中文通过语境、时间状语和词汇选择来表达动作发生的时间，没有明确的时态标记。这是因为英文属于屈折语，而中文属于分析语。在学习时，可以通过阅读、观看教学视频和练习来巩固理解时态的用法。同时，对比两种语言在表达时间关系方面的差异，可以更好地理解时态在语言中的重要性和作用。

🔟 **提示的内容如下**（使用GPT-4 模型）。

　　＜停止＞

💠 **ChatGPT的回答如下。**

　　好的，如果你有其他问题或想学习其他知识点，请随时告诉我。祝你学习进步！

通过上述验证发现GPT-4 模型能够很好地理解提示内容，并围绕相关的知识点进行交互输出。

7.1.3　学习的目的

随着像ChatGPT这样的AI系统的出现，有人认为我们可以完全依赖AI来处理特定领域的知识，而不需要自己学习。然而，这种观点并不正确。在当前阶段，我们仍然需要与AI进行交互，并提供有价值的信息，保持自身的学习能力至关重要。本书并不是简单地给ChatGPT一个提示以完成某个任务，还包括了为了完成某个任务的相关知识的学习。

1. AI系统目前是辅助工具

在当前阶段，人工智能系统应该被看作是一种辅助工具，而不是完全替代人类的存在。虽然人工智能系统具有强大的计算和推理能力，但为了最大限度地发挥这些AI工具的作用，我们仍然需要积累丰富的知识和技能。

2. 提高督导和鉴别能力

在运用人工智能技术时，我们需要不断提升对人工智能系统的监督和结果评估的能力，这要求我们具备持续学习的能力。

7.2／ Python是什么

本节要学习的知识主题是Python是什么。掌握Python对数据分析有很大帮助，基于 7.1 节费曼学习法提示模板与ChatGPT进行交互学习。

7.2.1　确定目标

首先向ChatGPT提交 7.1 节中费曼学习法提示模板的内容，在ChatGPT应答后，输入以下的提示内容。本次的交互相当于费曼学习法中"确定目标"的过程，即提出要学习的知识点。

🔟 **提示的内容如下**（使用GPT-4 模型）。

　　Python是什么？

7.2.2　认识Python

ChatGPT的回答如下，本次的回答内容相当于费曼学习法中"模拟教学"的过程。我们对解释的内容理解后，在下一节中与ChatGPT进行交互讨论学习。

> **⑤ ChatGPT的回答如下。**
>
> 解释：
>
> Python是一种广泛使用的高级编程语言，它的设计目标是提高代码的可读性并简化编程过程。Python语言具有简洁、易读、易学的特点，适用于各种领域，如Web开发、数据分析、人工智能、科学计算等。Python有一个庞大的社区，提供了丰富的第三方库，可轻松实现各种功能。
>
> 建议：
>
> 1. 学习Python基础知识，如语法、数据类型、控制结构、函数和类等；
>
> 2. 阅读Python官方文档或入门教程，了解Python的特点和用法；
>
> 3. 通过编写简单的Python程序，实践编程技能，并逐步解决更复杂的问题。

7.2.3　深入学习

基于ChatGPT的回答内容，我们想更深入地理解Python是什么，在新一轮的提示内容中构建一个比喻，与ChatGPT进行讨论。本次的交互相当于费曼学习法中"反复理解"的过程。

> **⑩ 提示的内容如下（使用GPT-4 模型）。**
>
> 用一个比喻理解Python是什么，例如，Python可以被视为一个在开发者和计算机沟通时进行协调的"中间人"。

ChatGPT的回答如下，将Python类比"瑞士军刀"，具有多种功能和用途，用于解决各类问题。通过多个比喻有助于加深我们对Python的了解。

> **⑤ ChatGPT的回答如下。**
>
> 解释：
>
> 一个恰当的比喻是将Python看作一把"瑞士军刀"。就像瑞士军刀具有多种功能和用途，可以帮助人们应对各种情况，Python也是一种多功能的编程语言，从而帮助开发者轻松完成各种任务。通过使用Python的丰富库和简洁的语法，开发者可以高效地编写代码，解决从简单脚本到复杂软件系统的各种问题。
>
> 建议：
>
> 1. 了解Python在不同领域的应用，如Web开发、数据分析、人工智能等，找到适合自己的应用场景；
>
> 2. 学习Python的优点和特性，如简洁、易读、强大的库支持等，这将帮助你更好地利用Python解决问题；
>
> 3. 学习其他编程语言，以便更好地理解Python在编程领域的地位和优势。通过对比学习，了解Python在哪些方面更胜一筹。

通过ChatGPT的回答内容和自己的理解，可继续与ChatGPT展开更多的交互讨论，直到我们完全理解并自主表述相关的概念和知识点。

7.2.4 归纳总结

与 ChatGPT 交互学习完毕后，通过 < 总结 > 命令让 ChatGPT 对 "Python 是什么" 这个知识点进行总结。本次的交互相当于费曼学习法中 "概念简化" 的过程。

> ⌁ **提示的内容如下（使用 GPT-4 模型）。**
>
> < 总结 >

> ⑤ **ChatGPT 的回答如下。**
>
> Python 是一种高级编程语言，以其简洁、易读、易学的特点而著称。它适用于各种领域，如 Web 开发、数据分析、人工智能、科学计算等。Python 可以被看作是一把 "瑞士军刀"，具有多种功能和用途，可以帮助开发者轻松完成各种任务。学习 Python 的基础知识、了解其在不同领域的应用，并通过实践和对比其他编程语言来提高自己的编程技能，将帮助你更好地利用 Python 解决问题。

图 7-2 所示是我们按照自己的思路总结了 "Python 是什么"，它是一个在开发者和计算机沟通时进行协调的 "中间人"。

（1）标识 1：Python 的运行环境是各操作系统，需要在操作系统的管理下运行。

（2）标识 2：开发者通过输入、输出设备与 Python 进行沟通，其中鼠标、键盘、显示器是最常见的输入、输出设备。

（3）标识 3：Python 将开发者通过输入设备输入的代码用解释器翻译给计算机执行。

（4）标识 4：Python 通过 pip、easy_install 等工具从互联网上下载不同功能的包。

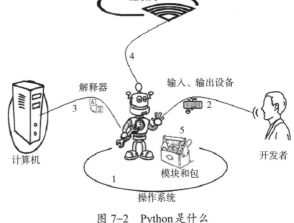

图 7-2　Python 是什么

（5）标识 5：导入 Python 模块和包中的功能用于完成不同的操作。

7.2.5 实践

在学习完 "Python 是什么" 这个知识主题后，对相关的知识点进行实践，达到巩固记忆的目的。

（1）如何构建 Python 环境

由于在 7.2.4 节中还未使用 < 停止 > 命令，可以继续进行提问。如提示开启新的主题 "如何构建 Python 环境"。

📭 提示的内容如下（使用GPT-4 模型）。

　　如何构建Python环境?

　　我们可以按照ChatGPT的回答内容进行实践，构建Python环境，同时参考第4章介绍的
ChatGPT API构建Python环境的方法，如在实践过程中遇到了问题，还可以继续提问。

> 🅖 ChatGPT的回答如下。
> 　　解释：
> 　　构建Python环境，通常包括安装Python解释器、设置环境变量和安装所需的第三方库。具体步骤如下。
> 　　下载并安装Python解释器: 访问Python官方网站，根据你的操作系统（如Windows、macOS或
> Linux）选择合适的Python版本进行下载。在安装过程中，请确保勾选"Add Python to PATH"（将
> Python添加到环境变量），以便在命令行中直接使用Python命令。
> 　　设置环境变量（可选）：如果在安装过程中未将Python添加到环境变量，你需要手动设置。将Python
> 解释器所在目录添加到系统的PATH环境变量中，以便在命令行中直接使用Python命令。
> 　　安装和管理第三方库: Python使用pip（Python包管理器）来安装和管理第三方库。pip通常会随着
> Python解释器一起安装。在命令行中输入pip install 库名来安装所需的第三方库。
> 　　建议：
> 　　学习如何使用Python虚拟环境，以便为每个项目创建独立的Python环境。这样可以避免不同项目间
> 的库版本冲突；
> 　　阅读Python官方文档，了解Python解释器的安装和配置过程；
> 　　学习如何使用pip管理Python包，包括安装、卸载、更新和查看已安装的包等。

　　（2）Python代码的解析

　　为了能更深刻地理解Python是一个在开发者和计算机沟通时进行协调的"中间人"，让
ChatGPT解析Python代码是如何将其翻译为计算机能理解的内容。

📭 提示的内容如下（使用GPT-4 模型）。

　　print("hello world")语句，Python会将其翻译为什么内容供计算机理解

　　ChatGPT的回答如下所示。

> 🅖 ChatGPT的回答如下。
> 　　解释：
> 　　当你在Python中执行print("hello world")语句时，Python解释器会将其翻译成计算机可以理解的
> 字节码。字节码是一种低级的、与平台无关的指令集，可以被Python虚拟机（Python Virtual Machine，
> PVM）执行。具体来说，Python解释器会将print("hello world")语句分为以下几个步骤。
> 　　1. 词法分析: 将语句拆分成一系列的词法单元（tokens），如关键字、变量、运算符等。
> 　　2. 语法分析: 将词法单元组成一棵抽象语法树（Abstract Syntax Tree，AST）。
> 　　3. 生成字节码: 将抽象语法树转换成字节码，字节码是一种更接近于机器语言的中间代码。
> 　　执行字节码: Python虚拟机执行字节码，最终在屏幕上显示"hello world"。

请注意，这个过程是在解释执行的，即边解释边执行，而不是一次性编译成可执行文件。

建议：

1. 学习 Python 的编译和执行过程，了解 Python 解释器是如何处理源代码的；

2. 了解其他编程语言的编译和执行过程，对比 Python 解释器与其他编译器 / 解释器的差异；

3. 学习 Python 字节码的概念，了解字节码与机器语言的关系。

7.3 / Python语法特征

本节要学习的知识主题是 Python 的语法特征，通过 ChatGPT 学习 Python 中最基本的语法特征。

7.3.1 语法特征

首先向 ChatGPT 提交 7.1 节中费曼学习法提示模板的内容，在 ChatGPT 完成应答后，输入以下的提示内容，作为学习的起点。

> ⑩ **提示的内容如下（使用 GPT-4 模型）。**
>
> Python 有哪些语法特征？

7.3.2 语法特征的教学

ChatGPT 的回答如下，Python 的主要语法特征包括缩进、动态类型、简洁易读的语法、面向对象、丰富的库支持。根据实际情况，选择相关特征与 ChatGPT 进行讨论学习。

> ⑤ **ChatGPT 的回答如下。**
>
> 解释：
>
> Python 作为一门高级编程语言，具有许多独特的语法特征。以下是一些主要的语法特征。
>
> 1. 缩进：Python 使用缩进（通常是 4 个空格）来表示代码块，而不是像其他语言使用大括号（{}）。正确的缩进是编写 Python 程序的关键。
>
> 2. 动态类型：Python 是一种动态类型语言，这意味着你不需要预先声明变量的类型。Python 解释器会根据变量的值自动推断其类型。
>
> 3. 简洁易读的语法：Python 的设计哲学强调代码的可读性。它使用简洁的关键字和清晰的语法结构，使代码易于编写和阅读。
>
> 4. 面向对象：Python 是一种面向对象的编程语言，支持类和对象的概念。你可以使用类来定义自己的数据类型和方法，从而提高代码的可重用性和模块化。
>
> 5. 丰富的库支持：Python 具有广泛的标准库和第三方库，涵盖了各种应用领域，如 Web 开发、数据分析、人工智能等。
>
> 建议：
>
> 1. 学习 Python 的基本语法，如变量、数据类型、控制结构（if、for、while 等）和函数；

2. 阅读Python的官方文档和教程，以深入了解Python的语法特征和最佳实践；

3. 动手实践：通过编写实际的Python项目，提高对Python语法特征的理解和应用能力。

7.3.3　讨论学习语法特征

从 7.3.2 节中选择初学者最容易忘记的 3 个语法特征与ChatGPT进行讨论学习，其他特征的学习安排在后续小节。

（1）缩进语句

以下为Python缩进语法特征深入学习对应的提示内容。

> 🔟 提示的内容如下（使用GPT-4 模型）。
> 在哪些场景下要使用缩进，请以简短的代码说明。

ChatGPT的回答如下，说明缩进的应用场景并以简短的代码进行说明。可拷贝以下代码在Python环境中执行验证。

> ⑤ ChatGPT的回答如下。
> 在Python中，缩进用于表示代码块。以下是一些需要使用缩进的场景及相应的简短代码示例。
> 1. 条件语句（if、elif、else）：

```
age = 18
if age >= 18:
    print("You are an adult.")
else:
    print("You are a minor.")
```

> 2. 循环语句（for、while）：

```
# 使用for循环遍历列表
fruits = ["apple", "banana", "orange"]
for fruit in fruits:
    print(fruit)


# 使用while循环计数
count = 0
while count < 5:
    print(count)
    count += 1
```

> 3. 函数定义（def）：

```
def greet(name):
    print(f"Hello, {name}!")
greet("Alice")
```

4. 类定义（class）：

```python
class Dog:
    def __init__(self, name):
        self.name = name
    def bark(self):
        print(f"{self.name} says woof!")

my_dog = Dog("Buddy")
my_dog.bark()
```

在这些示例中，我们使用了缩进来表示属于相应语句或结构的代码块。请注意，在Python中，缩进通常为 4 个空格。

（2）保留关键字

在上述回答内容中缩进代码有 if、for、while 等字符，将这些字符放入提示内容中形成连贯的上下文语境，引出"关键字"知识点。

> 🔟 **提示的内容如下（使用 GPT-4 模型）。**
>
> 缩进的示例代码中 if、for、def 等字符是 Python 的保留字吗，其他的保留字符要如何查询，保留字符的作用是什么？

ChatGPT 的回答如下，说明了保留关键字的作用，并介绍查询保留关键字的方法。

> ⑤ **ChatGPT 的回答如下。**
>
> 解释：
>
> 在 Python 中，if、for、def 等词汇是保留字（或称关键字），这意味着它们具有特殊的含义，不能用作变量名、函数名或类名。保留字在 Python 语言中扮演着特定的角色，用于实现特定的功能。例如，if 用于条件判断，for 用于循环遍历，def 用于定义函数等。
>
> 为了查询 Python 的保留字，你可以使用 Python 内置的 keyword 模块。
>
> ```python
> import keyword
> print(keyword.kwlist)
> ```
>
> 运行此代码，将输出 Python 中的所有保留字列表。
>
> 建议：
>
> 1. 学习 Python 保留字的具体用途和语法规则，了解它们在编程中的作用；
>
> 2. 避免在自己的代码中将保留字用作标识符（如变量名、函数名等），以免引起语法错误或混淆；
>
> 3. 参阅 Python 官方文档，了解各个保留字的详细信息和示例。

（3）注释说明

在前文中输出的代码中有符号 "#"，在下面的提示内容中，明确 "#" 符号的作用。

🔟 **提示的内容如下（使用 GPT-4 模型）。**

代码中"#"符号的作用是什么，使用时要注意什么？

ChatGPT 的回答如下，介绍了"#"的作用。

ChatGPT 的回答如下。

解释：

在 Python 代码中，"#"符号用于表示注释。注释是对代码的说明或解释，它不会被执行。Python 解释器在读取代码时会忽略"#"符号及其后的内容。编写注释可以帮助你理解代码的逻辑，便于他人阅读和维护代码。

在使用"#"符号编写注释时，需要注意以下几点。

1. 注释应简洁明了，能够清晰地解释代码的目的和逻辑。

2. 避免编写过于详细的注释，特别是当代码本身已具有较高的可读性时。

3. 尽量遵循一定的格式规范，例如，在"#"符号后保留一个空格，以增加注释的可读性。

4. 注释应保持及时更新，以反映代码的最新状态。过时的注释可能会引起混淆。

建议：

1. 在编写代码时，养成编写注释的习惯，以提高代码的可读性和可维护性；

2. 学习并遵循一定的编码规范，以便在团队协作中保持代码的一致性；

3. 定期审查并更新代码中的注释，确保其与代码逻辑保持一致。

7.3.4　总结语法特征

通过<总结>命令让 ChatGPT 对"Python 语法特征"这个知识进行总结。

🔟 **提示的内容如下（使用 GPT-4 模型）。**

<总结>

ChatGPT 的回答如下。

总结：在本次学习中，我们讨论了 Python 的语法特征。

1. 缩进：Python 使用缩进（通常为 4 个空格）来表示代码块，而不是其他语言中的大括号。

2. 保留字：Python 中的关键字（如 if、for、def 等）具有特殊含义，用于实现特定功能。通过 keyword 模块可以查询所有保留字。

3. 注释："#"符号用于表示注释，注释是对代码的说明或解释，它不会被执行。编写注释有助于提高代码的可读性和可维护性。

建议：

1. 学习 Python 的基本语法，包括保留字、缩进和注释等；

2. 遵循一定的编码规范，确保代码易于阅读和维护；

3. 通过实际编程练习，加深对 Python 语法特征的理解和应用能力。

7.3.5 语法特征实践

在 Python 环境中实践"Python 语法特征"知识主题的相关知识点，读者可根据自己对该知识主题的理解情况，选择合适的知识点进行实践。

（1）缩进错误

在 Python 环境中执行以下代码，其中 if 语句中有缩进错误，执行后提示对应的错误。

```
>>>if 1==1:
>>>print("1")      # if 语句块中没有缩进 4 个空格，提示以下错误
File "<stdin>", line 2
    print("1")
    ^
IndentationError: expected an indented block
```

将错误信息提交给 ChatGPT，让其给出修正建议。

> 🔟 **提示的内容如下（使用 GPT-4 模型）。**
>
> 执行 Python 提示以下错误，应如何修正。
>
> ```
> File "<stdin>", line 2
>     print("1")
>     ^
> IndentationError: expected an indented block
> ```

Python 代码缩进错误是初学者经常犯的错，在 ChatGPT 的回答中说明解决该错误的方法。

> 🌀 **ChatGPT 的回答如下。**
>
> 此错误是由于 Python 中缩进不正确引起的。错误提示 IndentationError: expected an indented block 意味着 Python 解释器期望在某个地方看到一个缩进的代码块，但没有找到。为了修复这个问题，需要检查你的代码并确保缩进正确。
>
> 以下是一个可能导致此错误的示例。
>
> ```
> if True:
> print("1")
> ```
>
> 为了修复这个错误，你需要正确缩进 print("1") 语句，如下所示。
>
> ```
> if True:
>     print("1")
> ```
>
> 请检查你的代码，确保所有的代码块（如 if 语句、for 循环、while 循环、函数定义等）都正确地缩进。在 Python 中，建议使用 4 个空格进行缩进。

（2）查看 Python 关键字

在 Python 环境中执行以下代码，巩固在前面学习的"关键字"知识点。

```
import keyword
print(keyword.kwlist)
['False', 'None', 'True', '__peg_parser__', 'and', 'as', 'assert', 'async',
'await', 'break', 'class', 'continue', 'def', 'del', 'elif', 'else',
'except', 'finally', 'for', 'from', 'global', 'if', 'import', 'in', 'is',
'lambda', 'nonlocal', 'not', 'or', 'pass', 'raise', 'return', 'try',
'while', 'with', 'yield']
```

7.4 / Python变量

本节要学习的知识主题是 Python 变量，通过 ChatGPT 学习 Python 变量、定义、使用等知识点。

7.4.1　变量是什么

在费曼学习法提示模板的语境下，输入以下提示内容：Python 变量是什么。

> 提示的内容如下（使用 GPT-4 模型）。
>
> Python变量是什么？

7.4.2　变量的教学

ChatGPT 的回答如下，Python 变量是用来存储数据值的容器。

> **ChatGPT 的回答如下。**
>
> 解释：
>
> 在 Python 中，变量是用来存储数据值的容器。当你创建一个变量时，你就在内存中分配了一块存储空间来保存数据。变量可以在程序中被引用和更新。Python 是一种动态类型语言，这意味着在声明变量时，无需指定其数据类型。变量的类型会根据所赋值的数据自动推断。
>
> 例如，创建一个名为 x 的变量并为其赋值 10。
>
> ```
> x = 10
> ```
>
> 建议：
>
> 1. 学习 Python 中的基本数据类型，如整数（int）、浮点数（float）、字符串（str）和布尔值（bool）；
>
> 2. 熟悉 Python 中变量的命名规则，如变量名只能包含字母、数字和下划线，不能以数字开头，且应避免使用 Python 保留字作为变量名；
>
> 3. 在实际编程中，为变量选择有意义的名称，以提高代码的可读性和可维护性。

7.4.3　讨论学习变量

基于 7.4.2 节 ChatGPT 回答的变量的内容，选择 4 个方向构建提示内容，从而对变量进行深入学习。

（1）具象认识变量

为了能更深入地理解 Python 变量，在以下的提示内容中将 Python 比喻为演员。

🔟 **提示的内容如下（使用 GPT-4 模型）。**

更深入地理解变量：

你的回答中 Python 变量是用来存储数据值的容器，我将 Python 变量比喻为演员，可以扮演各种不同类型的数据。

ChatGPT 的回答如下，对 Python 变量像演员这个比喻进行了举例说明。

🌀 **ChatGPT 的回答如下。**

这个比喻是很有趣的。Python 变量确实像演员一样灵活，可以扮演各种不同类型的数据。在 Python 中，变量不直接存储数据，而是存储对数据对象的引用。当你将一个新值赋给变量时，变量会引用一个新的数据对象，就像演员在不同场景中扮演不同角色一样。

例如，假设我们有一个名为 actor 的变量：

```
actor = 42  # 整数类型
```

现在我们将 actor 赋予一个新值：

```
actor = "Hello, world!"  # 字符串类型
```

此时，actor 变量已经不再引用整数值 42，而是引用了新的字符串对象 "Hello, world!"。这就像一个演员完成了一个角色的表演，然后开始扮演另一个角色。

（2）如何定义 Python 变量

输入以下提示内容，了解定义 Python 变量的方式。

🔟 **提示的内容如下（使用 GPT-4 模型）。**

如何定义 Python 变量？

ChatGPT 的回答如下所示。

🌀 **ChatGPT 的回答如下。**

在 Python 中，定义变量非常简单。只需使用赋值语句（=）将值分配给变量名即可。变量名应遵循一些基本的命名规则，例如，只能包含字母、数字和下划线，不能以数字开头，并避免使用 Python 保留字作为变量名。

以下是一些定义变量的示例。

```
name = "John"          # 字符串类型
age = 30               # 整数类型
height = 1.80          # 浮点数类型
is_student = True      # 布尔值类型
```

在这个例子中，我们定义了四个变量：name、age、height 和 is_student，并为它们分别分配了不同类型的值。注意，我们不需要显式指定变量的类型，Python 会根据赋值的数据自动推断变量类型。

（3）Python 有哪些数据类型

输入以下提示内容，了解 Python 变量有哪些类型。

> 🔟 **提示的内容如下（使用 GPT-4 模型）。**
>
> 　Python 变量有哪些类型，作用是什么？

ChatGPT 的回答如下所示。

> ⑤ **ChatGPT 的回答如下。**
>
> 解释：
>
> Python 有许多内置的数据类型，以下是一些常用的变量类型及其作用。
>
> 1. 整数（int）：整数类型用于表示整数值，如 1、42、-10 等。整数可以用于计数、度量和执行算术运算。
>
> 2. 浮点数（float）：浮点数类型用于表示实数（小数），如 3.14、0.001、-273.15 等。浮点数在科学计算、工程和金融等领域中广泛使用。
>
> 3. 字符串（str）：字符串类型用于表示文本数据，如 "hello"、"Python"、"123" 等。字符串用于处理文本信息、生成报告和构建用户界面等。
>
> 4. 布尔值（bool）：布尔值类型只有两个可能的值：True（真）和 False（假）。布尔值用于表示条件、比较和逻辑运算的结果。
>
> 5. 列表（list）：列表类型用于表示有序的可变元素集合。列表用于存储和操作一系列相关的数据项，如一组数值或对象。
>
> 6. 元组（tuple）：元组类型与列表类似，但它是不可变的，即元组创建后不能更改。元组通常用于表示不应更改的有序数据集。
>
> 7. 字典（dict）：字典类型用于表示键值对的无序集合。字典用于存储和查找数据项，如查找表、配置信息和元数据等。
>
> 8. 集合（set）：集合类型用于表示无序的不重复元素集合。集合用于检查成员资格、消除重复项和执行集合运算（如交集、并集和差集）。
>
> 建议：
>
> 1. 学习和熟悉 Python 中这些基本数据类型的使用方法和操作；
>
> 2. 在编程时，选择合适的数据类型来存储和处理数据，以便于编写高效、可读的代码；
>
> 3. 了解 Python 中其他的高级数据结构和类型，如 NumPy 数组、Pandas 数据帧等，以便在处理复杂数据时能够更好地应用它们。

（4）变量类型的转换

输入以下提示内容，了解变量类型转换的方法。

🔟 **提示的内容如下（使用GPT-4模型）。**

　　通过什么函数可确定变量的类型，不同类型间如何进行转换？

ChatGPT 的回答如下所示。

---

⑥ **ChatGPT的回答如下。**

解释：

在Python中，可以使用type()函数确定变量的类型。此外，您可以使用类型转换函数在不同类型之间进行转换。以下是一些常用的类型转换函数。

1. int(x)：将x转换为整数类型。如果x是浮点数，将截断小数部分；如果x是字符串，要求字符串只包含数字字符（可选的正负号）。

2. float(x)：将x转换为浮点数类型。x可以是整数或表示数字的字符串。

3. str(x)：将x转换为字符串类型。这适用于任何类型的x。

4. bool(x)：将x转换为布尔值类型。根据x的真值，结果将为True或False。

5. list(x)：将x转换为列表类型。x通常是一个序列，如字符串、元组或其他可迭代对象。

6. tuple(x)：将x转换为元组类型。x通常是一个序列，如字符串、列表或其他可迭代对象。

7. dict(x)：将x转换为字典类型。x通常是一个键值对的序列，如由元组组成的列表。

建议：

1. 在编写代码时，了解变量的类型，以避免类型相关的错误；

2. 使用类型转换函数时，请确保目标类型与原始数据类型兼容，以避免数据损失或错误；

3. 在进行数学运算或逻辑操作时，注意确保所有相关变量具有相同的类型，以免出现不兼容问题。

7.4.4　总结变量

通过＜总结＞命令让ChatGPT对"Python变量"这个知识进行总结。

🔟 **提示的内容如下（使用GPT-4模型）。**

　　＜总结＞

---

⑥ **ChatGPT的回答如下。**

　　总结：Python变量是用来存储数据值的容器，可以将其视为能扮演各种数据类型的演员。使用type()函数可以确定变量的类型。Python支持多种数据类型，如整数、浮点数、字符串、布尔值、列表、元组和字典等。为了在不同类型之间进行转换，可以使用类型转换函数，如int()、float()、str()、bool()、list()、tuple()和dict()等。在编写代码时，要注意变量的类型，确保使用兼容的数据类型以避免类型相关的错误。

在上述的总结内容中遗漏了一个细节点：定义Python变量时不能使用保留关键字，不能以数字

开头，不能包含空格。我们可基于上述总结自行补充或让ChatGPT进行完善。

7.4.5　变量实践

在 Python 环境中实践 "Python 变量" 知识主题的相关知识点，读者可根据自己对该知识主题的理解情况，选择合适的知识点进行实践。

1. 变量定义错误

在 Python 环境中执行以下代码，执行后报错 SyntaxError：invalid syntax。

```
1a = 1          # 定义变量 1a，执行提示以下错误
  1a = 1
   ^
SyntaxError: invalid syntax
a b = 1          # 定义变量 a b，执行提示以下错误
   a b = 1
    ^
SyntaxError: invalid syntax
if = 1          # 定义变量 if，执行提示以下错误
  if = 1
    ^
SyntaxError: invalid syntax
```

将错误信息提交给ChatGPT，让其分析原因并进行修正。

> ⑩ 提示的内容如下（使用 GPT-4 模型）。
>
> 　如何解决 Python 定义变量时报错： SyntaxError: invalid syntax。

ChatGPT 的回答中说明了报错的 5 种原因，覆盖了上述实践代码中的 3 种情况。

> ⑤ ChatGPT 的回答如下。
>
> 　当您在 Python 中定义变量时遇到 SyntaxError: invalid syntax 错误，通常是因为语法错误。为解决这个问题，请检查以下几点。
>
> 　1. 确保变量名合法: 以字母或下划线开头，后面可以跟字母、数字或下划线。
>
> 　2. 变量名中不要使用空格、标点符号或其他非字母数字字符。
>
> 　3. 确保变量名不是 Python 保留字，如 if、else、while 等。
>
> 　4. 检查变量赋值语句中的等号 (=) 两侧是否存在错误。
>
> 　5. 确保为变量分配的值使用了正确的语法，如字符串需要用引号括起来。
>
> 　如果您提供具体的代码示例，我将能更好地帮助您解决问题。

为了做到举一反三的效果，可要求 ChatGPT 对报错的 5 种原因分别以代码说明，构建以下提示内容。

提示的内容如下（使用GPT-4 模型）。

请对上述 5 种情况分别以简短代码说明。

ChatGPT 的回答如下。

ChatGPT 的回答如下。

当然可以，以下是针对上述 5 种情况的简短代码示例。

1. 合法变量名：

```
variable_name = 42
_another_variable = "Hello"
```

非法变量名：

```
1st_variable = 42  # 以数字开头，非法
```

2. 含有非法字符的变量名：

```
variable-name = 42  # 含有连字符，非法
```

3. 使用保留字作为变量名：

```
while = 42  # 'while'是Python保留字，非法
```

4. 等号两侧存在错误：

```
variable name = 42  # 变量名中有空格，非法
```

5. 变量值使用错误的语法：

```
my_string = Hello  # 字符串没有用引号括起来，非法
```

遵循这些规则，您应该能够避免在定义变量时遇到SyntaxError: invalid syntax错误。

2. 用变量存储输入信息

在Python环境中输入以下代码，input()函数会等待用户在控制台输入信息，输入完毕后按【Enter】键，输入的信息就存储到input_str变量中。

```
>>>input_str = input('输入信息：')
输入信息：你好，世界
>>>Print(input_str)
你好，世界
```

7.5 Python运算符

本节要学习的知识主题是Python运算符，通过ChatGPT学习Python运算符类型、使用方式等知识点。

7.5.1 运算符是什么

首先在费曼学习法提示模板的语境下，输入以下提示内容：Python运算符是什么。

> ⌨ 提示的内容如下（使用 GPT-4 模型）。
>
> Python运算符是什么？

7.5.2 运算符的教学

ChatGPT的回答如下，Python运算符是一些特殊的符号，用于执行不同类型的操作。

> ⑤ **ChatGPT 的回答如下。**
>
> 解释：
>
> Python运算符是一些特殊的符号，用于执行不同类型的操作，例如，算术运算、比较、逻辑运算等。这些符号可以用于操作变量和值。以下是Python中一些常见的运算符。
>
> 1. 算术运算符：用于执行加、减、乘、除等基本数学运算。例如，+，−，*，/，%，**（幂），//（整除）。
>
> 2. 比较运算符：用于比较两个值的关系。例如，==（等于），!=（不等于），>（大于），<（小于），>=（大于等于），<=（小于等于）。
>
> 3. 逻辑运算符：用于组合多个条件语句。例如，and（且），or（或），not（非）。
>
> 4. 赋值运算符：用于给变量赋值。例如，=，+=，−=，*=，/=等。
>
> 5. 位运算符：用于处理二进制数据。例如，&（按位与），|（按位或），^（按位异或），~（按位取反），<<（左移），>>（右移）。
>
> 6. 成员运算符：用于测试序列中是否包含指定的元素。例如，in，not in。
>
> 7. 身份运算符：用于比较两个对象的内存地址。例如，is，is not。
>
> 建议：
>
> 1. 学习不同类型的运算符及其用法，通过实际编写代码加深理解；
>
> 2. 阅读Python官方文档或其他权威资源，了解运算符的优先级和结合性；
>
> 3. 在线上或本地Python环境中，尝试使用各种运算符进行操作，了解它们如何影响代码的运行。

7.5.3 讨论学习运算符

基于7.5.2节ChatGPT解释的运算符的内容，结合Python变量知识点，构建提示内容学习运算符的用法。

> 🔟 **提示的内容如下（使用GPT-4 模型）。**
>
> Python不同类型的数据是否只能匹配特定的运算符？

ChatGPT 的回答如下。

> 🌀 **ChatGPT的回答如下。**
>
> 解释：
>
> Python中的运算符可以与不同类型的数据一起使用，但并非所有运算符都适用于所有数据类型。有些运算符仅适用于特定数据类型，而其他运算符可以用于多种数据类型。
>
> 算术运算符通常用于数值数据类型（整数和浮点数），但也可以用于字符串（如"+"用于字符串连接，"*"用于字符串重复）。
>
> 1. 比较运算符可以用于多种数据类型，例如，数值、字符串、列表等。
>
> 2. 逻辑运算符主要用于布尔值，但也可以用于其他类型的值（在这种情况下，Python会将其隐式转换为布尔值）。
>
> 3. 赋值运算符适用于所有数据类型，因为它们只是将一个值赋给变量。
>
> 4. 位运算符主要用于整数类型，因为它们涉及二进制位操作。
>
> 5. 成员运算符和身份运算符可用于多种数据类型，如列表、元组、字典等。
>
> 尝试在不兼容的数据类型上使用运算符可能会导致错误。
>
> 建议：
>
> 1. 学习和了解Python中不同类型数据与运算符的兼容性；
>
> 2. 在编写代码时，确保使用适当的运算符来处理特定类型的数据；
>
> 3. 如果遇到类型错误，仔细检查涉及的运算符和数据类型，以便找出问题所在并进行修正。

7.5.4 总结运算符

通过<总结>命令让ChatGPT对"Python运算符"这个知识主题进行总结。

> 🔟 **提示的内容如下（使用GPT-4 模型）。**
>
> <总结>

> 🌀 **ChatGPT的回答如下。**
>
> 总结：Python运算符用于执行特定操作，如算术、比较、逻辑等。不同类型的数据可能只与特定的运算符兼容。例如，算术运算符主要用于数值数据类型，但也可以用于字符串操作。比较运算符、成员运算符和身份运算符适用于多种数据类型。了解不同数据类型与运算符之间的兼容性有助于编写正确的代码，并避免类型错误。在编写代码时，应确保使用适当的运算符处理特定类型的数据。

7.5.5 运算符实践

在Python环境中实践"Python运算符"知识主题下"错用运算符、算术运算符、比较运算符、赋值运算符"等知识点，其他的运算在学习到合适的知识点时再进行实践。

（1）错用运算符报错

以下代码将数值类型与字符相加后会报错。

```
>>> 1 + 'a'      # 数值类型与字符相加，执行后提示以下错误
----> 1 1 + 'a'
TypeError: unsupported operand type(s) for +: 'int' and 'str'
```

将错误信息提交给ChatGPT，让其分析原因并进行修正。

🔟 **提示的内容如下（使用GPT-4模型）。**

如何解决Python代码运行时报错：TypeError: unsupported operand type(s) for +: 'int' and 'str'？

ChatGPT的回答中说明报错的原因，并给出解决建议。

⑤ ChatGPT的回答如下。

要解决Python代码运行时报错 TypeError: unsupported operand type(s) for +: 'int' and 'str'，需要找到错误原因并进行相应的类型转换。这个错误是因为你试图将整数（int）和字符串（str）类型的值进行加法运算，而Python不支持这种类型的操作。

解决方法：

1. 确定代码中引发错误的位置；

2. 根据需要对变量进行类型转换。如果你想将整数和字符串拼接，需要将整数转换为字符串；如果你想对两个数值进行运算，需要将字符串转换为整数或浮点数。

示例：

```
num = 10
str_value = "20"

# 将整数转换为字符串，然后进行字符串拼接
result = str(num) + str_value
print(result)  # 输出 "1020"

# 将字符串转换为整数，然后进行数值运算
result = num + int(str_value)
print(result)  # 输出 30
```

（2）算术运算符实践

```
# +运算符（加法）
>>> 2 + 3       # 整数相加
5
>>> 'a' + 'b'   # 字符串连接
```

```
'ab'
# - 运算符（减法）
>>> 5 - 2          # 整数相减
3
# * 运算符（乘法）
python
>>> 2 * 3          # 整数相乘
6
>>> 'a' * 3        # 字符串重复
'aaa'
# / 运算符（除法）
>>> 6 / 2          # 整数相除
3.0                # 结果为浮点数
# % 运算符（取余）
>>> 6 % 2          # 6 除以 2 的余数
0
>>> 7 % 2
1
# ** 运算符（幂运算）
>>> 2 ** 3         # 2 的 3 次方
8
# // 运算符（整数除法）
>>> 6 // 2         # 6 除以 2 的整数部分
3
```

（3）比较运算符

比较运算结果只有 True 与 False 两种可能。

```
# == 运算符（等于）
>>> 2 == 3         # 整数比较
False
>>> 'a' == 'a'     # 字符串比较
True
# != 运算符（不等于）
>>> 2 != 3         # 整数比较
True
>>> 'a' != 'b'     # 字符串比较
True
# > 运算符（大于）
>>> 3 > 2          # 整数比较
True
>>> 'b' > 'a'      # 字符串比较
True
```

```
# < 运算符（小于）
>>> 2 < 3        # 整数比较
True
>>> 'a' < 'b'  # 字符串比较
True
# >= 运算符（大于等于）
>>> 3 >= 2       # 整数比较
True
>>> 'a' >= 'a' # 字符串比较
True
```

（4）赋值运算符

```
# = 运算符（简单赋值）
>>> a = 5    # 将 5 赋值给 a
>>> a
5
# += 运算符（加法赋值）
>>> a = 5
>>> a += 3 # 等价于 a = a + 3
>>> a
8
# -= 运算符（减法赋值）
>>> a = 5
>>> a -= 2 # 等价于 a = a - 2
>>> a
3
# *= 运算符（乘法赋值）
>>> a = 5
>>> a *= 4 # 等价于 a = a * 4
>>> a
20
# /= 运算符（除法赋值）
>>> a = 10
>>> a /= 2 # 等价于 a = a / 2
>>> a
5.0
```

7.6 Python字符串

本节要学习的知识主题是Python字符串，通过ChatGPT学习Python字符串的定义、操作等知识点。

7.6.1　字符串是什么

首先在费曼学习法提示模板的语境下，输入以下提示内容：Python字符串是什么。

> ⌒₁₀ **提示的内容如下**（使用GPT-4 模型）。
>
> Python 字符串是什么？

7.6.2　字符串的教学

ChatGPT 的回答如下。

> ⑤ **ChatGPT的回答如下。**
>
> 解释：
> Python字符串是一种数据类型，用于表示由字符组成的文本信息。字符串是字符的有序序列，可以包含字母、数字、空格和标点符号等。在Python中，字符串通常用单引号(')或双引号("")包围起来。
> 建议：
> 1. 学习Python字符串的基本操作，如创建、访问、修改和删除字符串；
> 2. 熟悉字符串的常用方法，例如，join()、split()、replace()、find()等；
> 3. 练习使用字符串进行数据清洗、格式化和转换的实例，以便在数据分析过程中能够有效处理文本数据。

7.6.3　讨论学习字符串

基于 7.6.2 节 ChatGPT解释的字符串内容，构建以下提示内容学习字符串的创建、访问、修改和删除等操作。

> ⌒₁₀ **提示的内容如下**（使用GPT-4 模型）。
>
> Python字符串定义时要注意什么，如何访问单个字符和子字符串？

ChatGPT 的回答如下。

> ⑤ **ChatGPT的回答如下。**
>
> 解释：
> 在Python中，定义字符串时要注意以下几点。
> 1. 字符串可以用单引号(')或双引号("")包围。但在包含引号的字符串中，需要使用不同类型的引号或转义字符（如\）避免引起语法错误。
> 2. 字符串是不可变对象，这意味着定义后无法直接修改字符串中的单个字符。
> 访问字符串中的单个字符和子字符串。
> 1. 使用索引访问单个字符：字符串中的每个字符都有一个与之对应的索引（从 0 开始）。例如，str1 = "hello"中str1[0]的值为'h'。负数索引表示从字符串末尾开始计数，如str1[-1]的值为'o'。

2. 使用切片访问子字符串：可以使用切片 (slice) 来获取字符串的一部分。切片使用冒号 (:) 分隔的起始索引和结束索引 (不包含) 来表示范围。例如，str1[1:4] 的值为 'ell'。可以省略起始或结束索引来表示从头开始或一直到末尾。

建议：

1. 熟悉 Python 中字符串的索引规则和切片用法，了解它们的边界和限制；

2. 练习在字符串中查找特定字符或子字符串的位置，并利用索引和切片提取它们；

3. 学习和尝试使用其他字符串的操作和方法，如合并字符串、格式化字符串等。

以下提示内容结合 7.5 节中运算符的内容，学习操作字符串的运算符和常用函数。

> 提示的内容如下 (使用 GPT-4 模型)。
>
> 哪些操作符可操作字符串，常用的字符串处理函数有哪些？

ChatGPT 的回答如下。

> ⑤ ChatGPT 的回答如下。
>
> 解释：
>
> Python 中有一些操作符可以对字符串进行操作，常见的如下所示。
>
> 1. +：字符串连接，用于将两个字符串拼接在一起。
>
> 2. *：字符串复制，用于将一个字符串重复指定次数。
>
> 例如：
>
> ```
> str1 = "Hello, "
> str2 = "World!"
> str3 = str1 + str2     # 结果为 "Hello, World!"
> str4 = "A" * 5         # 结果为 "AAAAA"
> ```
>
> 常用的字符串处理函数如下。
>
> 1. len(string)：获取字符串的长度。
>
> 2. str.lower()：将字符串中的所有大写字母转换为小写字母。
>
> 3. str.upper()：将字符串中的所有小写字母转换为大写字母。
>
> 4. str.strip()：去除字符串首尾的空白字符 (如空格、换行符等)。
>
> 5. str.split(separator)：使用指定的分隔符将字符串分割成子字符串的列表。
>
> 6. separator.join(iterable)：使用指定的分隔符将可迭代对象 (如列表) 中的字符串连接成一个新字符串。
>
> 7. str.replace(old, new, count)：将字符串中的 old 替换为 new，最多替换 count 次 (可选)。
>
> 8. str.find(substring, start, end)：在字符串中查找子字符串 substring，返回其首次出现的索引，若未找到则返回 -1。
>
> 建议：
>
> 1. 编写代码来探索和练习这些操作符与处理函数，理解它们的用途和使用方法；

2. 了解更多的字符串方法和函数，以便在处理文本数据时具备丰富的工具；

3. 研究实际应用场景，如数据清洗、文本分析等，以提高对字符串操作的熟练程度。

7.6.4 总结字符串

通过<总结>命令让ChatGPT对"Python字符串"这个知识主题进行总结。

> 🔟 **提示的内容如下（使用GPT-4模型）。**
> <总结>

> ⑤ **ChatGPT 的回答如下。**
> 总结：Python字符串是一种表示由字符组成的文本信息的数据类型。字符串是字符的有序序列。字符串可以用单引号或双引号包围，且是不可变对象。访问字符串中的字符可以使用索引，访问子字符串可以使用切片。常用的字符串操作符有+（连接）和*（复制）。一些常用的字符串处理函数包括len()、lower()、upper()、strip()、split()、join()、replace()和find()等。要深入学习字符串，建议编写代码来探索与练习这些操作符和处理函数，并研究实际应用场景。

7.6.5 字符串实践

在Python环境中对"Python字符串"知识主题下的"字符串处理报错、字符串的实际应用"等知识点进行实践。

1. 字符串处理报错

以下代码对字符串的索引超出边界而导致报错。

```
>>>str_var = "hello"
str_var[10]          # 执行下标索引，提示以下错误
     1 str_var = "hello"
----> 2 str_var[10]
IndexError: string index out of range
```

将错误信息提交给ChatGPT，让其分析原因并给出解决方法。

> 🔟 **提示的内容如下（使用GPT-4模型）。**
> 如何解决Python代码运行时报错：IndexError: string index out of range？

ChatGPT的回答中说明报错的原因并给出解决方法。

> ⑤ **ChatGPT 的回答如下。**
> 要解决"IndexError: string index out of range"错误，请遵循如下步骤。

> 1. 确保在访问字符串时，索引在有效范围内。检查字符串索引是否小于字符串的长度。可以用 len() 函数获取字符串的长度。
>
> 2. 检查循环和条件语句，确保它们不会导致越界访问。对于基于循环的索引访问，检查循环变量的范围是否正确。
>
> 3. 使用切片时，确保起始和结束索引在有效范围内。虽然切片操作对于超出范围的索引具有容错性，但为了避免逻辑错误，最好确保索引在范围内。
>
> 仔细检查和调整代码，以解决 "IndexError: string index out of range" 错误。

2. 字符串的实际应用

下面以《静夜思》为例演示字符串操作，代码如下所示。

```
>>>str_poem = "床前明月光，疑是地上霜。举头望明月，低头思故乡。"
>>>len(str_poem)    # 通过 len 函数获取字符串长度，共有 24 个字符
24
>>>str_poem = " 作者：李白 -" + str_poem    # 通过 + 符号将作者与诗句拼接
# 通过 [:] 进行切片处理
>>>str_poem[3:5]    # 获取作者名
'李白'
>>>str_poem[-3:-1]    # 进行逆向索引
'故乡'
# 使用 index 函数查找字符串中子字符串的位置
>>>str_poem.index(' 明月 ')
8
```

7.7 / Python条件控制

本节要学习的知识主题是 Python 条件控制，通过 ChatGPT 学习 Python 条件控制中的关键字、操作方式等知识点。

7.7.1 条件控制是什么

首先在费曼学习法提示模板的语境下，输入以下提示内容：Python 条件控制是什么。

> 🔟 **提示的内容如下（使用 GPT-4 模型）。**
> Python 条件控制是什么？

7.7.2 条件控制的教学

ChatGPT 的回答如下。

> 🌀 **ChatGPT 的回答如下。**
>
> 解释：
>
> Python 中的条件控制是一种根据特定条件来决定程序执行流程的方式。它允许你在满足某些条件时执行特定的代码块。条件控制主要包括 if、elif 和 else 语句。条件控制语句根据布尔表达式（结果为 True 或 False）来判断是否执行相应的代码块。
>
> 建议：
>
> 1. 学习如何使用 if、elif 和 else 语句来实现条件控制，并熟悉各种比较操作符（如 ==、!=、>、<、>=、<=）及逻辑操作符（如 and、or、not）；
>
> 2. 编写一些实际的例子，如判断一个数是否为正数、负数或零，或者根据用户输入的年龄判断其所属年龄段。这样可以帮助你更好地理解条件控制的概念；
>
> 3. 深入了解嵌套条件控制语句的使用，即在一个条件控制语句中包含另一个条件控制语句，以解决更复杂的问题。同时，学习如何将条件控制与循环结构（如 for 和 while 循环）结合使用。

7.7.3 讨论学习条件控制

高阶的知识点往往是在基础的知识点上叠加的，如上述学习"Python 条件控制"的建议中要结合"关键字""运算符"等知识。在以下的提示内容中将注重结合前面学习的基础知识点深入学习条件控制。

（1）条件控制关键字提示

> 🔟 **提示的内容如下**（使用 GPT-4 模型）。
>
> 条件控制语法包含哪些关键字，应如何搭配使用？

ChatGPT 的回答如下。

> 🌀 **ChatGPT 的回答如下。**
>
> 解释：
>
> Python 条件控制语法包含以下关键字：if、elif 和 else。这些关键字可以搭配使用，以实现不同的条件判断。
>
> 1. if: 用于判断一个条件是否满足。当条件满足（布尔值为 True）时，执行 if 后紧跟的代码块。
>
> 2. elif: 是"else if"的缩写，用于在前面的 if 条件不满足时，检查另一个条件是否满足。elif 语句必须跟在 if 语句后面，可以有多个 elif。
>
> 3. else: 用于在所有前面的条件都不满足时，执行相应的代码块。else 语句是可选的且最多只能有一个，必须放在所有 if 和 elif 语句之后。
>
> 搭配使用的例子。
>
> ```
> age = 25
> if age < 18:
>     print("未成年")
> ```

```
elif age >= 18 and age < 60:
    print("成年")
else:
    print("老年")
```

建议：

1. 在编写条件控制语句时，先确定要检查的条件及相应的操作，然后使用if、elif和else关键字按照逻辑顺序组织条件；

2. 确保每个条件控制语句的代码块使用缩进（通常为 4 个空格）来表示层级关系，这有助于提高代码的可读性；

3. 在涉及多个条件判断的场景中，使用括号来明确优先级，避免因为逻辑错误而引发的问题。同时，注意and、or等逻辑操作符的优先级。

（2）在提示内容中以更通俗的方式理解条件控制

> 📖 **提示的内容如下（使用GPT-4 模型）。**
> 条件控制语句转化为中文表述，类似于：如果……就……

ChatGPT 的回答如下。

⑤ ChatGPT 的回答如下。

是的，你理解得很对。Python 中的条件控制语句可以转换为中文表述，类似于"如果……就……"。这里是一个例子，其对应的中文表述如下。

```
temperature = 30
if temperature > 25:
    print("天气炎热，开空调")
elif temperature > 15:
    print("天气适中，不用开空调")
else:
    print("天气寒冷，开暖气")
```

中文表述如下。

1. 如果温度大于 25 摄氏度，就输出"天气炎热，开空调"。

2. 否则，如果温度大于 15 摄氏度，就输出"天气适中，不用开空调"。

3. 否则，输出"天气寒冷，开暖气"。

条件控制语句使用if、elif和else关键字来表达不同的条件判断，使得程序能够根据满足的条件执行相应的操作。这种表述形式非常接近我们在日常生活中的自然语言表达。

7.7.4　总结条件控制

通过<总结>命令让ChatGPT对"Python条件控制"这个知识主题进行总结。

> 🔟 提示的内容如下（使用GPT-4 模型）。
>
> ＜总结＞

> 🌀 **ChatGPT 的回答如下。**
>
> 总结：Python中的条件控制是一种根据特定条件来决定程序执行流程的方式，其主要包括if、elif和else关键字。条件控制语句根据布尔表达式（结果为True或False）来判断是否执行相应的代码块。在编写条件控制语句时，注意逻辑顺序、缩进和条件优先级。通过实际编写代码和多个实例来加深对条件控制的理解，熟练掌握如何搭配使用这些关键字以实现不同的条件判断。将Python条件控制语句与中文表述类似于"如果……就……"相对应，可以更好地理解条件控制的概念和用法。

7.7.5 条件控制实践

在Python环境中对"Python条件控制"知识主题下的"语法错误、逻辑错误"等知识点进行实践。

1. 语法错误

以下代码中的错误原因是未在if、elif、else语句后加冒号"："。另一个初学者常犯的错误是if、elif、else语句块中的缩进错误。

```
>>>if age>18
>>>    print('成年')      # 执行后提示以下的错误
if age>18

       ^
SyntaxError: invalid syntax
```

2. 逻辑错误

在语法正确的情况下要按照逻辑顺序组织条件，否则将更难以发现逻辑错误，以下代码缺少else语句导致某些条件未考虑。

```
>>>if age>18:
>>>    print('成年')
>>>elif age<6:    # 缺少对 6~18 岁的判断
>>>    print('儿童')
```

7.8 Python循环

本节要学习的知识主题是Python循环，通过ChatGPT学习Python循环中的关键字、操作方式等知识点。

7.8.1　循环是什么

首先在费曼学习法提示模板的语境下，输入以下提示内容：Python 中的循环是什么。

> 🔟 **提示的内容如下（使用 GPT-4 模型）。**
>
> 　Python 中的循环是什么?

7.8.2　循环的教学

ChatGPT 的回答如下。

> 🌀 **ChatGPT 的回答如下。**
>
> 　解释：
>
> 　Python 中的循环是一种重复执行代码块的结构，直到满足某个终止条件。循环结构可以根据需求重复执行相同的任务，减少代码冗余。Python 中有两种主要的循环结构：for 循环和 while 循环。
>
> 　1. for 循环：通常用于遍历序列（如列表、元组、字符串等），按照指定的次数重复执行代码块。for 循环的语法是"for 变量 in 序列:"。
>
> 　2. while 循环：当某个条件为真（布尔值为 True）时，持续执行代码块。while 循环的语法是"while 条件:"。
>
> 　建议：
>
> 　1. 学习 for 循环的基本语法和用法，如遍历列表、元组和字符串，以及如何使用 range() 函数生成指定范围的整数序列;
>
> 　2. 学习 while 循环的基本语法和用法，如编写具有终止条件的循环，确保循环在满足条件时终止，以防止无限循环;
>
> 　3. 学习如何使用 break 和 continue 语句来控制循环的执行。break 用于提前跳出循环，而 continue 用于跳过当前迭代，进入下一次迭代。同时，了解如何在循环中嵌套其他循环及在循环中使用条件控制语句。

7.8.3　讨论学习循环

基于 7.8.2 节 ChatGPT 解释的循环内容，构建以下提示内容，学习循环的关键字和使用方式。

> 🔟 **提示的内容如下（使用 GPT-4 模型）。**
>
> 　循环语法包含哪些关键字，应如何搭配使用?

ChatGPT 的回答如下。

> 🌀 **ChatGPT 的回答如下。**
>
> 　解释：
>
> 　Python 循环语法主要包括以下关键字：for、while、break 和 continue。这些关键字可以搭配使用，

实现不同的循环控制。

1. for：用于遍历序列（如列表、元组、字符串等）中的元素，按照指定的次数重复执行代码块。for 循环的语法是 "for 变量 in 序列："。

2. while：用于在满足特定条件时持续执行代码块。while 循环的语法是 "while 条件："。

3. break：用于在循环中提前结束循环，跳出当前循环。break 通常与 if 条件控制语句一起使用，以在满足特定条件时跳出循环。

4. continue：用于在循环中跳过当前迭代，直接进入下一次迭代。continue 通常与 if 条件控制语句一起使用，以在满足特定条件时跳过当前迭代。

搭配使用的例子如下。

```
for i in range(10):
    if i % 2 == 0:
        continue
    print(i)
```

在这个例子中，for 循环遍历 0 到 9 的整数。continue 关键字与 if 条件控制语句搭配使用，当 i 是偶数时跳过当前迭代，只输出奇数。

建议：

1. 在编写循环时，根据需要选择 for 或 while 循环。for 循环适合遍历序列或执行指定次数的任务，而 while 循环适合根据特定条件执行任务；

2. 使用 break 和 continue 关键字来控制循环执行。合理使用这两个关键字可以提高代码的灵活性和效率；

3. 注意循环的缩进和层级结构，确保代码块正确地归属于相应的循环。同时，学习如何在循环中嵌套其他循环或条件控制语句。

在提示内容中以更通俗的方式理解循环。

🔟 **提示的内容如下（使用 GPT-4 模型）。**

循环语句转化为中文的表述，类似于：直到……就……

ChatGPT 的回答如下。

---

⑤ **ChatGPT 的回答如下。**

是的，Python 中的循环语句可以转换为中文表述，类似于 "直到……就……"。这里是一个 for 循环和 while 循环的例子，以及它们对应的中文表述。

1. for 循环例子如下。

```
for i in range(5):
    print(i)
```

中文表述：对于范围内的每个数字（从 0 到 4），就输出该数字。

2. while 循环例子如下。

```
count = 0
while count < 5:
    print(count)
    count += 1
```

中文表述：当计数值小于 5 时，就输出计数值并使计数值加 1。

循环语句使用 for 和 while 关键字来重复执行一组代码，直到满足某个终止条件。通过将循环语句与中文表述类似于"直到……就……"相对应，可以更好地理解循环的概念和用法。

7.8.4　总结循环

通过<总结>命令让 ChatGPT 对"Python 循环"这个知识主题进行总结。

📋 提示的内容如下（使用 GPT-4 模型）。

　　<总结>

⑧ ChatGPT 的回答如下。

　　总结：Python 中的循环是一种重复执行代码块的结构，直到满足某个终止条件，其包括 for 循环和 while 循环。for 循环用于遍历序列中的元素，while 循环在满足特定条件时持续执行。循环语法还包括 break 和 continue 关键字，用于控制循环的执行。通过将 Python 循环语句与中文表述类似于"直到……就……"相对应，可以更好地理解循环的概念和用法。为了掌握循环语法和搭配使用各种关键字，建议多进行实践，编写循环示例代码，以加深对循环结构的理解。

7.8.5　循环实践

在 Python 环境中对"Python 循环"知识主题下的"语法错误、逻辑错误、循环的实际应用"等知识点进行实践。

1. 语法错误

以下代码中的错误原因为在 for、while 语句后必须加上冒号"："，另一个初学者常犯的错误是 for、while 语句块中的缩进错误。

```
i = 0
>>>for i in range(5)      # 缺失冒号
>>>    i++
>>>    print(i)           # 执行后提示以下错误
    for i in range(5)
              ^
```

```
SyntaxError: invalid syntax
>>>while i < 10:
>>>i++
>>>    print(i)
    i++
    ^
IndentationError: expected an indented block
```

2. 逻辑错误

循环条件一直为真，导致无限循环。除非明确需要此逻辑功能，否则在使用循环语句时应警惕避免出现无限循环的情况。

```
>>>count = 1
>>>while count > 0:    # 循环条件永远为真
>>>    print(count)
```

下面的 Python 代码中存在逻辑问题。在遍历列表 fruits 的过程中，试图通过调用 remove() 方法修改列表，这将导致循环的行为不可预测。

```
>>>fruits = ["Apple", "Orange", "Banana","watermelon"]
>>>for fruit in fruits:
>>>    fruits.remove(fruit)
# 最终变量 fruits 的结果为 ['Orange', 'watermelon']
```

3. 循环的实际应用

有一个经典的水池问题：水池有注水口、排水口，同时进行注水与排水，但速度不一样，问将水排干需要多少时间。在这个问题中有 2 个判断条件：排水速度大于注水速度，才能计算将水排干需要的时间；水池中水被排干就停止注水和排水。

```
var1 = 100       # 变量 var1 为水池中原有水量
var2 = 8         # 变量 var2 为每秒注水量
var3 = 10        # 变量 var3 为每秒排水量
time = 0         # 变量 time 为将水排干需要的时间
while var1 >= 0 and var2 < var3:    # 水池中有水且排水速度大于注水速度，才进行计算
    var1 += var2                    # 注水后水池中水的总量
    var1 -= var3                    # 排水后水池中水的总量
    time += 1                       # 时间加 1
print('总共需要的时间为：',time,' 秒 ')
```

7.9 Python复合数据类型

本节要学习的知识主题是 Python 复合数据类型，通过 ChatGPT 学习元组、列表、字典等类型。

7.9.1　复合数据类型是什么

首先在费曼学习法提示模板的语境下，输入以下提示内容：Python复合数据类型是什么。

> 🗯 提示的内容如下（使用GPT-4 模型）。
>
> Python复合数据类型是什么？

7.9.2　复合数据类型的教学

ChatGPT的回答如下，Python复合数据类型是指可以容纳多个值的数据结构，主要包括列表（list）、元组（tuple）、集合（set）和字典（dictionary）。

> ⑤ **ChatGPT的回答如下。**
>
> 解释：
>
> Python复合数据类型是指可以容纳多个值的数据结构，主要包括列表（list）、元组（tuple）、集合（set）和字典（dictionary）。
>
> 1. 列表（list）：有序的可变序列，可以容纳不同类型的元素，从而进行增、删、改、查等操作。
>
> 2. 元组（tuple）：与列表类似，但元组是不可变的，一旦创建便不能修改。
>
> 3. 集合（set）：无序且不包含重复元素的数据结构，可以进行添加、删除、判断是否存在等操作。
>
> 4. 字典（dictionary）：键值对（key-value pair）的无序集合，键必须是唯一的，但值可以不唯一。
>
> 建议：
>
> 1. 学习Python官方文档中关于这些复合数据类型的详细描述；
>
> 2. 尝试编写一些代码，练习如何使用这些复合数据类型进行操作；
>
> 3. 阅读其他人的代码，学习如何在实际项目中使用这些数据类型。

7.9.3　讨论学习复合数据类型

基于 7.8 节 ChatGPT解释的循环内容，构建以下提示内容，学习列表、元组、集合、字典的构建方式、应用场景、注意事项。

1. 列表学习提示内容

> 🗯 提示的内容如下（使用GPT-4 模型）。
>
> 列表的定义方式，有哪些操作运算符和函数，可在哪些场景下应用，需要注意什么？

ChatGPT的回答如下，遇到无法理解的知识点可向ChatGPT进行深入提问。

> ⑤ **ChatGPT的回答如下。**
>
> 解释：列表是一种有序的可变序列，可以容纳不同类型的元素。列表在Python中的定义方式是使用方括号（[]）将元素括起来，或者使用内置的list()函数。

操作运算符和函数如下。

1. 索引：使用 list_name[index] 可以访问列表中的元素。

2. 切片：使用 list_name[start:end] 可以截取列表的一部分。

3. 连接：使用 + 运算符将两个列表连接在一起。

4. 重复：使用 * 运算符可以重复列表中的元素若干次。

5. in/not in：检查元素是否在列表中。

6. len()：获取列表的长度。

7. min()：获取列表中的最小值。

8. max()：获取列表中的最大值。

9. append()：在列表末尾添加元素。

10. insert()：在指定位置插入元素。

11. remove()：删除列表中的指定元素。

12. pop()：删除并返回列表中的某个元素。

13. count()：统计元素在列表中的出现次数。

14. sort()：对列表进行排序。

15. reverse()：反转列表。

应用场景如下。

1. 存储一系列有序的数据。

2. 处理多个元素，如循环遍历、查找、排序等。

3. 实现栈、队列等数据结构。

注意事项如下。

1. 列表索引从 0 开始，负数索引表示从后往前计数。

2. 列表切片时，包含起始索引，不包含结束索引。

3. 列表在内存中是连续存储的，删除或插入元素可能导致整个列表重新分配内存。

4. 列表是可变的，直接修改列表的元素可能会影响其他引用了该列表的变量。

建议如下。

1. 实践各种列表操作，熟练掌握常用方法。

2. 学习列表推导式，以简洁高效的方式生成新列表。

3. 深入了解列表的内存管理和性能特点，合理使用列表操作。

2. 更好的复合数据类型

对于元组、字典等类型的学习，可参考上述列表的提示内容，适当的修改就可以得到类似列表的知识内容。在 Collections 模块中也提供复合类型，构建以下提示内容进行对比学习。

> 🔟 **提示的内容如下（使用 GPT-4 模型）。**
>
> Collections 模块中也有列表、元组、字典，它们与 list、tuple、dictionary 有什么区别，要如何选择？

ChatGPT 的回答如下。

ChatGPT 的回答如下。

解释：

Python 的 Collections 模块提供了一些特殊的容器数据类型，它们在某些情况下比基本的列表（list）、元组（tuple）和字典（dictionary）更适用。这些容器数据类型包括：namedtuple、deque、Counter、OrderedDict 和 defaultdict。下面是这些数据类型与基本数据类型之间的区别。

1. namedtuple：它是一个特殊的元组，每个元素都有一个名称。与普通元组相比，它可以使代码更具可读性。

2. deque：它是一个双端队列，可以在队列的两端高效地添加和删除元素。与普通列表相比，它在大量插入和删除操作时具有更好的性能。

3. Counter：它是一个字典的子类，用于计数可哈希对象。与普通字典相比，它为计数操作提供了方便的方法，如 most_common() 方法。

4. OrderedDict：它是一个字典的子类，它记住了键值对的插入顺序。与普通字典相比，在 Python 3.6 之前，它保证了键值对的有序性。但从 Python 3.7 开始，普通字典已经保证了键值对的有序性，因此 OrderedDict 的优势减弱了。

5. defaultdict：它是一个字典的子类，当查找的键不存在时，它会返回一个默认值。与普通字典相比，它可以减少因键不存在而引发的错误。

选择：

1. 如果需要为元组的元素指定名称，以提高代码可读性，请使用 namedtuple；

2. 如果需要频繁在序列的两端进行添加和删除操作，请使用 deque；

3. 如果需要统计可哈希对象的出现次数，请使用 Counter；

4. 如果使用 Python 3.6 之前的版本并需要保证字典键值对的顺序，请使用 OrderedDict；

5. 如果需要在查找不存在的键时返回一个默认值，请使用 defaultdict。

建议：

1. 根据具体需求，学习和实践 Collections 模块中的数据类型；

2. 熟悉 Collections 模块中的数据类型的方法和属性，以便在实际项目中灵活使用；

3. 阅读其他人的代码，了解如何在实际项目中选择合适的数据类型。

7.9.4 总结复合数据类型

通过＜总结＞命令让 ChatGPT 对"Python 复合数据类型"这个知识主题进行总结。

提示的内容如下（使用 GPT-4 模型）。

＜总结＞

ChatGPT 的回答如下。

总结：

1. Python 复合数据类型包括列表（list）、元组（tuple）、集合（set）和字典（dictionary）。

2. 列表是有序的可变序列，适用于存储一系列有序的数据，可以进行增、删、改、查等操作。需要注意索引、切片规则和内存管理。

3. Python的Collections模块提供了一些特殊的容器数据类型，如namedtuple、deque、Counter、OrderedDict和defaultdict。它们在某些情况下比基本数据类型更适用。

4. 选择合适的数据类型应根据需求，如代码可读性、性能、数据统计和键值对顺序等因素。

7.9.5 复合数据类型实践

在Python环境中对"Python复合数据类型"知识主题下的"复合类型各类操作、复合数据类型的实际应用"等知识点进行实践。

1. 元组的操作

```
# 对元组修改将提示以下的错误
>>> rivers=(' 长江 ',' 黄河 ',' 黑龙江 ',' 珠江 ',' 澜沧江 ')    # 定义元组 rivers
>>> rivers [0] = ' 雅鲁藏布江 '          # 错误，无法修改元组元素
TypeError: 'tuple' object does not support item assignment
# 元组不能使用 append、insert、remove 等操作函数，若使用提示以下错误
>>> rivers.append(' 雅鲁藏布江 ')
AttributeError: 'tuple' object has no attribute 'append'
# 元组支持 in 和 not in 操作符，用于判断某个元素是否在元组中
>>>' 黄河 ' in rivers
True
>>>' 雅鲁藏布江 ' not in rivers
True
```

2. 列表的操作

```
# 对列表的索引超出范围将提示以下错误
>>>rivers=[' 长江 ',' 黄河 ',' 黑龙江 ',' 珠江 ',' 澜沧江 ']     # 河流名称列表
>>>rivers[5]
IndexError: list index out of range
>>> rivers.remove(' 雅鲁藏布江 ')      # 删除不存在的元素将提示以下错误
ValueError: list.remove(x): x not in list
# 使用 append 函数添加元素和 pop 函数删除元素
>>> rivers.append(' 雅鲁藏布江 ')
rivers 中的元素为 [' 长江 ', ' 黄河 ', ' 黑龙江 ', ' 珠江 ', ' 澜沧江 ', ' 雅鲁藏布江 ']
>>> riv = rivers.pop(5)                # 删除第 5 个元素并返回被删除的元素，riv 变量的值
                                       为 ' 雅鲁藏布江 '
```

3. 字典的操作

```
# 查询、删除字典中不存在的键时将提示以下错误
```

```
# 通过 {} 定义字典表示河流长度，单位为千米
>>>rivers={' 黄河 ':5464,' 黑龙江 ':3474,' 长江 ':6300,' 珠江 ':2400,' 澜沧江 ':2179}
>>> rivers[' 雅鲁藏布江 ']
KeyError: ' 雅鲁藏布江 '
# 对同一个键多次赋值，后面的值会覆盖前面的值
>>> rivers[' 澜沧江 '] = 2200
# 使用 sotred 函数对字典值排序
>>>sorted(rivers.items(),key=lambda x:x[1],reverse=True)      # 按河流长度降序排
序
[(' 长江 ', [6300, 9513]),
(' 黄河 ', [5464, 580]),
(' 黑龙江 ', [3474, 3465]),
(' 珠江 ', [2400, 3338]),
(' 澜沧江 ', [2179, 740])]
```

4. 使用 Collections 模块中的复合数据类型

```
# 1-OrderedDict：可以用来记录历史版本或操作日志，因为它会保留元素添加的顺序
>>>from collections import OrderedDict      # 导入 OrderedDict 类
>>>history = OrderedDict()                   # 实例化 OrderedDict 类对象
>>>history[' 段落 1'] = " 故事 1"
>>>history[' 段落 2'] = " 故事 2"
>>>for k, v in history.items():
>>>     print(k, v)
段落 1 故事 1
段落 2 故事 2
# 2-deque 是双端队列，可以高效地从两端添加和删除元素
>>>from collections import deque             # 导入 deque 类
# 实现栈（后进先出）结构，可以使用 append() 和 pop() 方法
>>>stack = deque([1, 2, 3])
>>>stack.append(4)        # stack 值为 [1, 2, 3, 4]
>>>stack.pop()            # stack 值为 [1, 2, 3]
# 实现队列（先进先出）结构：可以使用 append() 和 popleft() 方法
>>>queue = deque([1, 2, 3])
>>>queue.append(4)        # queue 值为 [1, 2, 3, 4]
>>>queue.popleft()        # queue 值为 [ 2, 3, 4]
```

7.10 Python 函数

本节要学习的知识主题是 Python 函数，通过 ChatGPT 学习函数的定义、调用等知识点。

7.10.1 函数是什么

首先在费曼学习法提示模板的语境下，输入以下提示内容：Python 函数是什么。

> ✍ **提示的内容如下（使用 GPT-4 模型）。**
>
>   Python 函数是什么？

7.10.2 函数的教学

ChatGPT 的回答如下，函数是组织好的、可重复使用的逻辑单元。

> ⑤ **ChatGPT 的回答如下。**
>
>   解释：
>   Python 中的函数是一段可重复使用的代码，它具有一个名称并可以接受一定数量的输入参数。函数用于执行特定任务，通常是对输入数据进行操作并返回结果。定义函数时使用 def 关键字，后面跟着函数名称、圆括号内的参数列表和冒号。接下来的代码行是函数体，通常会有缩进。
>   函数的主要优点是提高代码的可读性和重用性，它可以避免重复编写相同的代码。
>   建议：
>   1. 阅读 Python 官方文档，了解函数的定义、参数传递和返回值等概念；
>   2. 尝试编写一些简单的函数，熟悉函数的定义和调用过程；
>   3. 阅读其他人的代码，学习如何在实际项目中使用函数进行模块化编程。

7.10.3 讨论学习函数

基于 7.10.2 节 ChatGPT 解释的函数内容，构建以下提示内容，以更通俗的方式认识函数。

1. 通俗方式理解函数

> ✍ **提示的内容如下（使用 GPT-4 模型）。**
>
>   函数与化学反应有点像，在特定的条件下二者都有输入和输出。

ChatGPT 的回答如下。

> ⑤ **ChatGPT 的回答如下。**
>
>   是的，你的类比很有趣！函数与化学反应确实有一定的相似之处。它们都在特定条件下接受输入，并产生输出。
>   在函数中，输入指的是传递给函数的参数，条件是函数体中定义的操作。根据输入参数和操作，函数会生成并返回相应的输出结果。
>   而在化学反应中，输入是指反应物，条件是反应发生所需的环境，如温度、压力、催化剂等。在这些条件下，反应物经过化学变化，生成产物作为输出。

这种类比有助于理解函数的基本概念和作用。不过，请注意，函数和化学反应之间还存在许多差异，它们分别属于编程和化学领域。

建议：

1. 思考更多类比来加深对函数概念的理解；

2. 了解函数在不同编程语言中的表现形式，比较它们之间的异同；

3. 学习函数式编程范式，了解如何使用函数来解决问题和组织代码。

构建以下提示内容，让ChatGPT也举一个类比例子。

🔟 **提示的内容如下（使用GPT-4 模型）。**

你也举一个类比例子，以代码进行演示，并注释说明定义函数的注意事项，让我对函数的理解更深。

ChatGPT的回答如下。

ChatGPT的回答如下。

好的，我将使用餐厅点餐作为类比。在餐厅点餐时，我们会选择一道菜，并告诉厨师我们的口味需求。厨师会根据需求准备这道菜，然后将烹饪好的菜品交给我们。这个过程类似于调用一个函数，其中我们的需求是输入参数，烹饪好的菜品是函数的输出。

以下是一个简单的Python代码示例，模拟餐厅点餐。

```python
def order_dish(dish_name, special_request):
    # 注意事项1：使用def关键字定义函数
    # 注意事项2：函数名称应该简洁且具有描述性
    # 注意事项3：参数列表位于圆括号内，多个参数用逗号分隔

    cooked_dish = f"{dish_name} (with {special_request})"
    return cooked_dish
    # 注意事项4：使用return关键字返回结果


# 调用函数并获取结果
my_dish = order_dish("spaghetti", "extra cheese")
print(my_dish)
```

2. 可变参数的提示

🔟 **提示的内容如下（使用GPT-4 模型）。**

可变函数的参数是什么，作用是什么？

ChatGPT的回答如下，为了能更好地理解可变函数的参数，可以继续让ChatGPT提供可变参数的代码例子。

⑤ ChatGPT 的回答如下。

解释：

可变函数参数是指在定义函数时，允许函数接受任意数量的参数。Python 中有两种可变参数：*args 和 **kwargs。

1. *args：用于处理传递给函数的任意数量的非关键字参数。在函数内部，这些参数将以元组(tuple)的形式存储。定义函数时，在参数列表中使用 *args 表示接受任意数量的非关键字参数。

2. **kwargs：用于处理传递给函数的任意数量的关键字参数。在函数内部，这些参数将以字典(dictionary)的形式存储。定义函数时，在参数列表中使用 **kwargs 表示接受任意数量的关键字参数。

可变参数的作用是提高函数的灵活性，使其能够处理不同数量和类型的参数。这对于编写通用函数和库非常有用，因为这样的函数可以更容易地适应不同的使用场景。

建议：

1. 阅读 Python 官方文档，了解 *args 和 **kwargs 的用法和规则；

2. 编写具有可变参数的函数，熟悉如何处理不同数量和类型的输入参数；

3. 学习常见库如何使用可变参数，理解它们在实际应用中的优势。

7.10.4   总结函数

通过 <总结> 命令让 ChatGPT 对 "Python 函数" 这个知识主题进行总结。

> **⑩ 提示的内容如下（使用 GPT-4 模型）。**
>
> <总结>

⑤ ChatGPT 的回答如下。

总结：

1. 函数是一段可重复使用的代码，用于执行特定任务。函数具有名称，可以接受输入参数，并返回结果；

2. 函数的主要优点是提高代码的可读性和重用性；

3. 通过类比（如餐厅点餐），我们可以更好地理解函数的概念；

4. 可变参数（*args 和 **kwargs）提高了函数的灵活性，使其能够处理不同数量和类型的参数。

7.10.5   函数实践

以下代码通过函数演示化学反应——氢气的燃烧和碳的燃烧。

```
status = ['点燃','加热','催化剂','高温','光照','高压','通电','紫外线']
# 化学反应条件列表
reagent = ['H₂','C']      # 反应物列表，氢气和碳
# 定义函数 chemistry，包含 3 个参数：var1 是参与反应的物质，status 是反应条件，var2 默认
值为 O₂
```

```
def chemistry(var1 ,status,var2='O₂'):
    if status == '点燃' and var1 == 'H₂' and var2=='O₂':
        res=''.join(['2',var1,'+',var2,'==','2H₂O',' 氢气燃烧时产生淡蓝色火焰 '])
        return res
    if status == '点燃' and var1 == 'C' and var2=='O₂':
        res=''.join([var1,'+',var2,'==','CO₂',' 碳在氧气充足时燃烧生成 CO₂'])
        return res
    else:
        return ''.join([' 本函数还待完善 :',var1,' 和 ',var2,' 在 ',status,' 状
态下的反应……'])
# 调用 chemistry 函数，传入不同的参数查看输出的结果
chemistry(reagent[0],status[0])
'2H₂+O₂==2H₂O 氢气燃烧时发出淡蓝色火焰 '
chemistry(reagent[1],status[0])
'C+O₂==CO₂ 碳在氧气充足时燃烧生成 CO₂'
chemistry(reagent[1],status[1])
' 本函数还待完善 :C 和 O₂ 在加热状态下的反应……'
```

7.11　Python类

本节要学习的知识主题是 Python 类，通过 ChatGPT 学习类的定义、调用等知识点。

7.11.1　类是什么

首先在费曼学习法提示模板的语境下，输入以下提示内容：Python 类是什么。

> 🔟 提示的内容如下（使用 GPT-3.5 模型）。
>
> 　Python 类是什么？

7.11.2　类的教学

ChatGPT 的回答如下，类是面向对象编程的基础。它定义了对象的抽象特征，包括属性和方法。

> 🌀 **ChatGPT 的回答如下。**
>
> 　解释：
> 　在 Python 中，类（Class）是一种面向对象编程的核心概念。类是一种数据结构，它定义了对象的属性（数据）和行为（方法）。可以将类看作是对象的模板或蓝图，通过实例化类，可以创建具体的对象。
> 　类由属性和方法组成。属性是类的特征或状态，可以是变量或数据。方法是类的行为或操作，可以是函数或过程。
> 　举个简单的例子，假设我们有一个 "Person" 类，用于表示人的特征和行为。该类可能有属性，如姓名、

年龄和性别，而方法可以包括吃饭、睡觉和工作等。

学习建议：

1. 理解类与对象的关系：类是对象的模板，对象是类的实例化结果。了解类和对象之间的关系是理解面向对象编程的基础；

2. 学习类的语法和语义：掌握定义类的语法规则，包括使用关键字"class"和类名，以及如何定义属性和方法；

3. 实践编写类和创建对象：通过编写自己的类和创建对象的实例，加深对类的理解，可以尝试创建简单的类，并调用其属性和方法。

7.11.3　讨论学习类

基于 7.11.2 节 ChatGPT 解释的类内容，构建以下提示内容，学习类定义模板及一些重要的特性。

（1）类定义的提示

🔟 **提示的内容如下（使用GPT-3.5模型）。**

说明Python类定义模板，要包括类的各种特性（如构造函数、静态方法等）。

ChatGPT 的回答如下。

🅢 **ChatGPT 的回答如下。**

下面是一个完整的Python类定义模板，包括类的各个方面特性的说明。

```python
class ClassName:
    """
    类的文档字符串（可选）
    """
    # 构造函数（初始化方法）
    def __init__(self, parameter1, parameter2, ...):
        # 初始化代码
        self.attribute1 = parameter1
        self.attribute2 = parameter2
        # ...
    # 普通方法
    def method1(self, parameter1, parameter2, ...):
        # 方法体
    # 类方法
    @classmethod
    def class_method(cls, parameter1, parameter2, ...):
        # 类方法体
    # 静态方法
    @staticmethod
```

```
def static_method(parameter1, parameter2, ...):
    # 静态方法体
# 属性的getter方法
@property
def attribute(self):
    return self._attribute
# 属性的setter方法
@attribute.setter
def attribute(self, value):
    self._attribute = value
# 属性的deleter方法
@attribute.deleter
def attribute(self):
    del self._attribute
```

这个模板包括以下类的特性。

①类的文档字符串：位于类定义之后，提供类的描述和说明。

②构造函数（初始化方法）：使用 __init__ 方法来定义。构造函数在创建类的实例时自动调用，并用于初始化对象的属性。

③普通方法：通过方法名和参数列表来定义。在方法内部，可以访问与操作类的属性和其他方法。

④类方法：通过 @classmethod 装饰器来定义。类方法使用类作为第一个参数（通常命名为 cls），可以访问与操作类的属性和其他方法。

⑤静态方法：通过 @staticmethod 装饰器来定义。静态方法不依赖于类或实例，可以直接通过类名调用，也可以通过实例对象调用。

⑥属性的 getter 和 setter 方法：通过 @property 装饰器定义属性的 getter 方法，并使用 .setter 装饰器定义属性的 setter 方法，这样可以通过属性访问的方式来获取和设置属性的值。

⑦属性的 deleter 方法：通过 .deleter 装饰器定义属性的 deleter 方法，这样可以通过 del 关键字删除属性。

（2）self 和 cls 参数的提示

> 💬 **提示的内容如下（使用 GPT-3.5 模型）。**
>
> 　　类中的 self 和 cls 参数的作用是什么，应如何使用？

> 🤖 **ChatGPT 的回答如下。**
>
> 　　在 Python 类中，self 和 cls 是约定俗成的参数名称，用于表示不同的对象。
>
> 　　1. self: self 是一个指向实例对象的引用。它作为方法的第一个参数，用于在类的方法内部访问和操作实例属性。通过 self，可以引用当前对象的属性和方法。在类的方法中，可以使用 self.attribute 来访问实例属性，或者使用 self.method() 来调用其他方法。

2. cls：cls 是一个指向类本身的引用。它作为类方法的第一个参数，用于在类方法内部访问和操作类属性。通过 cls，可以引用类的属性和方法。在类的方法中，可以使用 cls.attribute 来访问类属性，或者使用 cls.method() 来调用其他方法。

如何使用 self 和 cls 参数：

1. self：在定义类的方法时，将 self 作为第一个参数，并使用它来访问实例属性和调用其他实例方法。例如，def method(self, parameter):；

2. cls：在定义类的方法时，将 cls 作为第一个参数，并使用它来访问类属性和调用其他类方法。例如，@classmethod def class_method(cls, parameter):。

需要注意的是，self 和 cls 只是参数名称的约定，你可以选择其他名称，但按照惯例，大多数 Python 程序员使用 self 和 cls 来表示实例和类。

（3）类的实例化和继承的提示

🔟 **提示的内容如下（使用 GPT-3.5 模型）。**

解释下 Python 中类继承和实例化。

ChatGPT 的回答如下。

⑨ **ChatGPT 的回答如下。**

在 Python 中，类继承和实例化是面向对象编程的两个重要概念。

类继承的概念如下。

1. 类继承是指一个类（称为子类或派生类）可以继承另一个类（称为父类、基类或超类）的属性和方法。子类可以从父类继承已有的属性和方法，也可以添加新的属性和方法，或者修改继承的属性和方法的行为。

2. 继承通过在子类定义时将父类作为参数传递来实现。语法为 class ChildClass(ParentClass):，其中 ChildClass 是子类，ParentClass 是父类。

3. 子类可以通过继承来获得父类的属性和方法。它可以访问与使用父类的公共属性和方法，并可以通过重写父类的方法来改变其行为。

4. Python 支持多重继承，即一个子类可以继承多个父类的属性和方法。

类实例化（对象的创建）的概念如下。

1. 类实例化是指根据类创建一个实际的对象，这个对象称为类的实例或对象。

2. 实例化一个类可以通过调用类名，并传递所需的参数来完成。这将调用类的构造函数（__init__ 方法），并返回一个类的实例。

3. 通过实例化类，可以创建多个具有相同属性和方法的对象。

4. 可以使用实例对象来访问类的属性和方法，以及继承的属性和方法。

以下是一个示例代码，展示了类继承和实例化的用法。ChildClass 继承了 ParentClass，子类 ChildClass 通过调用 super().__init__() 来调用父类的构造函数并初始化父类的属性，可以通过实例化对象来调用父类和子类的方法。

🔗 ChatGPT的回答如下。

```
class ParentClass:
    def __init__(self):
        self.parent_attribute = 'Parent attribute'
    def parent_method(self):
        print('Parent method called')
class ChildClass(ParentClass):
    def __init__(self):
        super().__init__()    # 调用父类的构造函数
        self.child_attribute = 'Child attribute'
    def child_method(self):
        print('Child method called')
# 实例化父类
parent_obj = ParentClass()
parent_obj.parent_method()
# 实例化子类
child_obj = ChildClass()
child_obj.parent_method()
child_obj.child_method()
```

7.11.4　总结类

通过<总结>命令让ChatGPT对"Python类"这个知识主题进行总结。

🔟 提示的内容如下（使用GPT-3.5 模型）。

<总结>

🔗 ChatGPT的回答如下。

总结：

1. 类是一种用户自定义的数据类型，用于组织与管理相关的属性和方法；

2. 类定义模板包括构造函数、实例方法、类方法和静态方法；

3. 类的属性可以通过构造函数或实例方法进行设置和获取，如self.属性名；

4. 类方法和静态方法是类的两种特殊方法，前者可以访问类属性并在多个实例之间共享，后者则不能访问类属性，通常用于实现一些通用的函数功能；

5. 类的继承是指一个类可以继承另一个类的属性和方法，从而扩展或修改其功能。语法如下：class 子类名(父类名)；

6. 类的实例化是指通过类创建一个对象，可以通过类名后跟括号的方式实现，例如，对象名 = 类名(参数1，参数2，…)。

7.11.5 类实践

在 Python 环境中对 "Python 类" 知识主题下的 "类的定义、继承、实例化等操作" 等知识点进行实践。

```python
# 1- 定义父类 Person，作为基类使用
class Person:
    def __init__(self, name, age):
    # 构造方法，初始化 name 和 age 属性
        self.name = name
        self.age = age
    def info(self):
    # 定义 info 方法，输出姓名和年龄
        print(f"Name: {self.name}, Age: {self.age}")
# 2- 定义子类 Student，从 Person 类继承，表示学生
class Student(Person):
    # 子类继承父类 Person
    # 在构造方法中调用父类构造方法初始化父类属性
    def __init__(self, name, age, stu_id):
        super().__init__(name, age)
        self.stu_id = stu_id        # 添加 stu_id 属性
    # 重写父类 info 方法，输出学生信息
    def info(self):
        super().info()                # 调用父类 info 方法
        print(f"Student ID: {self.stu_id}") # 输出 stu_id 属性
# 3- 定义 Teacher 类，从 Person 类继承，表示老师
class Teacher(Person):
    # 子类继承父类 Person
    # 在构造方法中调用父类构造方法初始化父类属性
    def __init__(self, name, age, teachofyear):
        super().__init__(name, age)
        self.teachofyear = teachofyear        # 添加 teachofyear 属性
    # 重写父类 info 方法，输出老师信息
    def info(self):
        super().info()                # 调用父类 info 方法
        print(f"Teaching experience: {self.teachofyear} years")
                                # 输出 teachofyear 属性
# 4-- 实例化 Student 和 Teacher 对象
stu = Student("Tom", 18, "20180604")
teacher = Teacher("Rose", 28, 5)
# 5- 调用 info 方法输出信息
stu.info()
```

```
teacher.info()
输出信息如下:
Name: Tom, Age: 18
Student ID: 20180604
Name: Rose, Age: 28
Teaching experience: 5 years
```

7.12 Python模块和包

本节要学习的知识主题是Python模块和包，通过ChatGPT学习模块和包的定义、调用等知识点。

7.12.1　模块和包是什么

首先在费曼学习法提示模板的语境下，输入以下提示内容：Python模块和包是什么。

> 🔟 **提示的内容如下（使用GPT-4模型）。**
>
> Python模块和包是什么?

7.12.2　模块和包的教学

ChatGPT的回答如下，Python模块和包用于组织代码，实现功能复用。

> 🌀 **ChatGPT的回答如下。**
>
> 解释：
> 在Python中，模块是一个包含Python代码的文件，通常包含函数、类和变量等定义。模块可以被其他Python程序导入，以重用其中的代码。而包是一个包含多个模块的文件夹，它可以用来组织和管理多个相关的模块。一个包需要包含一个名为__init__.py的特殊文件，它可以为空，但也可以包含包的初始化代码或其他元数据。
> 建议：
> 1. 创建一个简单的Python模块，定义几个函数和变量，然后尝试从另一个Python程序中导入并使用这个模块；
> 2. 阅读Python官方文档关于模块和包的章节，以获得更多关于模块和包的理论知识；
> 3. 学习如何创建和使用Python包，尝试将几个相关的模块组织到一个包中，并从其他程序中导入和使用这个包。

7.12.3　讨论学习模块和包

基于7.12.2节ChatGPT解释的模块和包的内容，构建以下提示内容，学习模块和包的定义及使用。

> 📢 **提示的内容如下（使用GPT-4 模型）。**
>
> 定义模块和包分别要使用哪些关键字，有哪些关键步骤？

ChatGPT 的回答如下。

> 🛇 **ChatGPT 的回答如下。**
>
> 解释：
>
> 在Python中，定义模块和包实际上不需要使用特定的关键字。模块和包的创建主要是通过文件和文件夹的组织结构来实现的。以下是创建模块和包的关键步骤。
>
> 模块：
>
> 1. 创建一个以.py为扩展名的文件，如mymodule.py；
>
> 2. 在该文件中编写Python代码，包括定义函数、类和变量等；
>
> 3. 若要在其他程序中使用此模块，只需使用import关键字导入模块即可，如import mymodule。
>
> 包：
>
> 1. 创建一个文件夹，该文件夹将作为包的容器。如创建一个名为mypackage的文件夹；
>
> 2. 在文件夹内创建一个名为__init__.py的文件。这个文件是一个特殊的模块，它表示这个文件夹是一个包。__init__.py可以为空，也可以包含包的初始化代码或其他元数据；
>
> 3. 将相关模块（.py文件）放入这个文件夹中；
>
> 4. 若要在其他程序中使用此包中的模块，可以使用import关键字导入，如import mypackage.mymodule或from mypackage import mymodule。
>
> 建议：
>
> 1. 动手实践，创建一个简单的模块和包，然后尝试在其他程序中导入和使用它们；
>
> 2. 阅读Python官方文档关于导入和包的部分，以获取更深入的了解；
>
> 3. 探索Python生态中的流行包，学习它们的结构和如何使用它们，这将帮助你更好地了解如何创建和使用Python包。

7.12.4 总结模块和包

通过<总结>命令让ChatGPT对"Python模块和包"这个知识主题进行总结。

> 📢 **提示的内容如下（使用GPT-4 模型）。**
>
> <总结>

> 🛇 **ChatGPT 的回答如下。**
>
> 总结：
>
> 在Python中，模块是一个包含Python代码的文件，通常包含函数、类和变量等定义。要创建模块，只需创建一个以.py为扩展名的文件，然后在其中编写代码。要在其他程序中使用模块，可以使用import关键字导入它。

包是一个包含多个模块的文件夹，用于组织和管理相关模块。要创建包，需要创建一个文件夹，然后在其中放置一个名为 __init__.py 的特殊文件，该文件可以为空，也可以包含包的初始化代码或其他元数据。将相关模块（.py文件）放入这个文件夹中。要在其他程序中使用包中的模块，可以使用 import 关键字导入，例如，import mypackage.mymodule 或 from mypackage import mymodule。

7.12.5 模块和包实践

在 Python 环境中对"Python模块和包"的相关知识点进行实践。以下是一个简单的例子：要创建一个处理数学运算的程序，将加减乘除等基本运算放在一个模块中，将平方和立方等高级运算放在另一个模块中，并将它们组织到一个名为 math_operations 的包中，math_operations 包实际上是一个文件夹，其目录结构如下所示。

```
math_operations/
    __init__.py
    basic_operations.py
    advanced_operations.py
```

（1）basic_operations.py模块

```python
# 定义加法函数
def add(a, b):
    return a + b
# 定义减法函数
def subtract(a, b):
    return a - b
# 定义乘法函数
def multiply(a, b):
    return a * b
# 定义除法函数
def divide(a, b):
    if b == 0:
        raise ValueError("除数不能为 0")
    return a / b
```

（2）advanced_operations.py模块

```python
# 定义平方函数
def square(a):
    return a ** 2
# 定义立方函数
def cube(a):
    return a ** 3
```

（3）__init__.py文件内容为空

（4）调用math_operations包

在math_operations包同级的目录下，创建一个Python文件，输入以下的代码调用math_operations包中的功能。

```python
# 导入 math_operations 包中的模块
from math_operations import basic_operations, advanced_operations
# 使用 basic_operations 模块中的 add 函数
result = basic_operations.add(2, 3)
print("2 + 3 =", result)
# 使用 basic_operations 模块中的 subtract 函数
result = basic_operations.subtract(5, 2)
print("5 - 2 =", result)
# 使用 advanced_operations 模块中的 square 函数
result = advanced_operations.square(4)
print("4 的平方 =", result)
# 使用 advanced_operations 模块中的 cube 函数
result = advanced_operations.cube(3)
print("3 的立方 =", result)
# 输出的结果如下所示。
2 + 3 = 5
5 - 2 = 3
4 的平方 = 16
3 的立方 = 27
```

7.13 / Python Pandas包

基于前面学习了Python的基础知识后，本节使用Python Pandas包进行数据分析。

7.13.1 Pandas是什么

首先在费曼学习法提示模板的语境下，输入以下提示内容：Python Pandas包是什么。

> 💬 提示的内容如下（使用GPT-4 模型）。
>
> Python Pandas包是什么？

7.13.2 Pandas的教学

ChatGPT的回答如下，Pandas是Python中一个非常流行和强大的数据分析包。它提供了许多功能用来加载、处理和分析数据。

🔅 **ChatGPT的回答如下。**

解释：

Pandas是一个流行的Python库，用于处理和分析结构化数据。Pandas提供了两个主要的数据结构：Series和DataFrame。Series是一个一维的带标签数组，而DataFrame是一个二维的带标签数据表。通过这两种数据结构，Pandas可以处理各种类型的数据，例如，CSV、Excel文件、SQL查询结果等，并提供丰富的数据处理、分析、可视化和导出功能。

建议：

1. 安装Pandas库，并尝试使用Pandas读取CSV文件或Excel文件，然后探索数据的基本属性，如行数、列数、数据类型等；

2. 阅读Pandas官方文档，了解其提供的各种功能和操作，如数据筛选、排序、聚合、合并等；

3. 实践使用Pandas处理实际数据集，例如，从网上获取的公开数据集，练习数据清洗、数据分析和数据可视化等操作。

7.13.3　使用Pandas读取数据

基于 7.13.2 节 ChatGPT解释的Python Pandas的内容，构建以下提示内容，让ChatGPT生成Pandas读取Excel文件的代码，测试数据为"data.xlsx"。

（1）读取数据的函数

🔟 **提示的内容如下（使用 GPT-4 模型）。**

Pandas包中的read_excel函数可读取Excel数据，它返回的数据是什么，对于其他数据源可使用哪些函数进行读取？

ChatGPT的回答如下。

🔅 **ChatGPT的回答如下。**

解释：

Pandas包中的read_excel函数用于读取Excel文件，它返回一个DataFrame对象。DataFrame是Pandas的一个核心数据结构，它是一个二维的带标签数据表，可以用来处理和分析数据。

除了read_excel函数，Pandas还提供了其他一些函数用于读取不同类型的数据源。

1. read_csv: 用于读取CSV文件。

2. read_json: 用于读取JSON文件。

3. read_html: 用于从HTML文件或网页中解析表格数据。

4. read_sql: 用于从SQL数据库查询结果中读取数据。

5. read_parquet: 用于读取Parquet格式文件。

6. read_hdf: 用于读取HDF5格式文件。

7. read_feather: 用于读取Feather格式文件。

建议：

1. 根据实际需求选择合适的数据源读取函数，并阅读Pandas官方文档，以了解这些函数的详细用法和参数设置；

2. 练习使用这些函数从不同类型的数据源中读取数据，并将其转换为DataFrame对象，以便后续的数据处理和分析；

3. 探索Pandas提供的数据导出功能，如to_csv、to_excel、to_json等，了解如何将处理后的数据保存到不同类型的文件中。

（2）编写代码实践

🔟 **提示的内容如下（使用GPT-4 模型）。**

编写代码：使用read_excel函数读取文件D:\ChatGPT\data.xlsx；调用返回DataFrame对象的相关方法查看数据结构；代码要有注释说明。

ChatGPT的回答如下，代码首先导入Pandas库，然后使用read_excel函数读取指定路径下的Excel文件。接下来，调用返回的DataFrame对象的相关方法查看数据结构，例如，预览数据、查看行数和列数、列名、数据类型及基本统计信息。

```python
# 导入 Pandas 库
import pandas as pd

# 使用 Pandas 的 read_excel 函数读取 Excel 文件
file_path = r'D:\ChatGPT\data.xlsx'
df = pd.read_excel(file_path)

# 查看 DataFrame 的前几行数据，了解数据内容
print(" 预览数据 :")
print(df.head())

# 查看 DataFrame 的行数和列数
print("\n 数据行数和列数 :")
print(df.shape)

# 查看 DataFrame 的列名
print("\n 列名 :")
print(df.columns)

# 查看 DataFrame 的数据类型
print("\n 数据类型 :")
print(df.dtypes)

# 查看 DataFrame 的基本统计信息，如计数、平均值、标准差等
print("\n 基本统计信息 :")
print(df.describe())
```

拷贝上述代码在 Python 环境中执行，首次执行可能会提示错误，原因是缺少 openpyxl 包，可将报错信息提交给 ChatGPT，让其提供解决方法。

```
ImportError: Missing optional dependency 'openpyxl'.  Use pip or conda to
install openpyxl.
```

解决方法是使用 pip 或 Conda 工具安装 openpyxl 包，使用如下命令。

```
pip install openpyxl        # 使用 pip 工具安装 openpyxl
conda install openpyxl      # 使用 Conda 工具安装 openpyxl
```

成功安装 openpyxl 包后重新执行代码，将输出如图 7-3 所示的结果。读者可修改提示内容，选择不同数据源函数进行数据读取，做到举一反三的效果。

```
预览数据：
        日期      销售员  产品编号    单价  数量    成本    提成(%)
0  2020-12-02  销售员7  CC-2  29.62    4  16.78      15
1  2020-12-04  销售员2  AA-3  39.60    6  17.38      25
2  2020-12-04  销售员4  CC-5  21.34   12  16.86      15
3  2020-12-04  销售员6  CA-5  20.17    5  18.38      30
4  2020-12-06  销售员2  CA-2  21.91    5  16.24      10

数据行数和列数：
(100, 7)

列名：
Index(['日期', '销售员', '产品编号', '单价', '数量', '成本', '提成(%)'], dtype='object')

数据类型：
日期         object
销售员        object
产品编号       object
单价        float64
数量          int64
成本        float64
提成(%)       int64
dtype: object

基本统计信息：
              单价          数量          成本       提成(%)
count  100.000000  100.000000  100.000000  100.000000
mean    30.262100   14.330000   17.499600   19.600000
std      5.844512    8.844396    1.379617    7.059631
min     20.170000    1.000000   15.120000   10.000000
25%     25.405000    6.000000   16.277500   15.000000
50%     30.425000   13.500000   17.660000   20.000000
75%     35.135000   22.000000   18.640000   25.000000
max     39.720000   30.000000   19.900000   30.000000
```

图 7-3　查看 DataFrame 类型数据

7.13.4　使用 Pandas 关联分析

构建以下提示内容，让 ChatGPT 生成 Pandas 读取 Excel 中的两个工作表，并将返回的两个 DataFrame 类型数据进行关联的代码。

> ⑩ **提示的内容如下（使用 GPT-4 模型）。**
>
> 　按以下要求＜编写代码＞：

> 1. 使用read_excel函数读取文件D:\ChatGPT\data.xlsx中"销售明细"工作表,结果赋值给变量df1;
>
> 2. 使用read_excel函数读取文件D:\ChatGPT\data.xlsx中"销售成功概率"工作表,结果赋值给变量df2;
>
> 3. df1 和df2 通过"销售员"列进行关联,关联结果赋值给变量df3。

ChatGPT的回答如下，代码首先导入Pandas库，然后使用read_excel函数分别读取指定路径下Excel文件的"销售明细"和"销售成功概率"工作表，分别将结果赋值给变量df1 和df2。接下来，使用Pandas的merge函数通过"销售员"列将df1 和df2 关联起来，关联结果赋值给变量df3。

⑤ ChatGPT的回答如下。

```python
# 导入Pandas库
import pandas as pd

# 使用Pandas的read_excel函数读取Excel文件中的"销售明细"工作表
file_path = r'D:\ChatGPT\data.xlsx'
df1 = pd.read_excel(file_path, sheet_name='销售明细')

# 使用Pandas的read_excel函数读取Excel文件中的"销售成功概率"工作表
df2 = pd.read_excel(file_path, sheet_name='销售成功概率')

# 使用Pandas的merge函数将df1 和df2 通过"销售员"列进行关联
df3 = pd.merge(df1, df2, on='销售员')

# 查看关联后的数据
print(df3.head())
```

拷贝上述代码在Python环境中执行，将输出如图 7-4 所示的结果。

```
         日期    销售员  产品编号   单价  数量   成本   提成(%)  销售成功概率
0  2020-12-02  销售员7  CC-2  29.62   4  16.78    15    0.35
1  2020-12-09  销售员7  AA-0  31.82  16  18.51    20    0.35
2  2020-12-11  销售员7  CA-3  20.32  13  16.23    25    0.35
3  2020-12-16  销售员7  CA-5  21.94  30  16.44    10    0.35
4  2020-12-22  销售员7  CC-2  35.80  15  18.90    15    0.35
```

图 7-4　DataFame 关联数据

7.13.5　使用Pandas统计分析

构建以下提示内容，让ChatGPT对在 7.13.4 节生成的df3 数据进行数据汇总分析。由于ChatGPT不知道df3 的数据类型，所以在提示中将df3. dtypes执行结果告诉ChatGPT，以便让其生成正确的代码。

> ⑩ 提示的内容如下（使用GPT-4模型）。
>
> 对df3进行统计分析，df3.dtypes执行的结果如下。
>
> | | |
> |---|---|
> | 日期 | object |
> | 销售员 | object |
> | 产品编号 | object |
> | 单价 | float64 |
> | 数量 | int64 |
> | 成本 | float64 |
> | 提成(%) | int64 |
> | 销售成功概率 | float64 |
>
> dtype: object

ChatGPT的回答如下，代码首先将"日期"列的数据类型转换为datetime，然后根据提供的列计算每个销售员的总销售额、每个产品的平均成本、每个销售员的平均销售成功概率、每个销售员的总提成及按月份统计销售额。

> 🔛 **ChatGPT的回答如下。**
>
> 根据提供的df3.dtypes，我们可以针对这些数据进行以下统计分析。
>
> ```python
> # 导入 Pandas 库
> import pandas as pd
>
>
> # 将"日期"列的数据类型转换为datetime
> df3['日期'] = pd.to_datetime(df3['日期'])
>
>
> # 计算每个销售员的总销售额（单价 * 数量）
> df3['销售额'] = df3['单价'] * df3['数量']
> total_sales_by_salesperson = df3.groupby('销售员')['销售额'].sum()
> print("每个销售员的总销售额:")
> print(total_sales_by_salesperson)
>
>
> # 计算每个产品的平均成本
> average_cost_by_product = df3.groupby('产品编号')['成本'].mean()
> print("\n每个产品的平均成本:")
> print(average_cost_by_product)
>
>
> # 计算每个销售员的平均销售成功概率
> average_success_rate_by_salesperson = df3.groupby('销售员')['销售成功概率'].
> mean()
> print("\n每个销售员的平均销售成功概率:")
> ```

```
print(average_success_rate_by_salesperson)

# 计算每个销售员的总提成(销售额 * 提成(%))
df3['提成'] = df3['销售额'] * df3['提成(%)'] / 100
total_commission_by_salesperson = df3.groupby('销售员')['提成'].sum()
print("\n每个销售员的总提成:")
print(total_commission_by_salesperson)

# 按月份统计销售额
df3['月份'] = df3['日期'].dt.to_period('M')
monthly_sales = df3.groupby('月份')['销售额'].sum()
print("\n按月份统计销售额:")
print(monthly_sales)
```

拷贝上述代码在Python环境中执行，将输出如图7-5所示的结果。

```
每个销售员的总销售额:
销售员
销售员0    2427.14
销售员1    3223.71
销售员2    6283.64
销售员3    3052.60
销售员4    8686.22
销售员5    3295.49
销售员6    3468.51
销售员7    4346.58
销售员8    3856.06
销售员9    5061.61
Name: 销售额, dtype: float64

每个产品的平均成本:
产品编号
AA-0    18.510000
AA-1    17.450000
```

图 7-5　汇总分析结果

7.13.6　使用Pandas相关性分析

构建以下提示内容，让ChatGPT对在7.13.4节生成的df3数据进行相关性分析。该提示内容在ChatGPT上连续对话，所以在提示内容中添加了"基于前面对话环境"。

🔟 **提示的内容如下（使用GPT-4 模型）。**

基于前面对话环境，对df3 中的单价、成本、提成、销售成功概率列进行相关性分析，df3.dtypes执行的结果如下。

日期	object
销售员	object
产品编号	object
单价	float64
数量	int64

```
成本              float64
提成(%)           int64
销售成功概率        float64
dtype: object
```

ChatGPT 的回答如下，首先从 df3 中选择了"单价""成本""提成(%)"和"销售成功概率"这四个字段。然后，使用 Pandas 包中的 corr 函数计算了这些字段之间的相关性，结果存储在 correlation_matrix 变量中。

> **ChatGPT 的回答如下。**
>
> 首先，我要澄清一下，"提成(%)"是一个百分比，通常不直接与其他数值进行相关性分析。实际上，我们可能需要计算提成金额，即"销售额"（单价*数量）乘以"提成(%)"，然后再进行相关性分析。
>
> 但根据你的要求，我们可以先忽略这一点，直接对"单价""成本""提成(%)"和"销售成功概率"这四个字段进行相关性分析。我们可以使用 Pandas 包中的 corr 函数计算这些字段之间的皮尔逊相关性系数。代码如下。
>
> ```python
> # 选择需要分析相关性的字段
> correlation_fields = df3[['单价', '成本', '提成(%)', '销售成功概率']]
> # 计算字段之间的相关性
> correlation_matrix = correlation_fields.corr()
> # 输出相关性矩阵
> print(correlation_matrix)
> ```

拷贝上述代码在 Python 环境中执行，将执行的结果作为提示内容，让 ChatGPT 对结果进行分析。

> **提示的内容如下（使用 GPT-4 模型）。**
>
> 说明下 corr 函数的作用，代码执行结果如下，请分析下。
>
> | | 单价 | 成本 | 提成(%) | 销售成功概率 |
> |----------|-----------|-----------|----------|------------|
> | 单价 | 1.000000 | -0.134765 | 0.002236 | -0.183122 |
> | 成本 | -0.134765 | 1.000000 | 0.087360 | 0.067018 |
> | 提成(%) | 0.002236 | 0.087360 | 1.000000 | 0.089044 |
> | 销售成功概率 | -0.183122 | 0.067018 | 0.089044 | 1.000000 |

ChatGPT 的回答如下。

> **ChatGPT 的回答如下。**
>
> Pandas 包中的 corr 函数用于计算 DataFrame 中所有列之间的相关性系数。默认情况下，它计算的是皮尔逊相关性系数。皮尔逊相关性系数测量的是两个变量之间的线性关系，取值范围是 $-1 \sim 1$。当相关性系数接近 1 时，说明两个变量之间有强烈的正相关关系；当相关性系数接近 -1 时，说明两个变量之间有强烈的负相关关系；当相关性系数接近 0 时，说明两个变量之间没有明显的线性关系。

根据你提供的相关性矩阵，我们可以得出以下观察和结论。

1."单价"和"成本"之间的相关性系数为 –0.134765，说明这两个变量之间有轻微的负相关关系。也就是说，单价越高，成本可能会相对较低，反之亦然。但是这种关系并不强烈。

2."单价"和"提成（%）"之间的相关性系数接近于 0（0.002236），说明这两个变量之间没有明显的线性关系。

3."单价"和"销售成功概率"之间的相关性系数为 –0.183122，说明这两个变量之间有一定的负相关关系。也就是说，单价越高，销售成功的概率可能会相对较低。

4."成本"和"提成（%）"之间的相关性系数为 0.087360，这两者之间的关系较弱，没有明显的线性关系。

5."成本"和"销售成功概率"之间的相关性系数为 0.067018，没有明显的线性关系。

6."提成（%）"和"销售成功概率"之间的相关性系数为 0.089044，没有明显的线性关系。

总的来说，这四个变量之间的相关性都不强，这可能意味着这些变量之间的关系更复杂，不仅仅是线性关系，也可能包括非线性关系或与其他变量的交互效应。

7.14 Python Matplotlib包

Matplotlib是 Python 的数据可视化包，在本节基于 Python Matplotlib包进行数据可视化分析。

7.14.1 Matplotlib是什么

首先在费曼学习法提示模板的语境下，输入以下提示内容：Python Matplotlib包是什么。

> 🔟 **提示的内容如下（使用GPT-4 模型）。**
>
> Python Matplotlib包是什么？

7.14.2 Matplotlib的教学

ChatGPT 的回答如下，Matplotlib是 Python 的一个绘图库。它包含了大量的工具，可以帮助我们创建各种图形和图像。

> ⑤ **ChatGPT 的回答如下。**
>
> 解释：
>
> Matplotlib是 Python 的一个绘图库。它包含了大量的工具，可以帮助我们创建各种图形和图像，如折线图、散点图、柱状图和等高线图等。Matplotlib具有强大的图形生成能力，而且可以轻松集成到 Python 的各种应用和环境中，如 Jupyter notebook。它的主要目标是实现数据可视化，并为用户提供控制图形样式的灵活性。
>
> 建议：
>
> 1. 你可以通过阅读 Matplotlib的官方文档来开始你的学习。它包含了大量的教程和示例，可以帮助你

理解如何使用这个库来创建不同类型的图形；

2. 实践是最好的学习方法。尝试用 Matplotlib 来处理和可视化一些真实的数据，这将帮助你更好地理解它的工作原理和功能；

3. 研究他人的代码也是学习的好方法。网上有许多 Matplotlib 的示例代码，你可以通过阅读和理解它们来提高你的技能。

7.14.3　Matplotlib可视化图

构建以下提示内容，学习 Matplotlib 构建可视化图的一般步骤与主要的类和函数。

> 提示的内容如下（使用 GPT-4 模型）。
> 使用 Matplotlib 包构建可视化图要使用哪些类和函数，包括哪些步骤？

在后续将基于以下 ChatGPT 回答内容进行数据可视化实践。

> **ChatGPT 的回答如下。**
> 解释：
> 使用 Matplotlib 构建可视化图形，主要涉及以下类和函数。
> 1. matplotlib.pyplot 模块：这是 matplotlib 库的核心部分，提供了 MATLAB 风格的绘图 API，包含许多用于绘图的函数。
> 主要的函数有：
> * plt.plot()：用于绘制线性图表，如折线图。
> * plt.scatter()：用于绘制散点图。
> * plt.bar()：用于绘制柱状图。
> * plt.hist()：用于绘制直方图。
> * plt.xlabel()、plt.ylabel()：分别用于设置 x 轴和 y 轴的标签。
> * plt.title()：用于设置图表的标题。
> * plt.legend()：用于添加图例。
> * plt.show()：用于显示图表。
> 2. matplotlib.figure.Figure 类：这是 matplotlib 中的顶级容器，代表了整个图形窗口。一个 Figure 对象可以包含多个子图（Axes）。
> 3. matplotlib.axes.Axes 类：代表了图形中的一个子图，也就是我们通常说的一个图。一个 Axes 对象包含两个（三维情况下是三个）Axis 对象（代表 x 轴和 y 轴）和许多用于绘图的方法。
> 主要的方法有：
> * ax.plot()、ax.scatter()、ax.bar()、ax.hist() 等：和 pyplot 模块的同名函数功能相同，但是是面向对象的方式。
> * ax.set_xlabel()、ax.set_ylabel()：分别用于设置 x 轴和 y 轴的标签。
> * ax.set_title()：用于设置子图的标题。
> 在实际使用中，一般的步骤如下。

1. 导入必要的库和模块。

2. 准备或生成数据。

3. 创建 Figure 和 Axes 对象。

4. 使用 Axes 对象的方法绘制图形。

5. 配置图形，如设置标题，标签等。

6. 显示图形。

7.14.4 线图数据分析

线图是用线段连接各数据点形成的图，常用于展示数据随时间或连续的自变量的变化趋势。

1. 构建测试数据

构建以下提示内容，让 ChatGPT 编写代码创建一份用于绘制的测试数据。

> 🔟 **提示的内容如下（使用 GPT-4 模型）。**
>
> 按以下要求编写代码。
>
> 1. 使用 Pandas 生成 DataFrame 类型测试数据，包括 1000 行、3 列。
>
> 2. 列信息为下表 Markdown 表格。
>
> |列名|类型|说明|
> |--|--|--|
> |日期|yyyy-mm-dd格式日期|从 2023-5-10 开始|
> |股票A价格|浮点类型|取值在 150 到 200 之间|
> |股票B价格|浮点类型|取值在 180 到 220 之间|

ChatGPT 的回答如下，在代码中首先定义了一个日期序列，起始日期为 2023-5-10，共包含 1000 个日期。然后，为每只股票生成了 1000 个价格，这些价格是在指定范围内的随机浮点数。最后使用这些数据创建了一个 DataFrame。可拷贝代码执行并观察数据以判断是否符合我们的要求。

> ⑤ **ChatGPT 的回答如下。**
>
> 解释：根据你的需求，我们首先需要导入 Pandas 库和 Numpy 库。然后，可以使用 Pandas 中的 date_range 函数生成日期序列，使用 Numpy 的 random.uniform 函数生成股票价格。具体的代码如下。

```python
import pandas as pd
import numpy as np
# 创建日期序列
dates = pd.date_range('2023-5-10', periods=1000)
# 创建股票价格，使用numpy的random.uniform函数生成指定范围的随机数
stock_A_prices = np.random.uniform(low=150.0, high=200.0, size=1000)
stock_B_prices = np.random.uniform(low=180.0, high=220.0, size=1000)
# 创建DataFrame
```

```
df = pd.DataFrame({'日期': dates, '股票A价格': stock_A_prices, '股票B价格':
stock_B_prices})
print(df.head())
```

2. 学习线图函数参数

构建以下提示内容，让ChatGPT介绍线图函数plot的常用参数及其作用。

> ☝ **提示的内容如下（使用GPT-4模型）。**
>
> matplotlib.pyplot.plot函数常用的参数有哪些，作用是什么？

ChatGPT的回答如下，了解这些常用参数的作用，能有效地控制线图的输出样式。

> ✷ **ChatGPT的回答如下。**
>
> x, y: 这是两个用于指定在图形中绘制线条的数据点位置的数组。x代表x轴上的位置，y代表y轴上的位置。
>
> color: 用于设置线条的颜色，可以接受各种颜色格式，如'blue', 'b', '#0000FF'等。
>
> linewidth: 用于设置线条的宽度，其值为一个浮点数。
>
> linestyle: 用于设置线条的样式，如'-'代表实线，'--'代表虚线，'-.'代表点划线，':'代表点线。
>
> marker: 用于设置数据点的标记样式，如'o'代表圆圈，'*'代表星号，'.'代表点。
>
> label: 用于设置线条的标签，这个标签将被用于图例中。
>
> 这是一个matplotlib.pyplot.plot函数的例子。
>
> ```
> import matplotlib.pyplot as plt
> x = [1, 2, 3, 4, 5]
> y = [2, 3, 5, 7, 11]
> plt.plot(x, y, color='red', linewidth=2, linestyle='--', marker='o',
> label='Line 1')
> plt.legend()
> plt.show()
> ```

将上述代码拷贝到Python环境中执行，将输出如图7-6所示的线图。

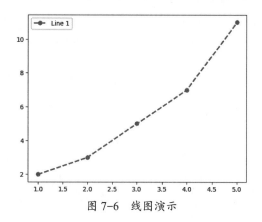

图 7-6　线图演示

3. 绘制线图

构建以下提示内容，让ChatGPT编写代码，绘制对应本节第1步中创建的测试数据的线图。

> 🔟 **提示的内容如下（使用GPT-4模型）。**
>
> 按以下要求编写代码。
>
> 1. 绘制df对应线图，要添加标签、网格、图例；标题为：股票A和股票B价格对比。
> 2. 日期作为x轴，范围取20天；最小刻度单元为2天；日期值以斜45度旋转。
> 3. y轴范围为100到220，最小刻度单元为10。
> 4. 股票A价格值以红虚线展示。
> 5. 股票B价格值以绿实线展示。

ChatGPT的回答如下，首先创建一个新的图形，并设置了图形的大小。然后分别绘制股票A和股票B的价格，这里只取前20天的数据，并设置了相应的颜色和线型。接着设置了标题、*x*轴、*y*轴的相关参数。最后添加了网格和图例，并显示了图形。

> 🌀 **ChatGPT的回答如下。**
>
> 解释：
>
> 根据你的需求，我们仍然使用Matplotlib的pyplot模块来创建图形。具体代码如下。

```python
import matplotlib.pyplot as plt
import matplotlib.dates as mdates
# 设置图形大小
plt.figure(figsize=(10, 6))
# 绘制股票A价格
plt.plot(df['日期'][:20], df['股票A价格'][:20], color='red', linestyle='--',
label='股票A价格')
# 绘制股票B价格
plt.plot(df['日期'][:20], df['股票B价格'][:20], color='green', linestyle='-',
label='股票B价格')
# 设置标题
plt.title('股票A和股票B价格对比')
# 设置x轴
# 设置日期刻度间隔
plt.gca().xaxis.set_major_locator(mdates.DayLocator(interval=2))
# 设置日期显示格式
plt.gca().xaxis.set_major_formatter(mdates.DateFormatter('%Y-%m-%d'))
plt.xticks(rotation=45)                    # 设置日期标签旋转角度
# 设置y轴
plt.ylim([100, 220])                       # 设置y轴范围
plt.yticks(np.arange(100, 220, 10)) # 设置y轴刻度
```

```
# 添加网格
plt.grid(True)
# 添加图例
plt.legend()
# 显示图形
plt.show()
```

将上述代码拷贝到 Python 环境中执行，将输出如图 7-7 所示的线图。深入理解本节第 2 步中介绍的 plot 函数的参数，有助于灵活构建适用于线图的提示内容。

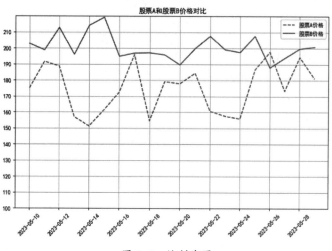

图 7-7　绘 制 线 图

7.14.5 散点图数据分析

散点图用点的位置表示两种变量的值，常用于探索两种变量之间的关系。构建以下的提示内容，使用散点图进行数据分析。

1. 构建测试数据

构建以下提示内容，让 ChatGPT 编写代码创建一份用于绘制散点图的测试数据。

> 🔟 **提示的内容如下（使用 GPT-4 模型）。**
>
> 按以下要求编写代码。
>
> 1. 用 Pandas 生成一份 CSV 格式的零售主题数据，文件名为：sales.csv。
>
> 2. 列信息为：日期（dd/mm/yyyy 格式），销量（整数类型），广告费（整数类型）。销量和广告费有正相关关系。

ChatGPT 的回答如下，在生成代码中，首先使用 date_range 函数创建了一个从 2023 年 1 月 1 日到 2024 年 1 月 1 日的日期序列。然后创建销量数据，并基于销量数据生成了与销量有正相关关系的广告费数据。接着创建了一个 DataFrame，并将日期格式转化为 dd/mm/yyyy。最后使用 to_csv 函数将 DataFrame 保存到 CSV 文件。

---

⑥ **ChatGPT 的回答如下。**

解释：

我们可以生成两个有正相关关系的序列来模拟销量和广告费。具体代码如下。

```
import pandas as pd
import numpy as np
# 创建日期序列
dates = pd.date_range('2023-01-01', '2024-01-01', freq='D')
# 创建销量数据，假设销量在50到200之间
sales = np.random.randint(50, 200, size=len(dates))
# 创建广告费数据，广告费与销量有正相关关系
ads = sales + np.random.randint(0, 50, size=len(dates))
# 创建DataFrame
df = pd.DataFrame({'日期': dates, '销量': sales, '广告费': ads})
# 将日期格式转化为 dd/mm/yyyy
df['日期'] = df['日期'].dt.strftime('%d/%m/%Y')
# 保存到CSV文件
df.to_csv('sales.csv', index=False)
```

---

2. 学习散点图函数参数

构建以下提示内容，让 ChatGPT 介绍散点图函数 scatter 的常用参数及其作用。

💡 **提示的内容如下（使用 GPT-4 模型）。**

matplotlib.pyplot.scatter 函数常用的参数有哪些，作用是什么？

ChatGPT 的回答如下，了解这些常用参数的作用，能有效地控制散点图的输出样式。

---

⑥ **ChatGPT 的回答如下。**

解释：

matplotlib.pyplot.scatter 函数用于创建散点图。以下是一些常用的参数。

1. x, y：分别表示 x 轴和 y 轴的数值，通常为数组或列表。

2. s：标记的大小，可以是单个值或数组，如果是数组，则数组中的每个值对应一个点的大小。

3. c：标记的颜色，可以是单个颜色值或颜色序列。如果是序列，则序列中的每个值对应一个点的颜色。

4. marker：表示标记的样式，如 'o' 表示圆圈，'*' 表示星形等。

5. cmap：颜色映射表，只有当 c 参数为浮点数数组时才有效。

6. alpha：表示标记的透明度，取值在 0（完全透明）到 1（完全不透明）之间。

7. edgecolors：表示标记边缘的颜色。

例如，plt.scatter(x, y, s=area, c=colors, alpha=0.5) 会根据 x 和 y 绘制一个散点图，每个点的大小

由 area 决定，颜色由 colors 决定，透明度为 0.5。

建议：

1. 通过实践，尝试使用不同的参数，理解它们的作用和影响；

2. 阅读 Matplotlib 的官方文档，了解更多的参数和使用方法；

3. 学习理解 Python 的数据类型和结构，它们是你使用 Matplotlib 进行数据可视化的基础。

3. 绘制散点图

构建以下提示内容，让 ChatGPT 编写代码绘制对应本节第 1 步中创建的 CSV 数据的散点图。

> 📝 提示的内容如下（使用 GPT-4 模型）。
>
> 按以下要求编写代码。
>
> 1. 读取 CSV 文件绘制散点图，图标题为"广告与销量关系散点图"。
>
> 2. 销量作为 y 轴，最小刻度为 20，y 轴标签名为"销售量"。
>
> 3. 广告费作为 x 轴，最小轴刻度为 10，x 轴标签名为"广告费"。
>
> 4. 散点样式为红色、透明度为 0.5 的星形，边框宽度为 1，颜色为绿色。
>
> 5. 美化散点图，便于观察理解。

　　ChatGPT 的回答如下，在生成的代码中首先读取了 CSV 文件，并将日期列的数据类型转换为日期。然后创建了一个散点图，并设置了颜色、透明度、边框宽度、边框颜色和标记样式。接着设置了 x 轴和 y 轴的标签，以及最小刻度。最后添加标题，并显示图形。

> 🟢 ChatGPT 的回答如下。
>
> 解释：
>
> 以下是读取 CSV 文件并绘制散点图的代码。
>
> ```python
> import pandas as pd
> import matplotlib.pyplot as plt
> # 读取 CSV 文件
> df = pd.read_csv('sales.csv')
> # 将日期字符串转换为日期类型
> df['日期'] = pd.to_datetime(df['日期'], format='%d/%m/%Y')
> # 绘制散点图
> plt.figure(figsize=(10, 6))
> plt.scatter(df['广告费'], df['销量'], c='red', alpha=0.5,
> edgecolors='green', linewidths=1, marker='*')
> # 设置 x 轴和 y 轴的标签
> plt.xlabel('广告费', fontsize=14)
> plt.ylabel('销售量', fontsize=14)
> # 设置 x 轴和 y 轴的最小刻度
> plt.xticks(np.arange(min(df['广告费']), max(df['广告费'])+1, 10))
> ```

```
plt.yticks(np.arange(min(df['销量']), max(df['销量'])+1, 20))
# 添加标题
plt.title('广告与销量关系散点图', fontsize=16)
# 显示图形
plt.show()
```

将上述代码拷贝到Python环境中执行，将输出如图 7-8 所示的散点图。深入理解本节第 2 步中介绍的scatter函数的参数，有助于灵活构建适用于散点图的提示内容。

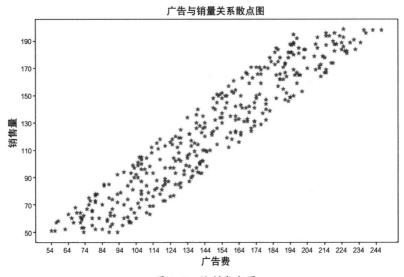

图 7-8　绘制散点图

7.14.6　柱状图数据分析

柱状图用垂直或水平的矩形条表示数据的大小，常用于比较几个项目的数值。构建以下的提示内容，使用柱状图进行数据分析。

1. 构建测试数据

构建以下提示内容，让ChatGPT编写代码创建一份用于绘制柱状图的测试数据。

> 📟 **提示的内容如下（使用GPT-4 模型）。**
>
> 按以下要求编写代码。
>
> 十一长假期间，某景区统计了游玩人群情况，将以下统计数据转换为DataFrame类型数据。
>
> 年龄段: ages = [10,20,30,40,50,60]
>
> 消费金额: money = [200,500,600,400,200,100]
>
> 逗留时长（小时）: time　= [2,3,5,5,4,3]

ChatGPT的回答如下，在生成的代码中首先创建了三个列表，分别代表年龄段、消费金额和逗留时长。然后使用pd.DataFrame函数创建了一个DataFrame，其中的字典键值对分别代表列名和对应的数据。最后使用print函数显示了这个DataFrame。

> ⑤ ChatGPT 的回答如下。
>
> 解释：
>
> 我们可以使用Pandas中的DataFrame函数来创建DataFrame。具体代码如下。
>
> ```python
> import pandas as pd
> # 创建数据
> ages = [10, 20, 30, 40, 50, 60]
> money = [200, 500, 600, 400, 200, 100]
> time = [2, 3, 5, 5, 4, 3]
> # 创建 DataFrame
> df = pd.DataFrame({'年龄段': ages, '消费金额': money, '逗留时长 (小时)':
> time})
> # 显示 DataFrame
> print(df)
> ```

2. 学习柱状图函数参数

构建以下提示内容，让ChatGPT介绍散点图函数bar的常用参数及其作用。

> 🔟 提示的内容如下（使用GPT-4 模型）。
>
> matplotlib.pyplot.bar 函数常用的参数有哪些，作用是什么？

ChatGPT的回答如下，了解这些常用参数的作用，能有效地控制柱状图的输出样式。

> ⑤ ChatGPT 的回答如下。
>
> 解释：
>
> matplotlib.pyplot.bar是Matplotlib库中的函数，用于创建条形图。以下是一些常用的参数。
>
> 1. x: 接受一个列表或数组，表示条形图中各条形的x坐标。
>
> 2. height: 接受一个列表或数组，表示条形图中各条形的高度，也就是数据值。
>
> 3. width: 标量或数组，可选参数，用于设置条形的宽度。默认值为 0.8。
>
> 4. bottom: 标量或数组，可选参数，用于设置条形的基线。
>
> 5. align: {'center', 'edge'}，可选参数，用于设置条形相对于x坐标的对齐方式。默认值为'center'.
>
> 6. color: 颜色，可选参数，用于设置条形的颜色。
>
> 7. edgecolor: 颜色，可选参数，用于设置条形边缘的颜色。
>
> 8. linewidth: 标量或数组，可选参数，用于设置条形边缘的线宽。
>
> 9. tick_label: 字符串或数组，可选参数，用于设置x轴的刻度标签。
>
> 10. label: 字符串，可选参数，用于为条形图设置图例的标签。
>
> 建议：
>
> 1. 尝试使用不同的参数来创建条形图，观察参数的变化如何影响图形的效果；
>
> 2. 阅读Matplotlib的官方文档，深入理解pyplot.bar函数和其他绘图函数的用法；

3. 了解其他类型的图形，如柱状图、折线图、饼图等，理解不同图形的适用场景。

3. 绘制柱状图

构建以下提示内容，让ChatGPT编写代码，绘制对应本节第1步中创建DataFrame类型数据的柱状图。

> 🔟 **提示的内容如下（使用GPT-4模型）。**
>
> 按以下要求编写代码。
> 1. 创建包含两个子图柱状图，标题为："某景区游玩人数统计"。
> 2. 第一个子图以年龄段为x轴，消费金额为y轴。
> 3. 第二个子图以年龄段为x轴，逗留时长为y轴。

ChatGPT的回答如下，在生成的代码中，首先创建了数据并将数据存储在一个DataFrame中。然后创建了一个图形及两个子图。分别在两个子图中创建了两个柱状图：一个展示年龄段和消费金额的关系，另一个展示年龄段和逗留时长的关系。最后设置了整个图形的标题，并调整了子图的间距。

> ⑤ **ChatGPT的回答如下。**
>
> 解释：
> 以下是使用Matplotlib创建包含两个子图的柱状图的代码。

```
import pandas as pd
import matplotlib.pyplot as plt
# 创建数据
ages = [10, 20, 30, 40, 50, 60]
money = [200, 500, 600, 400, 200, 100]
time = [2, 3, 5, 5, 4, 3]
# 创建DataFrame
df = pd.DataFrame({'年龄段': ages, '消费金额': money, '逗留时长(小时)':
time})
# 创建图形和子图
fig, axs = plt.subplots(2, 1, figsize=(10, 6))
# 第一个子图：年龄段和消费金额的柱状图
axs[0].bar(df['年龄段'], df['消费金额'], color='b', alpha=0.7)
axs[0].set_title('年龄段和消费金额')
axs[0].set_xlabel('年龄段')
axs[0].set_ylabel('消费金额')
# 第二个子图：年龄段和逗留时长的柱状图
axs[1].bar(df['年龄段'], df['逗留时长(小时)'], color='g', alpha=0.7)
axs[1].set_title('年龄段和逗留时长')
axs[1].set_xlabel('年龄段')
axs[1].set_ylabel('逗留时长(小时)')
```

```
# 设置整个图形的标题
fig.suptitle('某景区游玩人数统计', fontsize=16)
# 调整子图间距
plt.tight_layout(pad=3.0)
# 显示图形
plt.show()
```

将上述代码拷贝到 Python 环境中执行，将输出如图 7-9 所示的柱状图。深入理解本节第 2 步中介绍的 bar 函数的参数，有助于灵活构建适用于柱状图的提示内容。

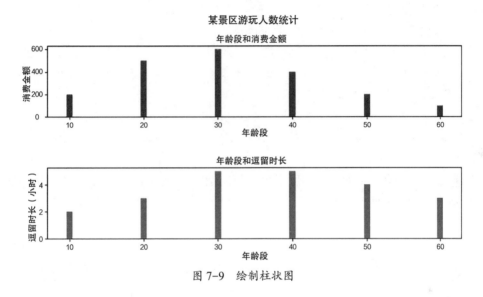

图 7-9　绘制柱状图

7.14.7　箱线图数据分析

箱线图用于展示一组数据的最大值、最小值、中位数及上下四分位数。构建以下的提示内容，使用箱线图进行数据分析。

1. 学习箱线图函数参数

构建以下提示内容，让 ChatGPT 介绍箱线图函数 boxplot 的常用参数及其作用。

💬 提示的内容如下（使用 GPT-4 模型）。

　　matplotlib.pyplot.boxplot 函数常用的参数有哪些，作用是什么？

ChatGPT 的回答如下，了解这些常用参数的作用，能有效地控制箱线图的输出样式。

⑤ ChatGPT 的回答如下。

　　解释：

　　matplotlib.pyplot.boxplot 函数是用于创建箱线图的函数。箱线图（Box Plot）也称为盒须图、盒式图或箱形图，是一种用于显示一组数据分散情况资料的统计图。以下是 boxplot 函数的一些常用参数及其作用。

1. x：这是必填参数，它是你要为其创建箱线图的数据。数据可以是一个数组，也可以是一个数组的列表（在这种情况下，每个数组都会生成一个箱线图）。

2. notch：这是可选参数，默认值为False。如果设置为True，箱体将有一个缺口，表示中位数的置信区间。

3. vert：这是可选参数，默认值为True。如果设置为False，箱线图将水平显示，而不是垂直显示。

4. whis：这是可选参数，用于设置IQR（四分位距）的倍数，即何时认定数据点为离群点。默认值是1.5。如果提供的是一个范围（如 $[5, 95]$），则使用这个范围的百分位数。

5. positions：这是可选参数，用于设置箱线图的位置。如果你为x提供了多个数组，可以用这个参数来设置每个箱线图的位置。

6. widths：这是可选参数，用于设置箱线图的宽度。

7. patch_artist：这是可选参数，默认值为False。如果设置为True，箱体将会被填充颜色。

8. meanline：这是可选参数，默认值为False。如果设置为True且showmeans也为True，均值将以线的形式展示，否则以点的形式展示。

9. showmeans：这是可选参数，默认值为False。如果设置为True，均值将被展示。

10. showcaps：这是可选参数，默认值为True。如果设置为False，上下须的横线将不会被展示。

建议：

1. 尝试创建一个基本的箱线图，只使用x参数。然后，逐渐增加其他参数，以便更好地理解它们的影响；

2. 阅读Matplotlib的官方文档，特别是关于boxplot函数的部分。这将提供更详细的信息，包括所有可用的参数和它们的默认值；

3. 尝试使用不同类型的数据（如正态分布数据、偏态分布数据等）创建箱线图，看看箱线图在不同情况下的表现。

2. 绘制箱线图

按照ChatGPT回答中的第1点建议，构建包含4个子图的箱线图，每个子图中配置不同的参数，如下所示。

> 🔟 **提示的内容如下（使用GPT-4模型）。**
>
> 按以下说明生成代码。
> 1. 创建包含4个子图的箱线图。
> 2. 使用Pandas创建一份包含5只股票价格的测试数据。
> 3. 第一个子图，只有x参数。
> 4. 第二个子图，notch参数设置为True。
> 5. 第三个子图，notch参数为True，vert参数为False。
> 6. 第四个子图，patch_artist参数为True，showmeans参数为True，showcaps参数为True。

ChatGPT的回答如下，在生成代码中首先使用Pandas创建了一份包含5只股票价格的测试数据。然后创建了一个包含4个子图的图像，并在每个子图中绘制一个不同样式的箱线图。在第四个子图中使用patch_artist=True来填充箱线图，并使用不同的颜色来表示不同的箱体。

🌀 ChatGPT 的回答如下。

```
import numpy as np
import pandas as pd
import matplotlib.pyplot as plt
# 使用 Pandas 创建一份包含 5 只股票价格的测试数据
stock_prices = pd.DataFrame(np.random.rand(100, 5)*100, columns=['Stock1',
'Stock2', 'Stock3', 'Stock4', 'Stock5'])
# 创建包含 4 个子图的图像
fig, axs = plt.subplots(2, 2, figsize=(10,10))
# 第一个子图，只有 x 参数
axs[0, 0].boxplot(stock_prices['Stock1'])
axs[0, 0].set_title('Subplot 1: Basic Boxplot')
# 第二个子图，notch 参数设置为 True
axs[0, 1].boxplot(stock_prices['Stock2'], notch=True)
axs[0, 1].set_title('Subplot 2: Notched Boxplot')
# 第三个子图，notch 参数为 True，vert 参数为 False
axs[1, 0].boxplot(stock_prices['Stock3'], notch=True, vert=False)
axs[1, 0].set_title('Subplot 3: Horizontal Notched Boxplot')
# 第四个子图，patch_artist 参数为 True，showmeans 参数为 True，showcaps 参数为 True
bp = axs[1, 1].boxplot(stock_prices['Stock4'], patch_artist=True,
showmeans=True, showcaps=True)
colors = ['#0000FF', '#00FF00', '#FFFF00', '#FF00FF', '#00FFFF']
for patch, color in zip(bp['boxes'], colors):
    patch.set_facecolor(color)
axs[1, 1].set_title('Subplot 4: Filled Boxplot with Means')
# 显示图像
plt.tight_layout()
plt.show()
```

将上述代码拷贝到 Python 环境中执行，将输出如图 7-10 所示的箱线图。深入理解本节第 1 步中介绍的 boxplot 函数的参数，有助于灵活构建适用于箱线图的提示内容。

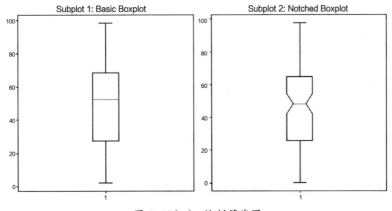

图 7-10（a）　绘制箱线图

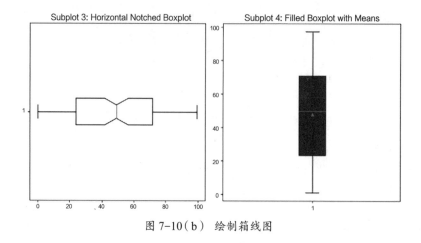

图 7-10（b）　绘制箱线图

7.14.8　饼图数据分析

饼图用扇形的面积表示各部分的比例，常用于展示各部分占总体的比例。构建以下的提示内容，使用饼图进行数据分析。

1. 学习饼图函数参数

构建以下提示内容，让 ChatGPT 介绍饼图函数 pie 的常用参数及其作用。

> ⏱ **提示的内容如下（使用 GPT-4 模型）。**
>
> matplotlib.pyplot.pie 函数常用的参数有哪些，作用是什么？

ChatGPT 的回答如下，了解这些常用参数的作用，能有效地控制饼图的输出样式。

> ⑤ **ChatGPT 的回答如下。**
>
> 解释：
>
> matplotlib.pyplot.pie 函数是用于创建饼图的函数。饼图是一种常用的表现整体和部分关系的图形，它将数据分为几个"扇区"，每个扇区的面积表示相应的数据量。以下是 pie 函数的一些常用参数及其作用。
>
> 1. x：这是必填参数，它是你要为其创建饼图的数据。每个数据点对应饼图的一个扇区。
>
> 2. explode：这是可选参数，用于设置每个扇区离中心的距离。如果提供了这个参数，它应该是一个序列，长度与 x 相同。
>
> 3. labels：这是可选参数，用于设置每个扇区的标签。如果提供了这个参数，它应该是一个序列，长度与 x 相同。
>
> 4. colors：这是可选参数，用于设置每个扇区的颜色。如果提供了这个参数，它应该是一个序列，长度可以与 x 不同。
>
> 5. autopct：这是可选参数，用于设置在每个扇区中显示的百分比的格式。如果提供了这个参数，它应该是一个字符串或一个函数。
>
> 6. startangle：这是可选参数，用于设置饼图开始的角度。默认是从 x 轴正方向开始，逆时针计数。
>
> 7. shadow：这是可选参数，如果设置为 True，则饼图将有一个阴影。

8. radius: 这是可选参数，用于设置饼图的半径。

建议：

1. 尝试创建一个简单的饼图，只使用x参数，然后逐渐增加其他参数，以了解它们的影响；

2. 阅读 Matplotlib 的官方文档，特别是关于 pie 函数的部分。这会提供更详细的信息，包括所有可用的参数及它们的默认值；

3. 尝试使用不同类型的数据创建饼图，例如，你可以创建一个表示不同种类商品销售数量的饼图。

2. 绘制饼图

按照ChatGPT回答中的第1点建议，构建包含2个子图的图形，每个子图中配置不同的参数，提示如下所示。

> 📢 **提示的内容如下（使用 GPT-4 模型）。**
>
> 按以下说明生成代码。
>
> 1. 使用Pandas构建一份手机市场份额的测试数据，包含2列5行，列信息为：手机品牌（字符串）、占有率（小数）。
>
> 2. 创建包含2个子图的图形，标题为："各手机市场占有率"。
>
> 3. 第一个子图，只有x参数。
>
> 4. 第二个子图，explode参数的值为 [1,2,3,4,5]。

ChatGPT的回答如下，在生成的代码中首先使用Pandas创建了一份包含5个手机品牌市场份额的测试数据。然后创建了一个包含2个子图的图像，并在每个子图中绘制了一个不同样式的饼图。第一个子图是一个基本的饼图，第二个子图使用explode参数将每个扇区都向外偏移一定的距离。

> ⑤ **ChatGPT 的回答如下。**
>
> 当然，以下是按照你的要求生成的代码。
>
> ```python
> import pandas as pd
> import matplotlib.pyplot as plt
> # 使用Pandas构建一份手机市场份额的测试数据
> data = {'手机品牌': ['Brand1', 'Brand2', 'Brand3', 'Brand4', 'Brand5'],
>         '占有率': [0.35, 0.25, 0.20, 0.15, 0.05]}
> df = pd.DataFrame(data)
> # 创建包含2个子图的图像
> fig, axs = plt.subplots(1, 2, figsize=(10,5))
> # 图片标题
> fig.suptitle("各手机市场占有率")
> # 第一个子图，只有x参数
> axs[0].pie(df['占有率'], labels=df['手机品牌'])
> axs[0].set_title('Subplot 1: Basic Pie Chart')
> # 第二个子图，explode参数的值为[0.1, 0.2, 0.3, 0.4, 0.5]
> ```

```
explode = [0.1, 0.2, 0.3, 0.4, 0.5]
axs[1].pie(df['占有率'], labels=df['手机品牌'], explode=explode)
axs[1].set_title('Subplot 2: Exploded Pie Chart')
# 显示图像
plt.tight_layout()
plt.show()
```

将上述代码拷贝到Python环境中执行，将输出如图 7-11 所示的饼图。深入理解本节第 1 步中介绍的pie函数的参数，有助于灵活构建适用于饼图的提示内容。

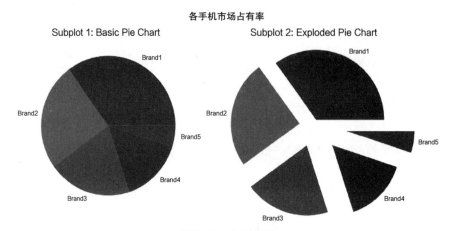

图 7-11　绘制饼图

7.14.9　热力图数据分析

热力图用颜色变化来表示数值的大小，常用于表示二维表格数据。构建以下的提示内容，使用热力图进行数据分析。

1. 学习热力图函数参数

构建以下提示内容，让ChatGPT介绍热力图函数imshow的常用参数及其作用。

> 💬 **提示的内容如下（使用GPT-4 模型）。**
>
> matplotlib.pyplot.imshow函数常用的参数有哪些，作用是什么？

ChatGPT 的回答如下，了解这些常用参数的作用，能有效地控制热力图的输出样式。

> 🅢 **ChatGPT 的回答如下。**
> 解释：
> matplotlib.pyplot.imshow是用于在图像中显示二维数组（如矩阵）的函数。它是一种颜色图表现形式，每个点的颜色由其对应的值决定。以下是一些常用的参数及作用。
> 1. X: 这是必填参数，需要显示的图像或二维数组。
> 2. cmap: 这是可选参数，用于设置颜色图。颜色图是将数据映射到颜色的规则。Matplotlib 有许多内

置的颜色图，如"gray""hot""cool"等。

3. aspect：这是可选参数，用于设置显示的宽高比。默认值是"auto"，此时图像会填充整个坐标轴。如果设置为"equal"，则图像的 x 和 y 的比例将会相等。

4. interpolation：这是可选参数，用于设置图像的插值算法，即如何从图像的离散像素值得到连续的图像显示。常见的值有"nearest""bilinear""bicubic"等。

5. origin：这是可选参数，用于设置图像原点的位置。默认值是"upper"，表示图像的原点在左上角，如果设置为'lower'，则原点在左下角。

6. extent：这是可选参数，用于设置图像在 x 轴和 y 轴上的范围，格式为 (left, right, bottom, top)。

建议：

1. 尝试创建一个简单的二维图像，只使用 x 参数，然后逐渐增加其他参数，以了解它们的影响；

2. 阅读 Matplotlib 的官方文档，特别是关于 imshow 函数的部分。这会提供更详细的信息，包括所有可用的参数及它们的默认值；

3. 尝试使用不同类型的数据创建二维图像，例如，你可以创建一个表示地形的二维图像。

2. 绘制热力图

按照 ChatGPT 回答内容中的第 1 点建议，构建如下提示内容。

🔟 **提示的内容如下（使用 GPT-4 模型）。**

按以下说明生成代码。

1. 使用 Pandas 构建一份 DataFrame 类型测试数据 df，其中包含 5 个推销员对 7 种产品成功推销的数量。

2. 绘制对应 df 的热力图，cmap 参数值为蓝色，aspect 参数值为 equal，x 轴为销售员，y 轴显示产品名，在单元格上显示数值。

ChatGPT 的回答如下，在生成的代码中首先使用 Pandas 创建了一份包含 5 个推销员对 7 种产品成功推销的数量的测试数据。然后使用 imshow 函数绘制了对应的热力图，并使用"cmap='Blues'"设置了颜色图为蓝色，"aspect='equal'"设置了显示的宽高比相等。最后设置了 x 轴和 y 轴的标签，并在每个单元格上显示了对应的数值。

---

⑤ **ChatGPT 的回答如下。**

当然，以下是按照你的要求生成的代码。

```
import numpy as np
import pandas as pd
import matplotlib.pyplot as plt
# 使用 Pandas 构建一份 DataFrame 类型测试数据 df，其中包含 5 个推销员对 7 种产品成功推销的
数量
salesmen = ['Salesman1', 'Salesman2', 'Salesman3', 'Salesman4', 'Salesman5']
products = ['Product1', 'Product2', 'Product3', 'Product4', 'Product5',
'Product6', 'Product7']
```

```
data = np.random.randint(1, 10, (len(products), len(salesmen)))
df = pd.DataFrame(data, index=products, columns=salesmen)
# 绘制对应df的热力图，cmap参数值为蓝色，aspect参数值为equal
plt.imshow(df, cmap='Blues', aspect='equal')
plt.colorbar(label='Sales Volume')
# x轴为销售员，y轴显示产品名
plt.xticks(np.arange(len(salesmen)), salesmen, rotation=45)
plt.yticks(np.arange(len(products)), products)
# 在单元格上显示数值
for i in range(len(products)):
    for j in range(len(salesmen)):
        plt.text(j, i, df.iloc[i, j], ha='center', va='center', color='red')
plt.title('Sales Volume Heatmap')
plt.show()
```

将上述代码拷贝到Python环境中执行，将输出如图7-12所示的热力图。深入理解本节第1步中介绍的imshow函数的参数，有助于灵活构建适用于热力图的提示内容。

7.14.10　3D图数据分析

Matplotlib 还支持一些基本的 3D 绘图，包括曲面图、3D 散点图等。构建以下的提示内容，使用 3D 图进行数据分析。

1. 绘制 3D 图形的模块

构建以下提示内容，明确使用Matplotlib绘制3D图像需要使用哪些模块和函数。

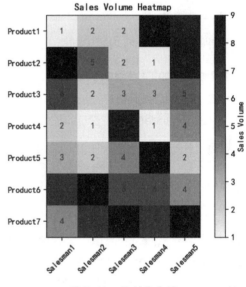

图 7-12　绘制热力图

🔟 **提示的内容如下（使用GPT-4 模型）。**

为了使用Matplotlib绘制 3D 图形，需要使用哪些模块和函数？

ChatGPT 的回答如下，使用Matplotlib要绘制 3D 图形，需要使用mpl_toolkits.mplot3d模块。

🌀 **ChatGPT 的回答如下。**

解释：

在Matplotlib中，要绘制 3D 图形，需要使用mpl_toolkits.mplot3d模块。这个模块提供了一些可以创建三维图形的函数和类。

在mplot3d模块中，你会经常使用到Axes3D类。这个类扩展了常规的 2D matplotlib axes，添加了第三个维度。以下是一些在 mplot3d 模块中常用的函数。

1. plot_surface: 用于创建三维曲面图。

2. plot_wireframe: 用于创建三维线框图。

3. scatter: 用于创建三维散点图。

4. plot3D: 用于创建三维线图。

5. contour3D: 用于创建三维等高线图。

要在你的图中使用这些函数，首先需要创建一个 Axes3D 实例。这可以通过在创建 figure 时使用 projection='3d' 参数，或者使用 add_subplot 方法并设置 projection='3d' 参数来实现。

建议：

1. 尝试创建一个简单的 3D 图形，如一个 3D 散点图或 3D 曲面图；

2. 阅读 Matplotlib 的官方文档，特别是关于 mplot3d 模块的部分。这会提供更详细的信息，包括所有可用的函数及它们的默认值；

3. 尝试使用不同类型的数据创建 3D 图形，例如，你可以创建一个表示地形的三维图形。

2. 绘制 3D 图

构建以下提示内容，让 ChatGPT 生成 4 个 3D 图的代码。

⌯₁₀ **提示的内容如下（使用 GPT-4 模型）。**

按以下说明生成代码。

1. 使用 Matplotlib 演示创建包含 4 个子图的可视化图。

2. 第一个子图显示三维曲面图。

3. 第二个子图显示三维线框图。

4. 第三个子图显示三维散点图。

5. 第四个子图显示三维等高线图。

ChatGPT 的回答如下，在生成代码中首先创建了一组数据，然后用这组数据在四个子图中分别绘制了 3D 曲面图、3D 线框图、3D 散点图和 3D 等高线图。每个子图都有自己的标题，并且使用了 "projection='3d'" 参数来创建 3D 坐标轴。

⑤ **ChatGPT 的回答如下。**

```python
import numpy as np
import matplotlib.pyplot as plt
from mpl_toolkits.mplot3d import Axes3D

# 创建数据
x = np.outer(np.linspace(-2, 2, 30), np.ones(30))
y = x.copy().T
z = np.cos(x ** 2 + y ** 2)
fig = plt.figure(figsize=(12, 10))
# 第一个子图显示三维曲面图
```

```
ax1 = fig.add_subplot(2, 2, 1, projection='3d')
ax1.plot_surface(x, y, z, cmap='viridis')
ax1.set_title('3D Surface Plot')
# 第二个子图显示三维线框图
ax2 = fig.add_subplot(2, 2, 2, projection='3d')
ax2.plot_wireframe(x, y, z, color='blue')
ax2.set_title('3D Wireframe Plot')
# 第三个子图显示三维散点图
ax3 = fig.add_subplot(2, 2, 3, projection='3d')
ax3.scatter(x, y, z, c=z, cmap='viridis', linewidth=0.5)
ax3.set_title('3D Scatter Plot')
# 第四个子图显示三维等高线图
ax4 = fig.add_subplot(2, 2, 4, projection='3d')
ax4.contour3D(x, y, z, 50, cmap='viridis')
ax4.set_title('3D Contour Plot')
plt.tight_layout()
plt.show()
```

将上述代码拷贝到Python环境中执行，将输出如图 7-13 所示的 3D 图。深入理解本节第 1 步中介绍的模块和函数，有助于灵活构建适用 3D 图的提示内容。

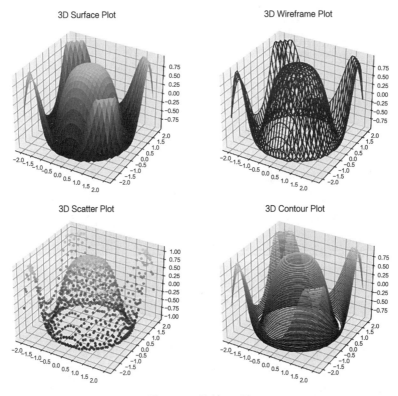

图 7-13　绘制 3D 图

第8章

基于提示工程应用 SQL

SQL是数据分析的基础工具。熟练地掌握SQL可以使分析过程变得简单高效。大部分数据分析工作的第一步都是使用SQL在数据库中提取和清洗需要的数据。在本章中构建适用于SQL进行数据分析的提示内容。

本章主要涉及的知识点如下。

- 介绍基于提示工程应用SQL的思路。
- 构建各类适用于SQL的提示内容进行数据分析。
- 构建集成Python与SQL进行数据分析的提示内容。

8.1 应用思路

SQL是一门专门用于查询和操纵数据库的语言，为了在提示工程中应用SQL以解决相关数据需求，本节将基于SQL的特点构建合理的语境并编写有效的提示模板。

8.1.1 构建语境

为了让ChatGPT编写符合我们要求的SQL语句，以解决相关数据处理需求，可参考以下3点建议。

1. 树立数据安全意识

SQL语句使用不当将造成极大的数据安全隐患，构建语境时最需要注意的是切勿泄露敏感信息，因为无法确保提交的信息不会被第三方截获。

（1）避免泄露数据库信息。在构建语境和提示内容时一定要仔细审阅内容，避免造成数据库信息泄露，特别是数据库连接字符串、登录的账号和密码。

（2）谨慎提交表结构。为了使ChatGPT编写准确的SQL语句，提供表结构信息是非常必要的。但是在提供表结构信息时，需要谨慎考虑只提交所需真实的最小表结构。不应提供无关的额外表结构信息。

（3）明确SQL语句的操作范围。提示中要明确指定允许的SQL操作，如SELECT、INSERT等，但过于开放的描述可能导致构建不安全的 SQL 语句。

2. 提供有效的信息

向 ChatGPT 提供有效的信息是能否构建 SQL 语句的重要条件，但前提是确保没有安全风险。以下分不同的场景说明提供有效信息的方式。

（1）学习用途。如果是学习用途，可自行构建测试数据库或使用一些开源数据库，这样可以提供比较丰富的数据库信息和数据示例，让 ChatGPT 有更多上下文可以理解。

（2）生产用途。如果是生产用途则需要严谨，要达到可直接应用于生产环境并承担安全和合规审核的标准，安全风险不容许出现任何疏忽。只提供当前需要的数据库信息和真实数据的信息。

3. 明确提示指令

在 SQL 中各类操作关键字可直接在提示内容中使用，但要避免过于笼统、烦琐的描述。

8.1.2　集成Python分析

Python 有丰富的数据库可以使用，这使 Python 可以在不同层次、不同难度上进行数据库操作和 SQL 执行。在第 7 章 Python 数据分析对应的提示内容的基础上添加 SQL 的提示内容，这样能有效地衔接数据流，从而构建出具有工程特点的提示内容。

8.2　构建SQL语境

通过提供关键信息激活 ChatGPT 的 SQL 解析能力，并指定 SQL 操作、数据对象、适当条件或子句，我们就可以构建出有效的 SQL 语境，从而让 ChatGPT 在此语境下自动生成符合预期的 SQL 语句。

8.2.1　SQL知识储备

在 ChatGPT 中构建 SQL 语境，学习和储备 SQL 知识是非常有必要的。构建以下提示内容储备 SQL 知识。然后基于这些知识构建出能解决特定问题的提示内容。

1. 认识SQL是什么

在提示内容中使用一些特殊符号以强调操作要求是常见的提示技巧，构建以下提示内容认识 SQL 和数据库及它们间的关系，并强调"简要"要求。

> 🔟 **提示的内容如下（使用GPT-3.5模型）。**
>
> *简要*说明 SQL 和数据库是什么，二者的关系是什么。

ChatGPT 的回答说明了 SQL 和数据库是什么，以及它们的关系。

> ⑤ **ChatGPT 的回答如下。**
>
> 结构化查询语言（Structured Query Language，SQL）是一种用于管理和操作关系型数据库的编程

语言。它是一种标准化的语言，用于定义、操作与查询数据库中的数据。SQL 提供了一套用于创建、修改与查询数据库中表格和数据的命令。

　　数据库是一个组织和存储数据的集合，以及对该数据进行访问和管理的软件系统。数据库是一个结构化的数据存储解决方案，它允许用户存储、访问和管理大量数据。

　　SQL 和数据库之间的关系是，SQL 是一种用于与数据库进行交互的语言。数据库提供了一种机制来存储和管理数据，而 SQL 允许用户使用各种命令来查询、更新和管理这些数据。SQL 通过提供各种语句和操作符来执行对数据库的操作，包括创建表格、插入数据、更新数据、删除数据和查询数据等。

　　简言之，SQL 是一种用于与数据库进行交互的语言，而数据库是一个用于存储和管理数据的软件系统。使用 SQL，用户可以对数据库执行各种操作，以满足其数据存储和检索的需求。

　　为了能更深刻地理解 SQL，在以下的提示内容中构建一个比喻来理解 SQL。

> 💬 提示的内容如下（使用 GPT-3.5 模型）。
>
> 　　为了更深刻地理解 SQL 和数据库，以一个比喻进行说明，请你进行说明和补充。
>
> 　　1. 数据库就像一个装满各种类型液体的容器，而 SQL 则像是可自由变化的勺子，能从数据库容器中灵活提取液体。
>
> 　　2. 删除数据库中的数据：通过勺子按要求从容器中提取液体，然后将液体倒掉。
>
> 　　3. ……

　　ChatGPT 的回答基于比喻语境，延伸说明使用 SQL 数据操作的方式。

💬 ChatGPT 的回答如下。

　　3. 查询数据库中的数据：将勺子伸入容器中，提取想要的液体，并对其进行观察或使用。

　　4. 更新数据库中的数据：使用勺子从容器中提取特定的液体，然后将其替换为新的液体，以更新容器中的内容。

　　5. 插入新数据到数据库：使用勺子将新的液体倒入容器中，使其成为数据库的一部分。

　　6. 创建数据库表格：将容器中的液体按照一定规则和结构进行分隔，形成不同的区域，每个区域可以存储特定类型的液体。

　　7. 备份和恢复数据库：将整个容器的内容复制到另一个容器中，以备份数据库。当需要恢复数据库时，将备份容器中的内容还原到原始容器中。

　　8. 数据库索引：在容器中添加标签或索引，以便更快地找到特定类型的液体，提高数据访问效率。

　　9. 数据库事务：将多个数据库操作视为一个整体，类似于将多个步骤的液体操作看作一个连续动作，确保操作的一致性和完整性。

　　请注意，这只是一个比喻，用于更形象地解释 SQL 和数据库之间的关系。实际上，数据库和 SQL 操作更加复杂，涉及更多的概念和技术。

2. 安装实践数据库

　　为了实践使用 SQL，要构建数据库环境。建议使用 PostgreSQL、MySQL 等开源数据库。以下提示内容学习安装 PostgreSQL 数据库，使用关键字 "按步骤" 引导 ChatGPT 根据说明来安装。

> 🔟 **提示的内容如下（使用 GPT-3.5 模型）。**
>
> 　1. 按步骤＊简要＊说明在 Windows 上安装 PostgreSQL 数据库的方法。
>
> 　2. 按步骤＊简要＊说明如何使用 DBeaver 工具连接 PostgreSQL 数据库。

ChatGPT 的回答如下，按要求说明安装 PostgreSQL 数据库的核心步骤和使用 DBeaver 连接 PostgreSQL 数据库的方法。

> ⑤ **ChatGPT 的回答如下。**
>
> 　1. 在 Windows 上安装 PostgreSQL 数据库的步骤。
>
> 　1.1 访问 PostgreSQL 官方网站（https://www.postgresql.org/）。
>
> 　1.2 点击 "Downloads"（下载）选项卡，选择适合您 Windows 版本的 PostgreSQL 安装程序。
>
> 　1.3 下载安装程序后，运行它并按照安装向导的指示进行操作。
>
> 　1.4 在安装过程中，您可以选择安装位置、创建数据库的默认用户及设置密码。
>
> 　1.5 安装完成后，您可以在 "开始" 菜单中找到 PostgreSQL 的程序组，其中包括数据库服务器、命令行工具和其他实用程序。
>
> 　2. 使用 DBeaver 工具连接 PostgreSQL 数据库的步骤。
>
> 　2.1 访问 DBeaver 官方网站（https://dbeaver.io/）。
>
> 　2.2 点击 "Download"（下载）选项卡，选择适合您 Windows 版本的 DBeaver 安装程序。
>
> 　2.3 下载安装程序后，运行它并按照安装向导的指示进行操作。
>
> 　2.4 安装完成后，启动 DBeaver。
>
> 　2.5 在 DBeaver 的初始界面上，点击 "Create new connection"（创建新连接）按钮。
>
> 　2.6 在连接配置窗口中，选择 "PostgreSQL" 作为数据库类型。
>
> 　2.7 输入连接的主机名、端口号、数据库名称和认证凭据（用户名和密码）。
>
> 　2.8 点击 "Test Connection"（测试连接）按钮，确保连接设置正确。
>
> 　2.9 如果测试成功，点击 "Finish"（完成）按钮保存连接配置。
>
> 　2.10 在 DBeaver 的主界面上，您将看到刚刚创建的 PostgreSQL 连接。双击它以连接到数据库。

3. SQL 关键字

学习计算机语言类似于学习外语，首先要 "背单词"，了解各单词的作用。构建以下提示内容让 ChatGPT 输出 SQL 关键字，这些关键字相当于 "SQL 语言" 的词汇表。

> 🔟 **提示的内容如下（使用 GPT-3.5 模型）。**
>
> 　标准 SQL 有哪些保留关键字，作用分别是什么？

ChatGPT 的回答如下，说明了标准 SQL 的保留关键字及其作用。记住这些关键字能构建更好的提示内容。

⑤ ChatGPT 的回答如下。

标准 SQL（Structured Query Language）具有一组保留关键字，这些关键字在 SQL 语法中具有特殊的含义和用途。以下是一些常见的标准 SQL 保留关键字及其作用。

1. SELECT：用于从数据库中查询数据，并选择要返回的列。

2. FROM：用于指定要查询的表或视图的名称。

3. WHERE：用于指定查询的条件，限制返回的结果。

4. INSERT：用于向数据库的表中插入新的行或数据。

5. UPDATE：用于更新数据库表中的现有数据。

6. DELETE：用于从数据库表中删除行或数据。

7. CREATE：用于创建新的数据库对象，如表、视图、索引等。

8. ALTER：用于修改数据库对象的结构，如添加、修改或删除列。

9. DROP：用于删除数据库对象，如表、视图、索引等。

10. JOIN：用于在查询中根据关联条件连接多个表。

11. GROUP BY：用于根据一个或多个列对结果进行分组。

12. HAVING：用于在 GROUP BY 之后筛选分组的结果。

13. ORDER BY：用于对结果进行排序。

14. DISTINCT：用于返回唯一的结果集，消除重复的行。

15. UNION：用于合并两个或多个 SELECT 语句的结果集。

这只是一些常见的标准 SQL 保留关键字，实际上，不同的数据库管理系统可能会有一些特定的扩展关键字和功能。此外，SQL 标准还涵盖了更广泛的语法和功能，包括数据类型、约束、事务控制等方面的关键字和语句。

4. SQL 语法模板

在"背单词"后再学习语法，就可以进行写句子、写文章了。在以下提示内容中让 ChatGPT 输出标准 SQL 的语法。

⑩ 提示的内容如下（使用 GPT-4 模型）。

标准 SQL 语法模板

ChatGPT 的回答如下，将关键字组合使用形成能解决特定问题的语法模板。

⑤ ChatGPT 的回答如下。

下面是一个标准 SQL 语法的模板，展示了常见查询和操作的基本结构。

1. SELECT 语句模板：

```
SELECT 列 1, 列 2, ...
FROM 表名
[JOIN 其他表 ON 连接条件]
WHERE 条件
```

```
GROUP BY 列1, 列2, ...
HAVING 条件
ORDER BY 列1, 列2, ...
```

2. INSERT 语句模板：

```
INSERT INTO 表名 (列1, 列2, ...)
VALUES (值1, 值2, ...)
```

3. UPDATE 语句模板：

```
UPDATE 表名
SET 列1 = 值1, 列2 = 值2, ...
WHERE 条件
```

4. DELETE 语句模板：

```
DELETE FROM 表名
WHERE 条件
```

5. CREATE TABLE 语句模板：

```
CREATE TABLE 表名 (
  列1 数据类型,
  列2 数据类型,
  ...
  ［约束条件］
)
```

6. ALTER TABLE 语句模板（添加列）：

```
ALTER TABLE 表名
ADD 列名 数据类型 ［约束条件］
```

7. ALTER TABLE 语句模板（修改列）：

```
ALTER TABLE 表名
ALTER COLUMN 列名 数据类型 ［约束条件］
```

8. DROP TABLE 语句模板：

```
DROP TABLE 表名
```

请注意，上述模板中的方括号表示可选部分，根据实际需要进行选择。此外，每个 SQL 语句还可以有更多特定的选项和语法，取决于所使用的数据库管理系统的扩展和特性。

8.2.2 构建提示模板

通过前面学习"SQL语言"的词汇和语法后，构建以下的SQL提示模板。

> 角色：SQL专家，按以下要求编写SQL。
> 指令：各类数据操作指令，指令可以是SQL关键字或对应的中文描述。
> SQL版本：说明使用SQL的版本，可以是标准SQL或是各类数据库SQL方言。
> 元数据：包括表结构信息、表间关系、字符编码等元数据信息。
> 警告信息：对有风险的SQL语句发出警告，特别是数据修改、数据删除、性能低下的SQL语句。

以下对SQL提示模板的各部分进行解释。读者可进行简单的理解，在后续的内容中将结合具体数据需求进行实践。

（1）角色定义。告诉ChatGPT要扮演的角色是SQL专家，编写SQL语句并解决相关问题。

（2）指令说明。指令可以是SQL关键字，比如SELECT、INSERT、UPDATE或对应的中文描述。

（3）SQL版本说明。编写SQL语句前需要明确使用的SQL版本，比如标准SQL或MySQL、PostgreSQL、SQL Server等SQL方言，因为不同版本的SQL语法会有细微差异。

（4）元数据信息。提供相关的表结构、表间关系、字符集等元数据信息。这些信息有助于ChatGPT理解提示需求并编写符合要求的SQL。

（5）警告提示。对有潜在风险的SQL语句，特别是会修改或删除数据的语句提供警告提示，这可以在一定程度上防止执行有害语句。

8.2.3 测试数据库

Sakila是一个数据库，用于学习和测试，其模拟一个电影出租店的业务数据。表8-1所示为Sakila数据库中各表的说明，通过这些表可以实践各类SQL语句。

表 8-1　Sakila数据库各表信息

表名	说明
actor	存储电影演员信息
film	存储电影信息
film_actor	存储电影和演员的关联信息，即哪些演员参演了哪些电影
category	存储电影分类信息
film_category	存储电影和分类的关联信息，即每部电影属于哪些分类
store	存储出租店的信息
inventory	存储电影的库存信息，即每部电影在每个出租店有多少份
rental	存储电影的租赁信息，即谁在何时租赁了哪部电影

表名	说明
customer	存储顾客信息
payment	存储顾客的付款信息
staff	存储员工信息
address、city、country	存储地址信息，包括街道、城市和国家
language	存储电影的语言信息

8.3 查询数据

数据查询是 SQL 最基本和核心的操作，只有先查询到数据，才能对数据进行其他处理和分析。

8.3.1 构建查询提示

1. 构建 SQL 语境

基于 8.2.2 节介绍的 SQL 提示模板构建以下的提示内容，同时形成的 SQL 语境方便持续提问。提示内容的"元数据"部分中有表的中文注释，这样就可以在"指令"部分直接引用，提示的内容可以更加贴合日常表达。

> 🔟 提示的内容如下（使用 GPT-4 模型）。
>
> 角色：你是 SQL 专家，按以下要求编写 SQL。
>
> 1. 指令：查询客户表数据
>
> 2. SQL 版本：PostgreSQL 13
>
> 3. 元数据：customer 表定义如下
>
> ```
> CREATE TABLE customer          -- 创建客户表
> (
>   customer_id serial4 NOT NULL,     -- 客户编号
>   store_id int4 NOT NULL,           -- 商店编号
>   first_name varchar(45) NOT NULL, -- 姓氏
>   last_name varchar(45) NOT NULL,  -- 名字
>   email varchar(50) NULL,          -- 电子邮件
>   address_id int4 NOT NULL,        -- 地址编码
>   activebool bool NOT NULL DEFAULT true, -- 客户有效标志
>   create_date date NOT NULL DEFAULT 'now'::text::date, -- 创建日期
>   last_update timestamp NULL DEFAULT now(),   -- 最后更新时间
> ```

```
    active int4 NULL,      -- 有效性
    CONSTRAINT customer_pkey PRIMARY KEY (customer_id)  -- 定义主键
)
```

4. 警告信息：对有风险的 SQL 语句发出警告，特别是数据修改、数据删除、性能低下的 SQL 语句。

ChatGPT 的回答如下，按要求编写 SQL 语句并给出了相关的警告。

⑯ ChatGPT 的回答如下。

1. 基于您的要求，查询客户表数据的 SQL 指令如下：

```
SELECT * FROM customer;
```

这个查询指令将返回 customer 表中的所有数据。对于每个客户，它将显示所有的字段，包括客户编号、商店编号、姓氏、名字、电子邮件、地址编码、客户有效标志、创建日期、最后更新时间及有效性。

2. 警告：尽管这个查询是安全的，但是如果您的表包含大量的数据，这可能会导致性能问题，因为它没有任何限制或过滤条件。如果您只对特定的行或列感兴趣，或者如果您想要限制结果的数量，那么应该使用 WHERE 子句或 LIMIT 子句。例如，如果你只想查看前 10 个客户的信息，可以使用如下 SQL 指令：

```
SELECT * FROM customer LIMIT 10;
```

2. 筛选特定的行和列

在 SQL 语境下提交以下的指令内容，筛选特定行和列的数据。

⑩ 提示的内容如下（使用 GPT-4 模型）。

指令：查询客户表数据，只需要姓氏、名字、电子邮件列，并筛选出商店编号值为 1 的行。

ChatGPT 的回答如下，按要求编写 SQL 语句并进行语句解释。

⑯ ChatGPT 的回答如下。

基于您的新要求，查询客户表数据的 SQL 指令如下：

```
SELECT first_name, last_name, email
FROM customer
WHERE store_id = 1;
```

这个查询指令将返回 customer 表中商店编号为 1 的所有客户的姓氏、名字和电子邮件。只有满足条件 "store_id = 1" 的行才会被包含在结果中。

3. 创建有意义的列名并限制数据

继续向 ChatGPT 提交以下指令内容，限制查询结果行数，要求查询结果列名用中文。

☝ **提示的内容如下（使用GPT-4 模型）。**

　1. 指令：查询客户表数据，只需要姓氏、名字、电子邮件列，并筛选出商店编号值为 1 的行。

　2. 指令：查询结果用中文列名。

　3. 指令：限制输出结果数为 10 行。

ChatGPT 的回答如下，按要求编写 SQL 语句并进行解释。

⑥ **ChatGPT 的回答如下。**

基于您的要求，查询客户表数据的SQL指令如下：

```
SELECT first_name AS "姓氏", last_name AS "名字", email AS "电子邮件"
FROM customer
WHERE store_id = 1
LIMIT 10;
```

这个查询指令将返回customer 表中商店编号为 1 的客户的姓氏、名字和电子邮件，并将列名替换为中文列名。只有满足条件"store_id = 1"的行才会被包含在结果中。同时，通过使用LIMIT 子句，只返回前 10 条结果。

拷贝上述 SQL 查询语句执行，查询的结果如图 8-1 所示。

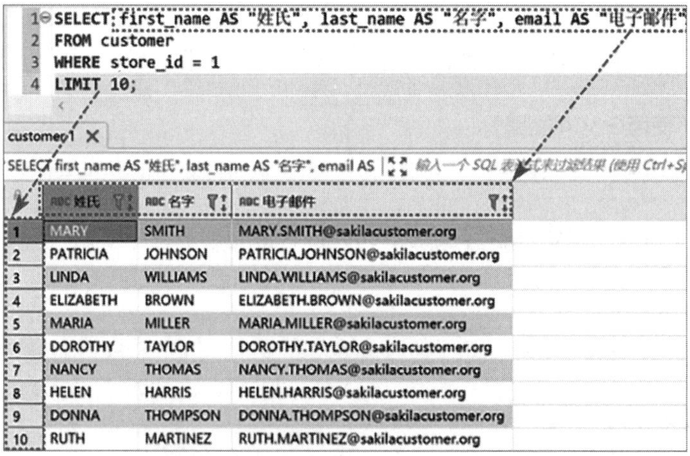

图 8-1　SQL 查询

8.3.2　SQL查询注意事项

构建以下提示内容，学习在 SQL 查询时需注意的事项，读者可根据自身需要调整提示内容。

☝ **提示的内容如下（使用GPT-4 模型）。**

　*简明*说明使用SQL查询时要注意哪些事项。

ChatGPT 的回答如下。

> 🅢 **ChatGPT 的回答如下。**
>
> 使用 SQL 查询时，应注意以下几点。
>
> 1. 精确查询：只查询需要的列和数据。
>
> 2. 使用过滤：在数据库级别进行数据过滤。
>
> 3. 慎用 JOINs：优化 JOIN 操作，并确保适当索引。
>
> 4. 防止 SQL 注入：使用参数化查询或预处理语句。
>
> 5. 匹配数据类型：在操作中确保数据类型的一致性。

8.4 / 数据排序分析

SQL 提供了数据的排序分析功能，主要通过 ORDER BY 关键字实现。ORDER BY 关键字可以对 SELECT 查询结果进行排序，以获得理想的输出顺序。

8.4.1 构建排序提示

基于 8.2.2 节介绍的 SQL 提示模板构建以下的提示内容，对 Sakila 数据库中的 "顾客付款信息表" 的数据进行排序。

> 📝 **提示的内容如下（使用 GPT-4 模型）。**
>
> 角色：你是 SQL 专家，按以下要求编写 SQL。
>
> 1. 指令：查询顾客付款信息表中客户编号为 1 的行，结果按支付金额降序排序。
>
> 2. SQL 版本：PostgreSQL 13
>
> 3. 元数据：顾客付款信息表定义如下
>
> ```
> CREATE TABLE payment      -- 顾客付款信息表
> (
>     payment_id serial4 NOT NULL,     -- 支付编号
>     customer_id int4 NOT NULL,       -- 客户编号
>     staff_id int4 NOT NULL,          -- 员工编号
>     rental_id int4 NOT NULL,         -- 租赁编号
>     amount numeric(5, 2) NOT NULL,   -- 支付金额
>     payment_date timestamp NOT NULL, -- 支付日期,
>     CONSTRAINT payment_pkey PRIMARY KEY (payment_id)  -- 设置主键约束
> );
> ```
>
> 4. 警告信息：对有风险的 SQL 语句发出警告，特别是数据修改、数据删除、性能低下的 SQL 语句。

ChatGPT 的回答如下。

> **ChatGPT 的回答如下。**
>
> 基于您的要求，查询顾客付款信息表中客户编号为 1 的行，结果按支付金额降序排序的 SQL 指令如下：
>
> ```
> SELECT *
> FROM payment
> WHERE customer_id = 1
> ORDER BY amount DESC;
> ```
>
> 这个查询指令将返回 payment 表中客户编号为 1 的所有付款信息，并按照支付金额降序排序。

继续向 ChatGPT 提交以下指令内容，按"支付金额"降序排序、"支付日期"升序排序。

> **提示的内容如下（使用 GPT-4 模型）。**
>
> 指令：查询顾客付款信息表中客户编号为 1 的行，只需要客户编号、员工编号、支付金额、支付日期这 4 列数据，结果按支付金额降序排序、支付日期升序排序

ChatGPT 的回答如下。

> **ChatGPT 的回答如下。**
>
> 基于您的要求，查询顾客付款信息表中客户编号为 1 的行，只需要客户编号、员工编号、支付金额、支付日期这 4 列数据，结果按支付金额降序排序、支付日期升序排序的 SQL 指令如下：
>
> ```
> SELECT customer_id, staff_id, amount, payment_date
> FROM payment
> WHERE customer_id = 1
> ORDER BY amount DESC, payment_date ASC;
> ```
>
> 这个查询指令将返回 payment 表中客户编号为 1 的所有付款信息，只包含客户编号、员工编号、支付金额、支付日期这 4 列，并按照支付金额降序排序，支付日期升序排序。

拷贝上述 SQL 排序语句执行，查询的结果如图 8-2 所示。

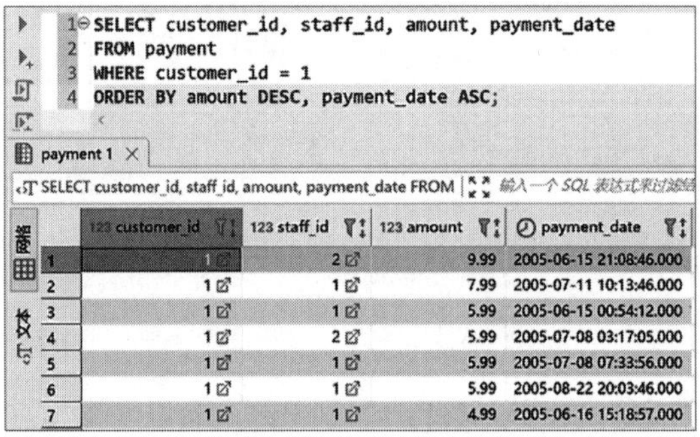

图 8-2 SQL 排序

8.4.2　排序注意事项

构建以下提示内容，学习在使用 SQL 排序时需要注意的事项。

> 🔟 **提示的内容如下（使用 GPT-4 模型）。**
>
> *简明*说明使用 SQL 排序时要注意哪些事项，主要使用哪些关键字。

ChatGPT 的回答如下。

> ⑥ **ChatGPT 的回答如下。**
>
> 在使用 SQL 进行排序时，以下是一些需要注意的事项。
>
> 1. 使用 ORDER BY 关键字：在 SQL 语言中，我们使用 ORDER BY 关键字进行排序。
>
> 2. 默认升序排序：如果没有指定，ORDER BY 默认按升序（ASC）排列。如果你想要降序排列，需要使用 DESC 关键字。
>
> 3. 多列排序：可以根据多个列进行排序。比如，ORDER BY column1, column2，它首先按 column1 排序，然后在 column1 相同的情况下，根据 column2 排序。
>
> 4. 注意性能：排序操作对数据库性能有影响，特别是在处理大数据集时。如果可能，尽量减少排序操作或使用索引来优化排序。
>
> 5. NULL 的排序：在排序时，NULL 通常被视为最小的值，因此在升序排序中，NULL 值会首先被返回。然而这可能会因数据库系统的不同而有所差异。
>
> 6. 注意数据类型：当你尝试对非数值型的数据进行排序时，结果可能会出乎你的意料，因为它们是按照字符编码排序的，而不是按照我们通常理解的数字或字母顺序。

8.5　数据修改

数据修改必须经过慎重考虑，严格控制并采取相应措施保证数据安全完整。虽然数据修改是常见操作，但也是非常容易出错的 SQL 行为，必须引起足够重视。

8.5.1　数据修改提示

基于 8.2.2 节介绍的 SQL 提示模板构建以下的提示内容，对 Sakila 数据库中的"电影语言表"数据进行修改。

> 🔟 **提示的内容如下（使用 GPT-4 模型）。**
>
> 角色：你是 SQL 专家，按以下要求编写 SQL。
>
> 1. 指令：将电影语言表中"语言名称"列值修改为"英语"，筛选条件为"语言编号"，列值为 1。
>
> 2. SQL 版本：PostgreSQL 13

3. 元数据：电影语言表定义如下

```
CREATE TABLE language              -- 电影语言表
(
   language_id serial4 NOT NULL,   -- 语言编号
   "name" bpchar(20) NOT NULL,     -- 语言名称
   last_update timestamp NOT NULL DEFAULT now(),   -- 最后更新时间
   CONSTRAINT language_pkey PRIMARY KEY (language_id)  -- 设置主键约束
);
```

4. 警告信息：对有风险的SQL语句发出警告，特别是数据修改、数据删除、性能低下的SQL语句。

ChatGPT 的回答如下，我们可以拷贝 UPDATE 语句执行，验证是否符合提示要求。

⑥ ChatGPT 的回答如下。

根据您的要求，以下是相应的SQL指令：

```
UPDATE language
SET "name" = '英语'
WHERE language_id = 1;
```

此语句将"language"表中"language_id"为1的记录的"name"列值更改为"英语"。

警告信息：

1. 在执行数据更改操作之前，务必备份数据。这是因为UPDATE语句一旦执行，更改的数据将不可恢复；

2. 在对实际生产环境中的表进行更改之前，建议先在测试环境中运行这个UPDATE语句，以确认其效果和性能；

3. UPDATE语句可能会锁定表，如果这个表是高并发的，那么可能会影响到性能，导致其他的查询或更新操作无法及时完成。所以，最好在低峰期进行此类操作；

4. 这个UPDATE语句没有使用到索引，因为我们是直接根据主键进行更新的。在大表中根据非索引列进行更新会导致性能下降，但在这种情况下，这个问题并不适用。

8.5.2 数据修改注意事项

构建以下提示内容，学习在使用SQL修改数据时需要注意的事项。

⑩ 提示的内容如下（使用GPT-4 模型）。

*详细*说明使用SQL进行数据修改时要注意哪些事项，主要使用哪些关键字。

ChatGPT 的回答如下。

> **ChatGPT的回答如下。**
>
> 　　在使用SQL进行数据修改时，主要涉及的关键字有UPDATE、SET和WHERE等。下面是这些关键字的一些详细说明及在使用SQL进行数据修改时需要注意的一些事项。
>
> 　　1. UPDATE：这个关键字用于修改表中的数据。在UPDATE后面紧接着的是你想要修改数据的表的名称。
>
> 　　2. SET：SET关键字用于指定你想要修改的列及新的值。你可以一次更新多个字段，字段之间用逗号隔开。
>
> 　　3. WHERE：WHERE关键字用于指定更新的条件。如果没有WHERE条件，那么将会更新表中所有的数据。因此在使用UPDATE语句时，务必小心使用WHERE语句，否则可能导致不想要的数据更改。
>
> 　　在使用SQL进行数据修改时，需要注意以下事项。
>
> 　　1. 备份数据：在执行任何可能改变数据的操作之前，都应该备份你的数据。一旦UPDATE语句执行，更改的数据将无法恢复。
>
> 　　2. 使用事务：使用数据库事务可以保证操作的原子性，原子性是指事务中的所有操作要么全部成功，要么全部失败回滚。这确保了数据的一致性和完整性。
>
> 　　3. 注意性能：UPDATE语句可能会锁定表，如果这个表是高并发的，那么可能会影响到性能，导致其他的查询或更新操作无法及时完成。
>
> 　　4. 测试：在对实际生产环境中的表进行更改之前，建议先在测试环境中运行这个UPDATE语句，以确认其效果和性能。
>
> 　　5. 使用索引：如果你在WHERE子句中使用的列有索引，可以显著提高UPDATE语句的运行速度。如果没有索引，SQL服务器需要扫描整个表来找到满足条件的行。在大表中，这可能会导致严重的性能问题。

8.6　数据删除

数据删除是常见操作，但也是非常容易出错的 SQL 行为，必须引起重视。

8.6.1　数据删除提示

1. 构建SQL语境

基于 8.2.2 节介绍的 SQL 提示模板构建以下的提示内容，首先在 Sakila 数据库中创建一张名为 test 的测试表。

> **提示的内容如下（使用GPT-4模型）。**
>
> 角色：你是SQL专家，按以下要求编写SQL。
>
> 1. 指令：创建测试表，名为test
>
> 2. SQL版本：PostgreSQL 13
>
> 3. 元数据：测试表的列信息如下

3.1 表名:test

3.2 列信息:

列名	类型	注释
productid	整数	产品ID; 主键作用
productname	字符串	产品名
supplierid	整数	供应商ID
unitprice	浮点	单价
productdate	日期	生产日期

4. 警告信息: 对有风险的SQL语句发出警告, 特别是数据修改、数据删除、性能低下的SQL语句。

ChatGPT 的回答如下, 可以拷贝 CREATE TABLE 语句在 DBeaver 中执行, 创建 test 表。

---

⑤ ChatGPT 的回答如下。

根据您的要求, 以下是相应的 SQL 指令:

```
CREATE TABLE test
(
    productid serial NOT NULL,        -- 产品 ID
    productname varchar(255) NOT NULL,   -- 产品名
    supplierid integer NOT NULL,      -- 供应商 ID
    unitprice numeric(10, 2) NOT NULL,  -- 单价
    productdate date NOT NULL,        -- 生产日期
    CONSTRAINT test_pkey PRIMARY KEY (productid)   -- 设置主键约束
);
```

这个 SQL 语句将创建一个新的名为 "test" 的表, 其中包含了 productid、productname、supplierid、unitprice、productdate 这几列。

警告信息:

1. 在生产环境中创建新表, 最好先在测试环境中创建并测试;

2. 在创建新表时, 应确保数据类型的正确性, 尤其是数字和日期类型。错误的数据类型可能会导致数据插入失败, 或者在查询时出现错误;

3. 在设计表结构时, 应尽量保持数据的范式化, 以避免数据冗余和更新异常;

4. 表的列尽量不要过多, 会影响查询效率;

5. 注意确认硬盘空间是否足够存储新创建的表, 避免因空间不足导致数据库操作异常;

6. 在 PostgreSQL 中, SERIAL 类型会自动创建一个自增的整数列, 这将帮助我们在插入新数据时自动产生唯一的 productid。如果你不想要这个功能, 可以把 productid 的数据类型改为 INTEGER。

构建以下提示内容, 用于向 test 表中插入 5 行测试数据。

---

⑩ 提示的内容如下(使用 GPT-4 模型)。

指令: 向测试表中插入 5 行测试数据。

ChatGPT 的回答如下，可以拷贝 INSERT 语句执行，插入 5 条测试数据。

> ⑤ **ChatGPT 的回答如下。**
>
> 以下是一种可能的插入 5 行数据的 SQL 语句：
>
> ```
> INSERT INTO test (productname, supplierid, unitprice, productdate)
> VALUES
>     ('Product1', 1, 10.00, '2023-05-01'),
>     ('Product2', 2, 20.00, '2023-05-02'),
>     ('Product3', 3, 30.00, '2023-05-03'),
>     ('Product4', 4, 40.00, '2023-05-04'),
>     ('Product5', 5, 50.00, '2023-05-05');
> ```
>
> 注意，因为我们在创建表的时候，将 productid 设置为了自增，所以在插入数据的时候，可以省略这个字段，数据库会自动为我们生成。
>
> 警告信息：
>
> 1. 在执行数据插入操作之前，确保数据类型和表定义匹配，否则，插入操作可能会失败；
> 2. 在实际的应用中，插入的数据通常来自用户的输入或其他数据源，应确保数据的安全性和准确性；
> 3. 如果插入大量数据，可能会影响数据库性能，应在非高峰时段执行；
> 4. 如果表中存在唯一约束或其他约束，插入的数据必须满足这些约束，否则插入操作会失败。

2. 删除测试数据

构建以下提示内容，删除测试表中的数据。

> ⑩ **提示的内容如下（使用 GPT-4 模型）。**
>
> 指令：删除 test 表中产品名为 "Product1" 的行。

ChatGPT 的回答如下，可以拷贝 DELETE 语句执行，验证能否按提示要求删除对应的数据。

> ⑤ **ChatGPT 的回答如下。**
>
> ```
> DELETE FROM test
> WHERE productname = 'Product1';
> ```
>
> 这个语句会删除表 "test" 中产品名为 "Product1" 的所有行。

8.6.2 数据删除注意事项

构建以下提示内容，学习在使用 SQL 修改数据时需要注意的事项。

> ⑩ **提示的内容如下（使用 GPT-4 模型）。**
>
> *详细*说明使用 SQL 删除数据时要注意哪些事项，主要使用哪些关键字。

ChatGPT 的回答如下。

> **⑥ ChatGPT 的回答如下。**
>
> 　　在使用SQL进行数据删除时，主要涉及的关键字有DELETE和WHERE。以下是这些关键字的一些详细说明及在使用SQL进行数据删除时需要注意的一些事项。
>
> 　　1. DELETE: 这个关键字用于删除表中的数据。在DELETE后面紧接着的是想要删除数据的表的名称。
>
> 　　2. WHERE:该关键字用于指定删除的条件。如果没有WHERE条件，那么将会删除表中所有的数据。因此在使用DELETE语句时，务必小心使用WHERE语句，否则可能导致不想要的数据删除。
>
> 　　在使用SQL进行数据删除时，需要注意以下事项。
>
> 　　1. 备份数据: 在执行任何可能改变数据的操作之前，都应该备份你的数据。一旦DELETE语句执行，删除的数据将无法恢复。
>
> 　　2. 使用事务: 使用事务可以保证你的操作是原子的，即要么所有的更改都生效，要么都不生效。这可以防止在操作过程中出现错误导致数据状态不一致。
>
> 　　3. 注意性能: DELETE语句可能会锁定表，如果这个表是高并发的，那么可能会影响到性能，导致其他的查询或更新操作无法及时完成。
>
> 　　4. 测试: 在对实际生产环境中的表进行删除操作之前，建议先在测试环境中运行这个DELETE语句，以确认其效果和性能。
>
> 　　5. 使用索引: 如果你在WHERE子句中使用的列有索引，可以显著提高DELETE语句的运行速度。如果没有索引，SQL服务器需要扫描整个表来找到满足条件的行。在大表中，这可能会导致严重的性能问题。

8.7 / 多表关联分析

多表关联是一个强大而必不可少的SQL数据分析功能，可以在多种应用场景下使用。

8.7.1 多表关联提示

1. 学习多表关联方式

构建以下提示内容，学习在SQL中各种表的关联方式及其作用。

> **⑩ 提示的内容如下（使用GPT-4 模型）。**
>
> 　　SQL 中有几种表关联方式，作用分别是什么？

ChatGPT 的回答如下。

> **⑥ ChatGPT 的回答如下。**
>
> 　　在SQL中，主要有四种表的关联方式: 内连接 (INNER JOIN)，左连接 (LEFT JOIN)，右连接 (RIGHT JOIN) 和全连接 (FULL JOIN)。下面是这四种连接方式的详细解释。
>
> 　　1. 内连接 (INNER JOIN): 内连接是最常见的连接类型。它返回两个表中匹配的行。如果表中的某行

在另一个表中没有匹配的行，则该行不会在结果中出现。

例如：

```
SELECT Orders.OrderID, Customers.CustomerName
FROM Orders
INNER JOIN Customers
ON Orders.CustomerID = Customers.CustomerID;
```

2. 左连接 (LEFT JOIN)：左连接返回左表中的所有行，以及与右表中的匹配行。如果在右表中没有匹配的行，则结果是 NULL。

例如：

```
SELECT Orders.OrderID, Customers.CustomerName
FROM Orders
LEFT JOIN Customers
ON Orders.CustomerID = Customers.CustomerID;
```

3. 右连接 (RIGHT JOIN)：右连接返回右表中的所有行，以及与左表中的匹配行。如果在左表中没有匹配的行，则结果是 NULL。

例如：

```
SELECT Orders.OrderID, Customers.CustomerName
FROM Orders
RIGHT JOIN Customers
ON Orders.CustomerID = Customers.CustomerID;
```

4. 全连接 (FULL JOIN)：全连接返回左表和右表中的所有行。当某行在另一表中没有匹配行时，它会返回 NULL 值。如果有匹配行，则会返回匹配的信息。

例如：

```
SELECT Orders.OrderID, Customers.CustomerName
FROM Orders
FULL JOIN Customers
ON Orders.CustomerID = Customers.CustomerID;
```

以上是 SQL 的四种主要连接方式。每种连接方式都有其特定的用途，可以根据具体需求选择使用。注意，不是所有的数据库系统都支持这四种连接。例如，MySQL 不支持 FULL JOIN，但你可以通过 UNION 来实现相似的效果。

2. 通过表关系实现业务逻辑关联

多表关联可以将多个业务表中的数据关联在一起，实现跨表的业务逻辑过滤和查询。接下来的各关联提示将基于如图 8-3 所示的表关系图展开。

图 8-3　表关系

构建以下 SQL 语境，关联 actor 表和 film_actor 表，并统计出演影片数最多的前 10 位演员。

🔟 **提示的内容如下（使用 GPT-4 模型）。**

　角色：你是 SQL 专家，按以下要求编写 SQL。

　1. 指令：

　1.1 "演员表"左关联"电影和演员的关联信息表"

　1.2 拼接"演员表"中名字和姓氏字段，新字段名为 full_name

　1.3 按 full_name 和演员编号统计每个演员出演的电影数，新字段名为 act_num

　1.4 对 act_num 值排序，保留值前 10 大的数据行

　2. SQL 版本：PostgreSQL 13

　3. 元数据：customer 表定义如下

```
CREATE TABLE film_actor        -- 创建电影和演员的关联信息表
(
 actor_id int4 NOT NULL,       -- 演员编号
 film_id int4 NOT NULL,        -- 电影编号
 last_update timestamp NOT NULL DEFAULT now(),   -- 最后更新日期
 CONSTRAINT film_actor_pkey PRIMARY KEY (actor_id, film_id)  -- 设置主键约束
);
CREATE TABLE actor             -- 创建演员表
(
 actor_id serial4 NOT NULL,          -- 演员编号
 first_name varchar(45) NOT NULL,  -- 名字
 last_name varchar(45) NOT NULL,   -- 姓氏
 last_update timestamp NOT NULL DEFAULT now(),  -- 最后更新日期
 CONSTRAINT actor_pkey PRIMARY KEY (actor_id)   -- 设置主键约束
);
-- 定义表 film_actor 和表 actor 的主外键关系
ALTER TABLE public.film_actor ADD CONSTRAINT film_actor_actor_id_fkey
FOREIGN KEY (actor_id) REFERENCES public.actor(actor_id) ON DELETE
RESTRICT ON UPDATE CASCADE;
```

　4. 警告信息：对有风险的 SQL 语句发出警告，特别是数据修改、数据删除、性能低下的 SQL 语句。

ChatGPT 的回答如下。

> 🌀 **ChatGPT 的回答如下。**
>
> 以下是按照您的要求编写的 SQL 指令：
>
> ```
> SELECT actor.actor_id, CONCAT(actor.first_name,' ',actor.last_name) AS
> full_name, COUNT(film_actor.film_id) AS act_num
> FROM actor
> LEFT JOIN film_actor
> ON actor.actor_id = film_actor.actor_id
> GROUP BY actor.actor_id, full_name
> ORDER BY act_num DESC
> LIMIT 10;
> ```
>
> 这条 SQL 指令首先通过 LEFT JOIN 将"演员表"与"电影和演员的关联信息表"关联在一起。接着，它使用 CONCAT 函数将名字和姓氏字段拼接在一起，形成一个名为 full_name 的新字段。然后，它使用 COUNT 函数统计每个演员在"电影和演员的关联信息表"中出现的次数，得到一个名为 act_num 的新字段。在分组时，我们同时按照演员编号和 full_name 进行分组。最后，它按照 act_num 字段的值进行降序排序，并限制结果的数量为 10 条。
>
> 这条指令没有修改或删除任何数据，也没有任何已知的性能问题，因此没有需要警告的地方。然而，如果 actor 表或 film_actor 表中的数据量非常大，这条指令可能需要消耗较长的时间来执行。如果这是一个问题，您可能需要考虑使用索引或其他优化措施来提高查询性能。

拷贝上述表关联 SQL 语句执行，输出结果如图 8-4 所示。

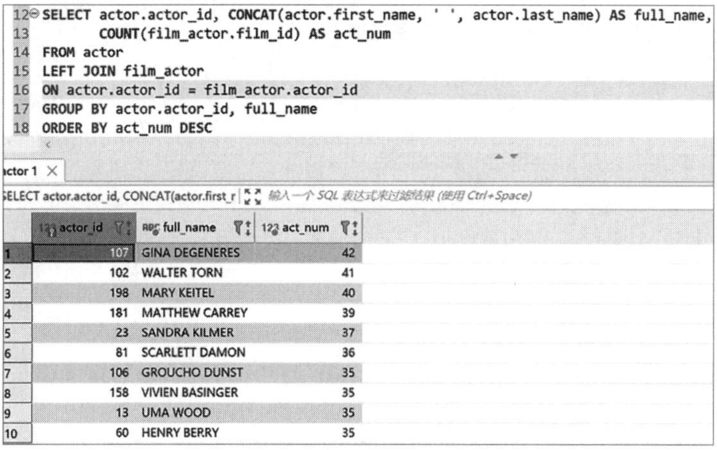

图 8-4 SQL 表关联

8.7.2 多表关联注意事项

构建以下提示内容，学习在使用 SQL 修改数据时需要注意的事项。

> ✍ 提示的内容如下（使用 **GPT-4** 模型）。
>
> *详细*说明使用SQL多表关联分析时要注意哪些事项，主要使用哪些关键字。

ChatGPT 的回答如下。

---

⑤ ChatGPT 的回答如下。

使用SQL进行多表关联分析时，要注意以下几个重要事项。

1. 了解数据结构：在进行多表关联查询前，你需要清楚地了解每个表的数据结构，包括表中的字段名、字段类型和每个字段的含义，以及表之间的关联关系。

2. 选择正确的连接类型：SQL 提供了多种表连接方式，包括内连接（INNER JOIN）、左连接（LEFT JOIN）、右连接（RIGHT JOIN）和全连接（FULL JOIN）。你需要根据查询需求选择适当的连接类型。

3. 使用正确的连接条件：在进行表连接时，你需要提供一个或多个连接条件（通常是两个表中的字段相等）。这些条件需要准确无误，否则可能会返回错误的结果。

4. 避免笛卡尔积：如果在进行表连接时忘记提供连接条件，将会产生笛卡尔积，即返回左表和右表的每一行的组合。这通常不是想要的结果，而且在表的行数非常多时，可能会导致性能问题。

5. 处理NULL值：当使用外连接（LEFT JOIN、RIGHT JOIN 或 FULL JOIN）时，如果在一个表中没有找到与另一个表的行匹配的行，将会返回NULL值。你需要在查询中处理这些NULL值。

6. 性能优化：多表关联查询可能会涉及大量的数据处理，从而导致性能问题。你可以使用一些性能优化技术，如创建索引、使用子查询、使用EXISTS子句等。

关于关键字，这里主要涉及的 SQL 关键字如下。

1. JOIN：这是 SQL 中用于连接两个或多个表的关键字。后面通常跟着连接的表名和连接条件。

2. ON：这个关键字用于指定表连接的条件。

3. INNER、LEFT、RIGHT、FULL：这些关键字用于指定连接的类型。

4. WHERE：这个关键字用于在查询结果上添加过滤条件。

5. GROUP BY：这个关键字用于将查询结果按照一个或多个列进行分组。

6. ORDER BY：这个关键字用于将查询结果按照一个或多个列进行排序。

7. LIMIT：这个关键字用于限制查询结果的数量。

8. COUNT、SUM、AVG、MIN、MAX 等：这些关键字用于对查询结果进行汇总计算。

9. AS：这个关键字用于给列或表设置别名。

8.8 字符串处理

SQL 的字符串处理主要是为了满足各种数据处理场景下的需求，实现字段的清洗、转换和组装。

8.8.1 字符串处理提示

1. 字符串处理函数

构建以下提示内容，学习 PostgreSQL 数据库中有哪些字符串处理函数。

提示的内容如下（使用 GPT-4 模型）。

PostgreSQL 数据库有哪些字符串处理函数，作用分别是什么？

ChatGPT 的回答如下。

ChatGPT 的回答如下。

PostgreSQL 数据库提供了大量的字符串处理函数，以下是一些常用的例子。

1. char_length(string) 或 length(string): 返回字符串的长度。

2. substring(string FROM pattern): 从字符串中提取满足特定模式的子串。

3. position(substring in string): 返回子串在字符串中的位置。

4. trim([leading | trailing | both] [characters] FROM string): 去掉字符串前后的特定字符，默认为空格。

5. ltrim(string [, characters]) 和 rtrim(string [, characters]): 分别去掉字符串左边或右边的特定字符，默认为空格。

6. lower(string) 和 upper(string): 返回将字符串转换为小写或大写的结果。

7. initcap(string): 将字符串中的每个单词的首字母变为大写。

8. concat(string1, string2, ...): 将多个字符串连接在一起。

9. to_char(number or date, format): 将数字或日期转换为字符串。

10. split_part(string, delimiter, field): 按照分隔符将字符串分割，返回指定的部分。

11. replace(string, from, to): 将字符串中的一部分替换为另一部分。

12. translate(string, from, to): 在字符串中替换一组字符。

13. regexp_replace(source, pattern, replacement [, flags]): 使用正则表达式替换字符串中的内容。

以上仅为一部分，PostgreSQL 提供的字符串处理函数还有很多。具体可以参考 PostgreSQL 官方文档中的字符串函数和操作符部分。

2. 提取子字符串

构建以下提示内容，让 ChatGPT 编写从句子中提取出第二个单词的 SQL 语句。

提示的内容如下（使用 GPT-4 模型）。

角色：你是 SQL 专家，按以下要求编写 SQL。

1. 指令：查询"电影信息表"，提取"电影描述"列值的第二个单词，存放到列 key_word 中

2. SQL 版本：PostgreSQL 13

3. 元数据：customer 表定义如下

```
CREATE TABLE film        -- 创建电影信息表
(
    film_id serial4 NOT NULL,    -- 电影编号
    title varchar(255) NOT NULL,  -- 电影名称
```

```
    description text NULL,          -- 电影描述
    release_year year NULL,         -- 发行年份
    language_id int4 NOT NULL,      -- 电影语言
    original_language_id int4 NULL, -- 原始语言
    rental_duration int2 NOT NULL DEFAULT 3,  -- 租期,
    rental_rate numeric(4, 2) NOT NULL DEFAULT 4.99,  -- 租金
    length int2 NULL,    -- 电影长度
    replacement_cost numeric(5, 2) NOT NULL DEFAULT 19.99,  -- 替换成本
    rating mpaa_rating NULL DEFAULT 'G'::mpaa_rating,  -- 电影评级
    last_update timestamp NOT NULL DEFAULT now(),  -- 最后更新时间
    special_features _text NULL,  -- 特色
    fulltext tsvector NOT NULL,
    CONSTRAINT film_pkey PRIMARY KEY (film_id)  -- 设置主键
);
```

4. 警告信息：对有风险的SQL语句发出警告，特别是数据修改、数据删除、性能低下的SQL语句。

ChatGPT的回答如下，使用了split_part函数来实现指令需求。

> ⑤ ChatGPT的回答如下。
>
> 在这个场景中，我们需要提取描述中的第二个单词。可以通过使用split_part函数来实现这一需求，该函数可以按照指定的分隔符将字符串进行切分，并返回指定位置的部分。下面是查询语句：
>
> ```
> SELECT
>     film_id,
>     title,
>     description,
>     split_part(description, ' ', 2) AS key_word
> FROM
> film;
> ```
>
> 这个SQL语句将从"电影信息表"（film）中选择所有的电影，并提取描述（description）中的第二个单词（使用空格作为分隔符），结果将被命名为"key_word"。
>
> 注意，这个查询默认单词之间只有一个空格。如果存在多个空格或其他类型的空白字符，可能需要使用正则表达式来分割字符串，这可能需要使用到regexp_split_to_table函数。
>
> 此外，如果描述字段中不含有第二个单词，split_part函数将返回空字符串。
>
> 这个查询语句只是读取数据，并不修改或删除数据，所以不存在风险。但是如果表中的数据非常多，这种查询可能会消耗一些时间。如果需要优化性能，可能需要考虑其他的策略，如使用索引或只查询一部分数据。

拷贝上述SQL查询语句执行，查询的结果如图8-5所示。

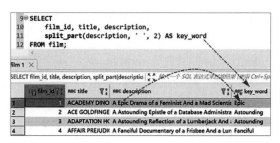

图 8-5 使用 split_part 按分隔符抽取字符串

3. 识别字符串中的数字

构建以下提示内容，让 ChatGPT 编写识别字符串中数字的 SQL 语句。

> ⑩ 提示的内容如下（使用 GPT-4 模型）。
>
> 1. 指令：拼接"租金"和"电影评级"列，并存放到列 rental_rating。
> 2. 指令：识别 rental_rating 列中的所有数字字符，并存放到列 rating_num。

ChatGPT 的回答如下。

---

⑥ **ChatGPT 的回答如下。**

在 PostgreSQL 中，可以通过使用字符串拼接函数和正则表达式来执行这个任务。以下是相应的 SQL 查询：

```
WITH temp_table AS (
    SELECT
        film_id,
        title,
        rental_rate,
        rating,
        concat(rental_rate::text, rating) AS rental_rating
    FROM
        film
)
SELECT
    *,
    regexp_replace(rental_rating, '\D', '', 'g') AS rating_num
FROM
temp_table;
```

在这个查询中，首先创建了一个临时表（temp_table），在这个临时表中，将"租金"（rental_rate）列和"电影评级"（rating）列拼接在一起，结果被命名为"rental_rating"。使用"::text"将"租金"列的值转换为文本，因为 concat 函数只能处理文本。

然后，在外层的查询中，使用"regexp_replace"函数来从"rental_rating"列中删除所有非数字字符。正则表达式\D匹配任何非数字字符，"'g'"选项表示全局替换，也就是替换所有的匹配项。结果被命名为"rating_num"。

请注意，如果"rental_rating"列中没有数字，regexp_replace函数将返回一个空字符串。

此外，这个查询语句只是读取数据，并不修改或删除数据，所以不存在风险。但是如果表中的数据非常多，这种查询可能会消耗一些时间。如果需要优化性能，可能需要考虑其他的策略，如使用索引或只查询一部分数据。

拷贝上述SQL查询语句执行，查询的结果如图8-6所示。

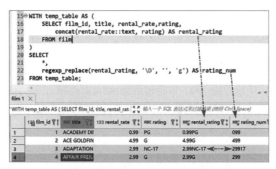

图 8-6　识别字符串中的数字

4. 替换字符串

构建以下提示内容，让ChatGPT编写替换字符串的SQL语句。

> 提示的内容如下（使用GPT-4 模型）。
> 指令：将"特色"列中的逗号替换为分号，存放到列new_special_features。

ChatGPT 的回答如下。

> ⑤ ChatGPT 的回答如下。
> 在PostgreSQL中，可以使用replace函数来替换字符串中的特定字符或子字符串。以下是相应的查询：
>
> ```
> SELECT
>     film_id,
>     title,
>     special_features,
>     replace(special_features, ',', ';') AS new_special_features
> FROM
> film;
> ```
>
> 在这个查询中，replace函数用于将"特色"（special_features）列中的逗号替换为分号。结果被命名为"new_special_features"。
>
> 请注意，如果"特色"列中没有逗号，replace函数将不会做任何改变。

5. 提交错误信息

拷贝第 4 步的 SQL 查询语句执行后报错，将错误信息提交给 ChatGPT 进行分析，修正 SQL 语句。

🔟 **提示的内容如下（使用 GPT-4 模型）。**

提示以下 SQL 错误：

```
SQL 错误 [42883]: 错误: 函数 replace(text[], unknown, unknown) 不存在
    Hint: 没有匹配指定名称和参数类型的函数. 您也许需要增加明确的类型转换.
    Position: 61
```

ChatGPT 的回答如下。

🔷 **ChatGPT 的回答如下。**

对不起，我犯了一个错误。在给出的元数据中，"特色"（special_features）列是一个_text 类型，这是一个数组，而不是一个字符串。在 PostgreSQL 中，不能直接在数组上使用 replace 函数。我们需要首先将数组转换为字符串，然后再进行替换。

以下是一个可能的查询：

```sql
SELECT
    film_id,
    title,
    special_features,
    replace(array_to_string(special_features, ','), ',', ';') AS new_
special_features
FROM
film;
```

在这个查询中，首先使用 array_to_string 函数将"特色"列转换为字符串，然后再使用 replace 函数将逗号替换为分号。结果被命名为"new_special_features"。

请注意，如果"特色"列中没有逗号，replace 函数将不会做任何改变。

拷贝上述修正后的 SQL 查询语句执行，查询的结果如图 8-7 所示。

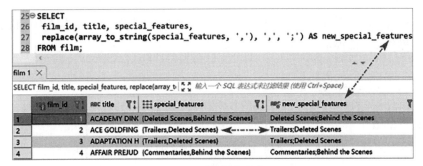

图 8-7　替换字符串

8.8.2 字符串处理注意事项

构建以下提示内容，学习在使用SQL字符串处理时需要注意的事项。

> 💬 **提示的内容如下（使用GPT-4模型）。**
>
> *简要*说明使用SQL字符串处理时要注意哪些事项，主要使用哪些关键字。

ChatGPT的回答如下。

> 💠 **ChatGPT的回答如下。**
>
> 在使用SQL进行字符串处理时，需要注意以下事项。
>
> 1. 数据类型：请确保您了解正在处理的数据类型。例如，如果您尝试在数字或日期上使用字符串函数，可能会收到错误。您可能需要使用适当的函数将数据类型转换为字符串，如在 PostgreSQL 中的 ::text。
>
> 2. 函数的可用性：并非所有的数据库系统都支持所有的字符串函数。例如，PostgreSQL、MySQL、SQL Server 和 Oracle 可能具有不同的字符串函数或对同一函数有不同的实现方式。在使用任何函数之前，最好查阅相应的数据库系统文档。
>
> 3. 特殊字符的处理：在处理包含特殊字符的字符串时，需要特别小心，如引号、反斜杠等。这些字符可能需要进行转义才能正确处理。
>
> 4. 性能：处理大量数据时，字符串操作可能会消耗大量资源，从而影响查询的性能。如果可能，考虑使用索引或只查询一部分数据。
>
> 5. 安全性：如果您的SQL查询涉及用户输入的字符串，一定要防止SQL注入攻击。这意味着需要对用户输入的字符串进行适当的清理和转义。
>
> 常用的SQL字符串处理关键字如下。
>
> 1. CONCAT：拼接两个或多个字符串。
>
> 2. SUBSTRING：从字符串中提取一部分。
>
> 3. REPLACE：在字符串中替换一部分。
>
> 4. TRIM：去掉字符串的前导或尾随空格。

8.9 / 日期、时间数据处理

由于业务数据中涉及大量的日期信息，需要对日期数据进行处理。在本节中，将继续在 8.8 节的SQL语境下提供相关的提示内容。

8.9.1 日期、时间数据处理提示

1. 日期处理函数

构建以下提示内容，了解PostgreSQL数据库中有哪些日期、时间处理函数。

> 🔟 **提示的内容如下（使用GPT-4 模型）。**
>
> PostgreSQL 数据库中有哪些日期处理函数，作用分别是什么？

ChatGPT 的回答如下。

> ⑥ **ChatGPT 的回答如下。**
>
> PostgreSQL 提供了丰富的日期和时间处理函数，主要包括以下几类。
>
> 1. 提取日期/时间字段的函数：
>
> * EXTRACT(field FROM timestamp): 提取出日期/时间的某个部分，如年、月、日、小时、分钟、秒等。
>
> * DATE_PART('field', timestamp): 与 EXTRACT 功能相同，提取出日期/时间的某个部分。
>
> 2. 日期/时间的计算：
>
> * timestamp1 – timestamp2: 计算两个时间戳之间的间隔。
>
> * timestamp + interval: 在一个时间戳上添加一个时间间隔。
>
> * timestamp – interval: 在一个时间戳上减去一个时间间隔。
>
> 3. 日期/时间的格式化和解析：
>
> * TO_CHAR(timestamp, 'format'): 将日期/时间转换为字符串，按照指定的格式。
>
> * TO_DATE(string, 'format'): 将字符串解析为日期，按照指定的格式。
>
> * TO_TIMESTAMP(string, 'format'): 将字符串解析为时间戳，按照指定的格式。
>
> 4. 当前日期/时间：
>
> * CURRENT_DATE: 返回当前日期。
>
> * CURRENT_TIME: 返回当前时间。
>
> * CURRENT_TIMESTAMP: 返回当前的日期和时间。
>
> * NOW(): 与 CURRENT_TIMESTAMP 功能相同，返回当前的日期和时间。
>
> 5. 日期/时间的转换：
>
> * CAST(timestamp AS DATE): 将时间戳转换为日期。
>
> * CAST(date AS TIMESTAMP): 将日期转换为时间戳。
>
> 6. 其他函数：
>
> *AGE(timestamp): 返回从给定的时间戳到现在的时间间隔。
>
> *DATE_TRUNC('field', timestamp): 将时间戳向下舍入到指定的精度，如舍入到小时、天、月等。
>
> *INTERVAL 'value': 创建一个时间间隔。
>
> 以上是 PostgreSQL 中常用的日期和时间处理函数，实际使用中可能还会涉及更多的函数。具体可以参考 PostgreSQL 的官方文档。

2. 抽取日期、时间数据

构建以下提示内容，使用EXTRACT函数对日期、时间数据进行抽取操作。

> 🔟 **提示的内容如下（使用GPT-4 模型）。**
>
> 指令：使用EXTRACT函数抽取"最后更新时间"列值中的年、月、日、小时、分钟、秒。

ChatGPT 的回答如下。

🔷 **ChatGPT 的回答如下。**

在 PostgreSQL 中，EXTRACT 函数可以从日期/时间值中提取特定的字段。以下是一个查询，它抽取了"最后更新时间"列值中的年、月、日、小时、分钟和秒。

```
SELECT
    film_id,
    title,
    last_update,
    EXTRACT(YEAR FROM last_update) AS update_year,
    EXTRACT(MONTH FROM last_update) AS update_month,
    EXTRACT(DAY FROM last_update) AS update_day,
    EXTRACT(HOUR FROM last_update) AS update_hour,
    EXTRACT(MINUTE FROM last_update) AS update_minute,
    EXTRACT(SECOND FROM last_update) AS update_second
FROM
film;
```

在这个查询中，EXTRACT 函数用于从"最后更新时间"列提取年、月、日、小时、分钟和秒。结果被命名为 update_year、update_month、update_day、update_hour、update_minute 和 update_second。

获取当前的日期和时间。

🔟 **提示的内容如下（使用 GPT-4 模型）。**

指令：使用 CURRENT_* 函数计算当前的日期和时间。

ChatGPT 的回答如下。

🔷 **ChatGPT 的回答如下。**

在 PostgreSQL 中，可以使用 CURRENT_DATE，CURRENT_TIME 和 CURRENT_TIMESTAMP 函数来获取当前的日期和时间。以下是如何使用这些函数的例子。

```
SELECT
    CURRENT_DATE AS today,
    CURRENT_TIME AS current_time,
CURRENT_TIMESTAMP AS current_timestamp;
```

在这个查询中：
CURRENT_DATE 返回当前的日期。
CURRENT_TIME 返回当前的时间，包括小时、分钟和秒，以及时区。

> CURRENT_TIMESTAMP 返回当前的日期和时间，包括时区。

计算星期五是几月几号。

💬 **提示的内容如下（使用GPT-4 模型）。**

　指令：计算今年所有的星期五是几月几号。

ChatGPT 的回答如下。

💬 **ChatGPT 的回答如下。**

在 PostgreSQL 中，可以通过生成当前年份的所有日期，然后筛选出所有星期五的日期来完成这个任务。以下是一个查询示例。

```
SELECT
    date
FROM
    generate_series(
        DATE_TRUNC('year', CURRENT_DATE),
        DATE_TRUNC('year', CURRENT_DATE) + INTERVAL '1 year' - INTERVAL '1
day',
        INTERVAL '1 day'
    ) AS date
WHERE
EXTRACT(ISODOW FROM date) = 5;
```

在这个查询中：

* generate_series 函数生成了当前年份的所有日期。DATE_TRUNC('year', CURRENT_DATE) 返回当前年份的第一天，DATE_TRUNC('year', CURRENT_DATE) + INTERVAL '1 year' - INTERVAL '1 day' 返回当前年份的最后一天。

* EXTRACT(ISODOW FROM date) 函数提取出日期中的星期几，星期一为 1，星期天为 7。"= 5" 筛选出星期五的日期。

8.9.2 日期、时间数据处理注意事项

构建以下提示内容，学习在使用 SQL 对日期、时间数据进行处理时需要注意的事项。

💬 **提示的内容如下（使用GPT-4 模型）。**

　*简要*说明使用 SQL 对日期和时间数据处理时要注意哪些事项。

ChatGPT 的回答如下。

⑤ **ChatGPT 的回答如下。**

在使用 SQL 对日期和时间数据进行处理时，需要注意以下事项。

1. 数据类型：请确保您了解正在处理的数据类型。日期和时间数据可以存储为多种类型，例如，DATE、TIME、TIMESTAMP 等。您可能需要使用适当的函数将数据类型转换为所需的日期或时间类型。

2. 函数的可用性：并非所有的数据库系统都支持所有的日期和时间函数。例如，PostgreSQL、MySQL、SQL Server 和 Oracle 可能具有不同的日期和时间函数或对同一函数有不同的实现方式。在使用任何函数之前，最好查阅相应的数据库系统文档。

3. 日期和时间的格式：日期和时间可以表示为多种格式，例如，yyyy-mm-dd 或 mm/dd/yyyy。在处理日期和时间数据时，需要确保您了解数据的格式，并根据需要进行格式化。

4. 时区：日期和时间可能受到时区的影响。如果您正在处理可能涉及多个时区的数据，需要考虑如何处理时区差异。

5. 性能：处理大量日期和时间数据时，可能会消耗大量资源，从而影响查询的性能。如果可能，考虑使用索引或只查询一部分数据。

8.10 窗口函数

窗口函数是 SQL 中实现复杂数据分析和统计非常有用的工具，它简化了 SQL 的编写并提高了性能，具有较强的通用性。

8.10.1 窗口函数分析提示

1. 窗口分析函数

构建以下提示内容，学习 PostgreSQL 数据库中有哪些窗口分析函数。

> 🔟 **提示的内容如下（使用 GPT-4 模型）。**
>
> PostgreSQL 数据库有哪些窗口函数，作用分别是什么？

ChatGPT 的回答如下。

⑤ **ChatGPT 的回答如下。**

PostgreSQL 数据库的窗口函数用于处理与 SQL 查询结果中的一部分相关的数据。每个窗口函数都会在由当前行和一些"邻居"行组成的窗口上进行计算。以下是一些常用的窗口分析函数。

1. ROW_NUMBER()：这个函数为窗口内的每一行分配一个唯一的整数，通常用于为查询结果中的行进行排序。例如，你可以使用 ROW_NUMBER() 函数来获取每个组的前 n 行。

2. RANK() 和 DENSE_RANK()：这两个函数都会对窗口内的每一行进行排序，但处理并列排名的方式不同。如果两行有相同的排序值，RANK() 函数会为这两行分配相同的排名，并跳过下一个排名，而 DENSE_RANK() 则不会跳过。

3. PERCENT_RANK() 和 CUME_DIST()：这两个函数都用于计算相对排名。PERCENT_

RANK() 计算的是当前行在窗口内的相对位置，而 CUME_DIST() 计算的是窗口内位于当前行之前的行数占总行数的比例。

4. FIRST_VALUE()、LAST_VALUE() 和 NTH_VALUE()：这些函数返回窗口内的第一行、最后一行或指定行的值。注意，这些函数返回的是窗口内排序后的第一行、最后一行或指定行的值，而不是窗口内物理上的第一行、最后一行或指定行的值。

5. LEAD() 和 LAG()：这两个函数用于访问窗口内的其他行，而不是当前行。LEAD() 函数返回窗口内位于当前行之后的行，而 LAG() 函数返回窗口内位于当前行之前的行。

6. SUM()、AVG()、MIN()、MAX()、COUNT() 等聚合函数：这些函数在窗口内对指定列的值进行聚合计算。

窗口函数是一种强大的工具，能够在数据库级别进行复杂的数据分析，而不需要在客户端进行进一步处理。

2. 分组排序

构建以下提示内容，使用 ROW_NUMBER()、RANK()、DENSE_RANK() 函数对查询结果进行排序和分组。

> 💬 **提示的内容如下（使用 GPT-4 模型）。**
>
> **角色：** 你是 SQL 专家，按以下要求编写 SQL。
>
> 1. **指令：** 使用 ROW_NUMBER()、RANK()、DENSE_RANK() 对"顾客付款信息表"进行分组排序；"客户编号"列作为窗口分组列，按"付款金额"列值降序排序。
>
> 2. **SQL 版本：** PostgreSQL 13
>
> 3. **元数据：** 顾客付款信息表定义如下
>
> ```
> CREATE TABLE payment        -- 创建顾客付款信息表
> (
>  payment_id serial4 NOT NULL,  -- 付款流水号
>  customer_id int4 NOT NULL,    -- 客户编号
>  staff_id int4 NOT NULL,       -- 员工编号
>  rental_id int4 NOT NULL,      -- 租赁号
>  amount numeric(5, 2) NOT NULL,    -- 付款金额
>  payment_date timestamp NOT NULL,  -- 付款日期
>  CONSTRAINT payment_pkey PRIMARY KEY (payment_id)  -- 设置主键约束
> );
> ```
>
> 4. **警告信息：** 对有风险的 SQL 语句发出警告，特别是数据修改、数据删除、性能低下的 SQL 语句。

ChatGPT 的回答如下。

> ⑤ **ChatGPT 的回答如下。**
>
> 以下是满足你需求的 SQL 查询。使用 ROW_NUMBER()、RANK() 和 DENSE_RANK() 函数，按

"客户编号"分组，并按"付款金额"降序排序：

```
SELECT
  customer_id,
  amount,
  ROW_NUMBER() OVER(PARTITION BY customer_id ORDER BY amount DESC) as row_
number,
  RANK() OVER(PARTITION BY customer_id ORDER BY amount DESC) as rank,
  DENSE_RANK() OVER(PARTITION BY customer_id ORDER BY amount DESC) as
dense_rank
FROM
  payment;
```

这个查询的结果将包含每个客户的付款金额，以及三种不同类型的排名：ROW_NUMBER()、RANK()和DENSE_RANK()。每种排名都是在每个客户的付款金额中进行的，并且按照付款金额的降序排序。

拷贝上述SQL语句执行，输出结果如图8-8所示。对比三个函数的排序结果会发现较大的差异，为了能合理选择这3个函数，继续向ChatGPT进行提问。

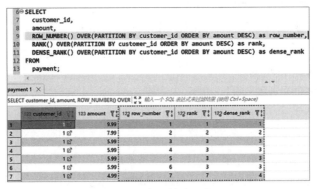

图 8-8 窗口排序函数

构建以下提示内容，明确ROW_NUMBER()、RANK()和DENSE_RANK()3个函数的使用场景。

> 🔟 **提示的内容如下（使用GPT-4模型）。**
>
> 指令：ROW_NUMBER()、RANK()和DENSE_RANK()3个函数执行结果可能不同，针对不同应用场景应如何选择这3个函数。

ChatGPT的回答如下。

> 🌀 **ChatGPT的回答如下。**
>
> ROW_NUMBER()、RANK()和DENSE_RANK()是PostgreSQL的窗口函数，它们都能在数据集中对行进行排序并生成一个唯一的排名，但处理方式有所不同。选择哪个函数，取决于你的具体需求。

1. ROW_NUMBER(): 这个函数会为结果集中的每一行分配一个唯一的数字。在排序值相同时，分配的数字并不相同，哪一行先获得数字取决于数据库的内部处理（这种情况下的顺序并不保证一致）。如果你需要为每一行都分配一个独一无二的序号，那么就应该使用这个函数。

2. RANK(): 这个函数在排序值相同时会给出相同的排名。但是，它会"跳过"后续的排名。例如，如果有两行共享第一名，那么下一行将会被排为第三名。如果你想让相同的值有相同的排名，而且下一个值的排名应该反映出前面有多少行与它排序在前面，那么应该使用RANK()。

3. DENSE_RANK(): 与RANK()类似，DENSE_RANK()也会给相同的值分配相同的排名，但是它不会跳过任何排名。在上述例子中，如果有两行共享第一名，那么下一行将会被排为第二名。如果你想让相同的值有相同的排名，但是不想跳过任何排名，那么应该使用DENSE_RANK()。

所以，具体选择哪个函数，要根据你的需求来判断。如果你只是需要唯一的行编号，那么ROW_NUMBER()就足够了。如果你需要对相同的值进行相同的排名，那么就需要选择RANK()或DENSE_RANK()。在这两者之间的选择，就要看你是否想在排名中跳过某些值。

3. 累积分布与百分比

通过函数，如CUME_DIST()、PERCENT_RANK()等函数计算查询结果的累积分布和百分比排名，构建以下提示内容进行实践计算。

> 🔟 **提示的内容如下（使用GPT-4 模型）。**
>
> 　　指令：使用CUME_DIST函数对每个客户每个月的付款记录按金额降序，计算其累积分布百分比。

ChatGPT 的回答如下。

> ⑤ **ChatGPT 的回答如下。**
>
> 　　你可以使用CUME_DIST()窗口函数来计算累积分布。这个函数会返回当前行的值在分组中的累积分布位置。以下是满足你需求的SQL查询，其中将对每个客户每个月的付款记录按金额降序，计算其累积分布百分比。

```
SELECT
  customer_id,
  DATE_TRUNC('month', payment_date) AS payment_month,
  amount,
  CUME_DIST() OVER(
    PARTITION BY customer_id, DATE_TRUNC('month', payment_date)
    ORDER BY amount DESC
  ) AS cume_dist
FROM
  payment;
```

这个查询会按每个客户及付款的月份进行分组，然后在每个组内按付款金额的降序进行排序。CUME_DIST()函数会计算出每行在其所属组内的累积分布位置。

> 在这个查询中，DATE_TRUNC('month', payment_date)用于获取付款日期的月份部分（忽略日和更小的时间单位）。这样做的目的是将数据按月进行分组。

4. 比较组内数据

LEAD()和LAG()函数用于访问当前行之前或之后的行的值，FIRST_VALUE()、LAST_VALUE()函数可以访问窗口分组中第一个和最后一个值。构建以下提示内容进行使用实践。

> 🔟 **提示的内容如下（使用GPT-4 模型）。**
> 1. 窗口分组：以员工编号、客户编号作为分组列，付款金额、付款日期按升序排序。
> 2. 使用FIRST_VALUE()、LAST_VALUE()获取分组窗口中第一个、最后一个付款金额。
> 3. 使用LEAD()函数计算下次付款金额，使用LAG()函数计算上次付款金额。

ChatGPT 的回答如下。

> ⑤ **ChatGPT 的回答如下。**
> 以下是满足你需求的SQL 查询：
>
> ```
> SELECT
>   staff_id,
>   customer_id,
>   payment_date,
>   amount,
>   FIRST_VALUE(amount) OVER(PARTITION BY staff_id, customer_id ORDER BY
> amount ASC, payment_date ASC) as first_amount,
>   LAST_VALUE(amount) OVER(PARTITION BY staff_id, customer_id ORDER BY
> amount ASC, payment_date ASC RANGE BETWEEN UNBOUNDED PRECEDING AND
> UNBOUNDED FOLLOWING) as last_amount,
>   LEAD(amount, 2) OVER(PARTITION BY staff_id, customer_id ORDER BY amount
> ASC, payment_date ASC) as next_next_amount,
>   LAG(amount) OVER(PARTITION BY staff_id, customer_id ORDER BY amount ASC,
> payment_date ASC) as prev_amount
> FROM
>   payment;
> ```
>
> 该查询实现了以下要求。
> 1. 使用FIRST_VALUE()函数获取了分组窗口中的第一个付款金额，LAST_VALUE()函数获取了分组窗口中的最后一个付款金额。注意，由于LAST_VALUE()默认只看到从窗口开始到当前行的行，因此需要加上RANGE BETWEEN UNBOUNDED PRECEDING AND UNBOUNDED FOLLOWING，才能在整个窗口范围内工作。
> 2. 使用LEAD()函数计算了下下次（当前行后第二行）的付款金额，LAG()函数计算了上一次（当前行前一行）的付款金额。LEAD(amount, 2)表示前进两行，如果你要获得下一次的付款金额，可以改为LEAD(amount)。

8.10.2 窗口函数分析注意事项

构建以下提示内容，学习在使用 SQL 窗口函数进行数据分析时需注意的事项。

> 🔟 提示的内容如下（使用 GPT-4 模型）。
>
> *简要*说明使用 SQL 窗口函数进行数据分析时要注意哪些事项。

ChatGPT 的回答如下。

> 🌀 **ChatGPT 的回答如下。**
>
> 使用 SQL 窗口函数进行数据分析时，请注意以下几点。
>
> 1. 正确的分区和排序：确保正确使用 PARTITION BY 子句对数据进行分组，以便在每个分组中独立应用窗口函数。使用 ORDER BY 子句对分组数据进行适当的排序，以确保窗口函数正确应用。
>
> 2. 性能优化：窗口函数可能导致查询性能降低，尤其是在处理大量数据时。考虑创建索引、物化视图或使用其他优化策略来提高查询性能。避免在查询中使用多个窗口函数，如果可能，尽量在一个窗口子句中包含多个函数。
>
> 3. 理解窗口帧：了解如何使用 ROWS 或 RANGE 子句定义窗口帧，并确保它们在窗口函数中正确应用。这些子句确定窗口中的哪些行对于计算结果可用。
>
> 4. 选择合适的窗口函数：根据具体需求，了解并选择正确的窗口函数。例如，ROW_NUMBER()、RANK() 和 DENSE_RANK() 都会生成排名，但处理方式有所不同。
>
> 5. 注意数据类型：确保在使用窗口函数时，操作的数据类型是兼容的。在某些情况下，可能需要使用显式类型转换来保证正确的结果。
>
> 6. 测试和验证：在使用窗口函数进行复杂数据分析时，请充分测试查询并验证结果的准确性。注意可能出现的边缘情况，并确保查询逻辑在这些情况下也能正常工作。
>
> 7. 代码可读性：窗口函数可能使查询变得复杂，确保你的查询逻辑易于理解和维护。在必要时添加注释，解释窗口函数与其他子句的目的和工作原理。

8.11 报表分析

报表分析的关键在于明确分析目标，运用 SQL 实现数据提取、聚合、处理和关联作为生成报表的基础。

8.11.1 构建报表分析提示

为了更轻松地实践报表分析的提示，基于图 8-9 表间关系编写对应的视图，然后通过视图进行报表分析。

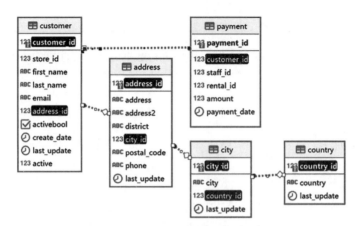

图 8-9 用于报表分析的各表关系

构建以下提示内容，让 ChatGPT 编写创建视图的 SQL 语句。

📖 **提示的内容如下（使用 GPT-4 模型）。**

角色：你是 SQL 专家，按以下要求编写 SQL。

1. 指令：

1.1 关联 payment（顾客付款信息表）、customer（顾客信息表）、address（地址信息表）、city（城市信息表）、country（国家信息表）5 张表生成一张名为 payment_view 的视图

1.2 视图字段包括：payment 表的所有字段；拼接 customer.first_name 和 customer.last_name；address.address；city.city；country.country

2. SQL 版本：PostgreSQL 13

3. 元数据：

3.1 这 5 张表通过外键约束建立了层级关系

payment -> customer -> address -> city -> country

3.2 具体关联字段如下：

payment（外键 customer_id）-> customer（主键 customer_id）

customer（外键 address_id）-> address（主键 address_id）

address（外键 city_id）-> city（主键 city_id）

city（外键 country_id）-> country（主键 country_id）

4. 警告信息：对有风险的 SQL 语句发出警告，特别是数据修改、数据删除、性能低下的 SQL 语句。

ChatGPT 的回答如下，可拷贝 SQL 语句执行，验证能否成功创建视图。

---

⑤ **ChatGPT 的回答如下。**

你的请求是创建一个视图，这个视图连接了 payment、customer、address、city、country 五张表，并包含了所需的特定字段。下面的 SQL 语句可以满足这个需求。

```
CREATE OR REPLACE VIEW payment_view AS
```

```
SELECT
    payment.*,
    customer.first_name || ' ' || customer.last_name AS customer_name,
    address.address,
    city.city,
    country.country
FROM
    payment
    INNER JOIN customer ON payment.customer_id = customer.customer_id
    INNER JOIN address ON customer.address_id = address.address_id
    INNER JOIN city ON address.city_id = city.city_id
INNER JOIN country ON city.country_id = country.country_id;
```

这个视图将返回一个新的结果集，其中包括 payment 表的所有字段、拼接了的顾客名、地址、城市和国家。在这个结果集中，所有的行都来自 payment、customer、address、city 和 country 五张表的联接。

1. 报表分页

报表前端分页是通过数据库分页查询实现的，这是获取报表数据的最佳方式，可以最大限度发挥数据库和系统性能。构建以下提示内容，让 ChatGPT 编写分页查询 SQL。

> 🔟 **提示的内容如下（使用 GPT-4 模型）。**
>
> 基于视图 payment_view 做分页查询，按"付款日期"payment_date 降序排序。
> 前端传递的参数：rows（每页行数）、pages（分页数）。

ChatGPT 的回答如下。

> 🌀 **ChatGPT 的回答如下。**
>
> 在 PostgreSQL 中，你可以使用 LIMIT 和 OFFSET 来实现分页查询。LIMIT 用于限制查询返回的结果数量，OFFSET 用于设置在开始返回结果之前跳过的行数。这种方式的分页查询是通过服务端实现的，所以它不会给客户端带来太多的负担。
>
> 以下是一种可能的实现方式，这里的 rows 是每页行数，pages 是分页数。
>
> ```
> SELECT *
> FROM payment_view
> ORDER BY payment_date DESC
> LIMIT :rows OFFSET :rows * (:pages - 1)
> ```
>
> 在这个查询中，:rows 和 :pages 是参数，你需要在执行这个查询前设置这两个参数的值。这个查询将返回 payment_view 视图的所有列，并按照 payment_date 列的值降序排序。返回的结果数量将被限制为 rows，并且在开始返回结果之前，会跳过 rows * (pages - 1)行。
>
> 注意，分页数 pages 是从 1 开始的，所以在计算 OFFSET 值时，我们需要从 pages 中减去 1。如果

pages是从0开始的，就不需要减1了。

另外要注意，因为这个查询使用了LIMIT和OFFSET，所以如果你的数据经常变动，或者你的查询返回了大量的数据，那么你可能会看到所谓的"幽灵行"——这些行在你的结果集中突然出现或消失。这是因为LIMIT和OFFSET的操作是在数据库已经获取了所有可能的结果之后执行的，所以如果在执行查询的过程中，数据发生了变化，那么结果集也可能会变化。

拷贝上述分页查询SQL语句执行，查询的结果如图8-10所示。传递的参数中rows值为20，pages值为3。

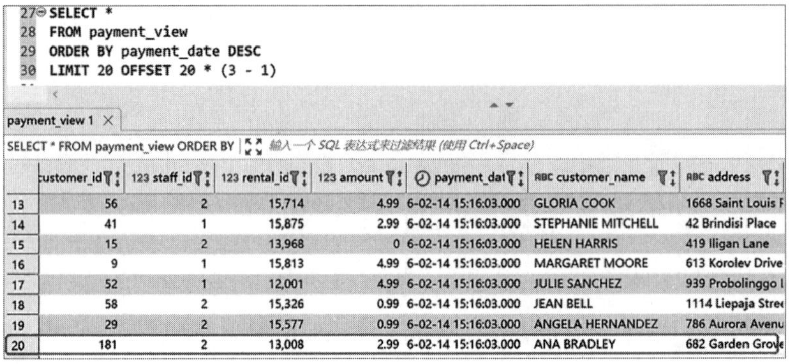

图 8-10　分页查询

2. 汇聚计算

构建以下提示内容，让ChatGPT编写汇聚计算SQL语句。

> **提示的内容如下（使用GPT-4 模型）。**
>
> 指令：对payment_view视图进行汇聚计算，汇聚列为staff_id（员工编号）、payment_date（付款日期）的年份数据；汇聚计算amount（付款金额）的最大值、最小值、平均值、方差、标准差。

ChatGPT的回答如下。

> **ChatGPT的回答如下。**
>
> 在PostgreSQL中，你可以使用EXTRACT(YEAR FROM date)函数从日期字段中提取年份。此外，你可以使用MAX()、MIN()、AVG()、VAR_POP()和STDDEV_POP()函数来计算amount的最大值、最小值、平均值、方差和标准差。以下是满足你需求的SQL语句。

```
SELECT
    staff_id,
    EXTRACT(YEAR FROM payment_date) AS payment_year,
    MAX(amount) AS max_amount,
    MIN(amount) AS min_amount,
    AVG(amount) AS avg_amount,
    VAR_POP(amount) AS var_amount,
```

```
    STDDEV_POP(amount) AS stddev_amount
FROM
    payment_view
GROUP BY
    staff_id,
payment_year;
```

这个查询将返回每个员工（staff_id）每年（payment_year）的付款金额（amount）的最大值、最小值、平均值、方差和标准差。

注意：在这个查询中，我们使用的是 VAR_POP() 和 STDDEV_POP() 函数，这两个函数计算的是总体方差和总体标准差。如果你需要计算样本方差和样本标准差，你可以使用 VAR_SAMP() 和 STDDEV_SAMP() 函数。

拷贝上述汇聚计算 SQL 语句执行，查询的结果如图 8-11 所示。

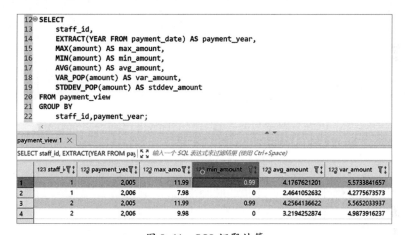

图 8-11 SQL 汇聚计算

8.11.2 报表分析注意事项

构建以下提示内容，学习在使用 SQL 窗口函数进行数据分析时需注意的事项。

提示的内容如下（使用 GPT-4 模型）。

*简要*说明使用 SQL 构建数据报表时要注意哪些事项。

ChatGPT 的回答如下。

ChatGPT 的回答如下。

在使用 SQL 构建数据报表时，有几点需要特别注意。

1. 数据质量：首先要确保使用的数据是准确、完整和可靠的。不准确或不完整的数据会导致报表结果的误导。

2. 性能优化：对于大数据集，复杂的查询可能会导致性能问题。这时候就需要使用如索引、视图等方式来提升查询性能。

3. 理解业务需求：理解业务需求和目标对于构建有意义的报表至关重要。了解报表的目标受众，他们希望了解什么信息，以及他们将如何使用这些信息，对于设计和创建有用的报表至关重要。

4. 数据安全和隐私：确保你的查询不会泄露敏感信息，且你对查询的数据具有相应的访问权限。

5. SQL 兼容性：需要确保你写的 SQL 语句能够在数据库系统上运行，各种数据库系统（如 MySQL、PostgreSQL、SQL Server、Oracle 等）对 SQL 的实现可能会有所不同。

6. 报表可读性：尽可能使报表清晰、简洁且容易理解。报表应清晰地传达想要表达的信息，避免出现误导用户的情况。

7. 报表验证：构建完成后要对报表进行验证，确保报表结果的准确性。同时，如果底层数据有更新，也要定期对报表进行校验和维护。

8. 分页和排序：如果报表数据量大，应考虑使用分页来提高用户体验，还可以提供数据排序功能，方便用户查找和分析数据。

以上这些都是在使用 SQL 构建数据报表时需要注意的事项。

8.12 NULL 值处理

在 SQL 中，NULL 表示缺少值或未知值。它是一个特殊的值，用于表示某个数据字段中的缺失或未定义数据。NULL 值在 SQL 编程和查询中具有特定的行为和特征。

8.12.1 NULL 值处理提示

1. 认识 NULL 值

构建以下提示内容，认识 NULL 值是什么，有哪些处理 NULL 值的函数和操作符。

> 🔟 **提示的内容如下（使用 GPT-4 模型）。**
>
> 角色：你是 SQL 专家。
>
> 1. 指令：SQL 中 NULL 值表示什么，有哪些处理 NULL 值的函数和操作符
>
> 2. SQL 版本：PostgreSQL 13

ChatGPT 的回答如下。

> 🔵 **ChatGPT 的回答如下。**
>
> 在 SQL 中，NULL 值代表一个字段没有值。这并不是说该字段的值等于 0，也不是说该字段的值是空字符串，而是说该字段根本没有值。这可能是因为该字段的值未知，或者该字段在某个特定的记录中不适用，或者该字段的值尚未确定。在处理 NULL 值时，PostgreSQL 提供了一些函数和操作符。
>
> 1. IS NULL：这是一个条件表达式，用于检查字段是否为 NULL。例如，SELECT * FROM table WHERE column IS NULL;。

2. IS NOT NULL：这是一个条件表达式，用于检查字段是否不为 NULL。例如，SELECT ＊ FROM table WHERE column IS NOT NULL;。

3. COALESCE：这个函数接收一系列参数，并返回这些参数中的第一个非 NULL 参数。例如，SELECT COALESCE(NULL, NULL, 3, 'foo');将返回 3。

4. NULLIF：这个函数接收两个参数。如果两个参数相等，那么它就返回 NULL；否则，它就返回第一个参数。例如，SELECT NULLIF(5, 5);将返回 NULL。

5. CASE：CASE 语句可以在某些条件下返回不同的值，这可以用来处理 NULL 值。例如，SELECT CASE WHEN column IS NULL THEN 'N/A' ELSE column END FROM table;。

以上是一些常见的处理 NULL 值的函数和操作符。在实际使用中，处理 NULL 值需要谨慎，因为 NULL 值在很多操作中的行为可能和你预期的不同。例如，在大多数情况下，NULL 与任何值的比较都会返回 NULL，而不是返回 true 或 false。因此，在处理可能含有 NULL 值的字段时，你需要明确你的处理方式，以防止出现意外的结果。

2. 定义列值是否可取 NULL 值

构建以下提示内容，了解如何将列值定义为可取 NULL。

> ⏱ 提示的内容如下（使用 GPT-4 模型）。
>
> 定义列时如何设置列值是否可为 NULL？

ChatGPT 的回答如下。

> ⑤ ChatGPT 的回答如下。
>
> 在 SQL 中，当你在定义或更改一个表的结构时，可以指定一个列的值是否可以为 NULL。在 PostgreSQL 中，你可以在创建表或添加新列时使用 NOT NULL 约束，或在列定义后添加 NULL 关键字来明确允许 NULL 值。以下是一些示例。
>
> 1. 创建一个新表，并设置某些列为 NOT NULL：
>
> ```
> CREATE TABLE employees (
>     id INTEGER PRIMARY KEY,
>     first_name VARCHAR(50) NOT NULL,
>     last_name VARCHAR(50) NOT NULL,
>     email VARCHAR(100),
>     birth_date DATE
> );
> ```
>
> 在上面的例子中，first_name 和 last_name 列不允许为 NULL 值，而 email 和 birth_date 列则允许为 NULL 值。
>
> 2. 为现有表添加一个新列，并设置该列为 NOT NULL：
>
> ALTER TABLE employees ADD COLUMN phone_number VARCHAR(20) NOT NULL;
>
> 在上面的例子中，我们为 employees 表添加了一个新列 phone_number，并设置了 NOT NULL 约

束，意味着这个列的值不能为NULL。

3. 修改现有列的NULL值：

如果你需要修改一个已经存在的列，使其不再接受NULL值（或开始接受NULL值），可以使用ALTER TABLE语句：

```
-- 不再接受NULL值
ALTER TABLE employees ALTER COLUMN email SET NOT NULL;
-- 开始接受NULL值
ALTER TABLE employees ALTER COLUMN email DROP NOT NULL;
```

注意，如果你在一个已经含有NULL值的列上添加NOT NULL约束，那么这个操作将会失败。在添加NOT NULL约束之前，需要先确保这个列中没有NULL值。

3. 数据排序时对NULL值的处理

构建以下提示内容，明确在排序时要如何处理NULL值。

> 🔟 **提示的内容如下（使用GPT-4 模型）。**
>
> 使用ORDER BY子句排序时要如何处理NULL值，以避免NULL值带来的问题？

ChatGPT 的回答如下。

> ⑤ **ChatGPT的回答如下。**
>
> 在使用ORDER BY子句进行排序时，NULL值的处理方式可能会因不同的数据库系统而异。在PostgreSQL中，默认情况下，NULL值会被排序在所有其他值的末尾，无论是升序还是降序排序。
>
> 如果你希望改变NULL值在排序中的位置，可以使用 NULLS FIRST 或 NULLS LAST 选项。这两个选项可以明确指定在排序时NULL值应该出现在前面还是后面。
>
> 例如，如果你希望在升序排序时将NULL值放在前面，可以这样写：
>
> ```
> SELECT * FROM table ORDER BY column ASC NULLS FIRST;
> ```
>
> 如果你希望在降序排序时将NULL值放在后面，可以这样写：
>
> ```
> SELECT * FROM table ORDER BY column DESC NULLS LAST;
> ```
>
> 需要注意的是，NULLS FIRST 和 NULLS LAST 是PostgreSQL特有的语法，不是所有的数据库系统都支持这两个选项。在一些其他的数据库系统中，你可能需要使用其他的方法来处理排序中的NULL值，例如，使用 COALESCE 函数或 CASE 表达式。

4. 数据汇总时对NULL值的处理

构建以下提示内容，明确在数据汇总时要如何处理NULL值。

使用 GROUP BY 子句汇总时要如何处理 NULL 值，以避免 NULL 值带来的问题？

ChatGPT 的回答如下。

⑤ ChatGPT 的回答如下。

在 SQL 中，当使用 GROUP BY 子句进行分组时，NULL 值会被视为一个单独的组。

举个例子，假设我们有一个员工表，包含员工的姓名和他们的部门 ID，我们想根据部门 ID 对员工进行分组，并计算每个部门的员工数量，可能会写出如下的查询代码：

```
SELECT department_id, COUNT(*)
FROM employees
GROUP BY department_id;
```

在这个查询中，所有 department_id 为 NULL 的员工会被归为一个组，COUNT(*) 函数会返回这个组的员工数量。如果你想在结果中排除掉这些部门 ID 为 NULL 的员工，可以在 WHERE 子句中添加条件来排除这些记录，如下所示：

```
SELECT department_id, COUNT(*)
FROM employees
WHERE department_id IS NOT NULL
GROUP BY department_id;
```

在这个查询中，所有 department_id 为 NULL 的员工都不会被包含在结果中。另一种方法是使用 COALESCE 函数将 NULL 值转换为其他值，如下所示：

```
SELECT COALESCE(department_id, 'N/A') as department_id, COUNT(*)
FROM employees
GROUP BY COALESCE(department_id, 'N/A');
```

在这个查询中，所有 department_id 为 NULL 的员工会被归为一个名为 'N/A' 的组。

总的来说，处理 GROUP BY 子句中的 NULL 值主要取决于你的业务需求和数据的含义，可以根据需要选择合适的处理方法。

8.12.2　NULL 值处理注意事项

构建以下提示内容，学习在使用 SQL 窗口函数进行数据分析时需注意的事项。

简要 说明处理 NULL 值时要注意哪些事项。

ChatGPT 的回答如下。

> **ChatGPT 的回答如下。**
>
> 处理 SQL 中的 NULL 值时，你需要注意以下几点。
>
> 1. NULL 的含义：在 SQL 中，NULL 表示未知、缺失或不适用的值，而不是零或空字符串。
>
> 2. NULL 的比较：你不能使用 = NULL 或 <> NULL 来检查一个字段是否为 NULL 或不为 NULL。应使用 IS NULL 或 IS NOT NULL。
>
> 3. NULL 在聚合函数中的行为：大多数聚合函数（如 COUNT、SUM、AVG 等）会忽略 NULL 值，但 COUNT(*) 则会包含 NULL。
>
> 4. NULL 在运算中的行为：与 NULL 值进行的大多数运算都将返回 NULL。例如，任何数加 NULL 结果为 NULL。
>
> 5. NULL 在逻辑运算中的行为：在逻辑运算中，NULL 的处理方式可能比较复杂。例如，NULL AND TRUE 的结果是 NULL，而 NULL OR TRUE 的结果是 TRUE。
>
> 6. NULL 在排序和分组中的行为：在排序和分组操作中，NULL 可能会被视为最小的值，或者是一个独特的值。处理方式可能因数据库系统的不同而不同。
>
> 7. 处理 NULL 的函数：有一些函数，如 COALESCE 和 NULLIF，可以用来处理 NULL 值。
>
> 总的来说，处理 NULL 值需要谨慎，因为 NULL 值在很多操作中的行为可能与你预期的不同。在处理可能含有 NULL 值的字段时，需要明确你的处理方式，以防止出现意外的结果。

8.13 集成 Python 数据分析

Python 是一门非常流行的数据分析语言，而 SQL 是一门标准的数据库查询语言。将两者结合可以让我们更容易地对数据库的数据进行分析。

8.13.1 集成的方式

构建以下提示内容，学习将 SQL 与 Python 结合进行数据分析的方法。

> **提示的内容如下（使用 GPT-4 模型）。**
>
> 如何将 SQL 和 Python 结合进行数据分析和挖掘？

ChatGPT 的回答如下。

> **ChatGPT 的回答如下。**
>
> Python 是一个强大的数据分析和挖掘工具，而 SQL 是数据库管理中最常用的查询语言。Python 有多个库可以用于和 SQL 数据库交互，从而结合使用这两个工具进行数据分析和挖掘。
>
> 以下是一些常用的步骤。
>
> 1. 安装必要的库：你需要一些 Python 库来和 SQL 数据库交互，比如 pandas、sqlalchemy 和 pyodbc（如果你正在使用的是 Microsoft SQL Server），可以使用 pip 安装这些库，例如，
>
> ```
> pip install pandas sqlalchemy pyodbc
> ```

2. 建立数据库连接：使用 sqlalchemy 创建一个 engine，然后使用这个 engine 创建一个连接。例如，如果你正在使用 Microsoft SQL Server，可以这样做：

```
from sqlalchemy import create_engine
server = 'your_server'
database = 'your_database'
username = 'your_username'
password = 'your_password'
driver = 'your_driver'
engine= create_engine(f'mssql+pyodbc://{username}:{password}@{server}/
{database}?driver={driver}')
connection = engine.connect()
```

3. 执行 SQL 查询：使用pandas 的read_sql函数执行 SQL 查询并将结果存储在一个DataFrame 中。例如，

```
import pandas as pd
sql_query = "SELECT * FROM your_table"
df = pd.read_sql(sql_query, connection)
```

这将执行你的 SQL 查询并将结果存储在一个 pandas DataFrame 中。

4. 进行数据分析和挖掘：现在你可以使用 pandas、numpy、scikit-learn、matplotlib、seaborn 等库对数据进行分析和挖掘。例如，你可以使用 pandas 的函数来查看数据的摘要统计信息，或者使用 matplotlib 来创建图表。

5. 将结果写回数据库：如果你对数据进行了更改或创建了新的数据，可能想要将结果写回数据库。你可以使用 pandas 的 to_sql 函数来完成这个任务。例如，

```
df.to_sql('your_table', connection, if_exists='append')
```

这将把 DataFrame df 写回数据库，如果表 'your_table' 已经存在，新的数据将被添加到表的末尾。

6. 关闭数据库连接：记住，当你完成所有操作后，关闭与数据库的连接是一个好习惯。

8.13.2　连接到数据库

构建以下提示内容，让ChatGPT 编写连接到PostgreSQL 数据库的Python代码。

> 💬 提示的内容如下（使用GPT-4 模型）。
>
> 按以下要求编写代码。
> 1. 安装psycopg2 库的命令。
> 2. 使用read_sql函数连接PostgreSQL 数据库。

ChatGPT 的回答如下。

⑤ **ChatGPT 的回答如下。**

首先，你需要安装必要的 Python 库，包括 pandas 和 sqlalchemy，还有用于连接 PostgreSQL 数据库的 psycopg2。在你的命令行界面中，输入以下命令：

```
pip install pandas sqlalchemy psycopg2-binary
```

在安装完成后，你可以使用以下代码连接到 PostgreSQL 数据库并执行 SQL 查询：

```
from sqlalchemy import create_engine
import pandas as pd
# 用你的实际数据库参数替换这些
database_username = 'your_username'
database_password = 'your_password'
database_ip       = 'your_ip'
database_name     = 'your_database'

database_connection= create_engine(f'postgresql+psycopg2://{database_
username}:{database_password}@{database_ip}/{database_name}')

query = "SELECT * FROM your_table" # 使用你实际的SQL查询替换这个
df = pd.read_sql(query, con=database_connection)
# 确保在完成后关闭数据库连接
database_connection.dispose()
```

请注意，你需要用数据库参数替换代码中的 database_username、database_password、database_ip 和 database_name。同时你也需要用实际想要执行的 SQL 查询来替换 query 变量。

这样，你就可以使用 Python 中的 pandas 和 sqlalchemy 库从 PostgreSQL 数据库中读取数据了。

在第 7 章介绍 Python 数据分析时，已经安装了 Pandas 包。在这里，只需要安装 sqlalchemy 包和 psycopg2 包，但要注意它们的版本与 Pandas 匹配。在拷贝上述代码之后，替换数据库参数和 SQL 语句，并执行它们，如图 8-12 所示。

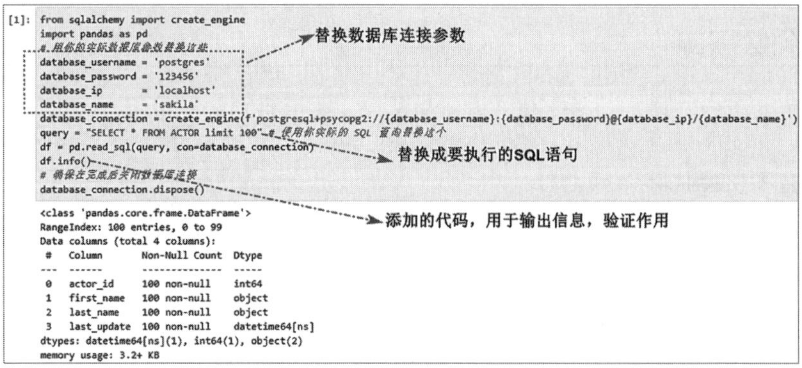

图 8-12　修改数据库参数和 SQL 语句

8.13.3 调用 SQL

8.13.2 节的提示内容让 ChatGPT 生成了结合 Python 和 SQL 连接数据库的代码，本节构建生成 SQL 的提示内容。

> 🔟 提示的内容如下（使用 GPT-4 模型）。
>
> 角色：你是 SQL 专家，按以下要求编写 SQL。
>
> 1. 指令：关联 film（电影信息表）、film_category（电影分类关联表）、category（分类表）。关联结果字段：电影信息表的所有字段；分类表的 name 字段，重命名为 category_name。
>
> 2. SQL 版本：PostgreSQL 13
>
> 3. 元数据：表间关系如下
>
> film_category（外键 category_id）->category（主键 category_id）
>
> film_category（外键 film_id）->film（主键 film_id）
>
> 4. 警告信息：对有风险的 SQL 语句发出警告，特别是数据修改、数据删除、性能低下的 SQL 语句。

ChatGPT 的回答如下，拷贝 SQL 语句赋值给 8.13.2 节 Python 代码中的 "query" 变量，然后执行代码验证能否正常执行。

> 🌀 ChatGPT 的回答如下。
>
> 根据你的需求，我为你编写了以下的 SQL 查询语句。
>
> ```sql
> SELECT f.*, c.name AS category_name
> FROM film f
> JOIN film_category fc ON f.film_id = fc.film_id
> JOIN category c ON fc.category_id = c.category_id;
> ```
>
> 在这个查询中，我们使用 JOIN 语句将电影信息表（film）、电影分类关联表（film_category）及分类表（category）进行了关联。选择了电影信息表的所有字段，并且选择了分类表的 name 字段，然后将其重命名为 category_name。

8.13.4 数据处理

若 8.13.3 节的 SQL 对数据处理仍未达到分析要求，可继续构建如下提示内容，使用 Python 继续数据处理。ChatGPT 只有掌握了必要的信息，才可以编写符合要求的代码，将 8.13.3 节执行 SQL 语句的结果信息作为提示内容。

> 🔟 提示的内容如下（使用 GPT-4 模型）。
>
> 按以下要求编写代码。
>
> 1. 已知 Pandas DataFrame 类型对象 df，df.dtypes 输出如下。

```
film_id                    int64
title                      object
description                object
release_year               int64
language_id                int64
original_language_id       object
rental_duration            int64
rental_rate                float64
length                     int64
replacement_cost           float64
rating                     object
last_update                datetime64[ns]
special_features           object
fulltext                   object
category_name              object
```

2. 按df的category_name(电影分类)字段汇总。计算rental_duration(租借天数)、rental_rate(对应租赁天数的租借费用)的最大值、最小值、平均值。

ChatGPT 的回答如下。

> **⑤ ChatGPT 的回答如下。**
>
> 根据你的要求，我们可以使用pandas的 groupby 和 agg 函数来达到目标。以下是你需要的Python代码：
>
> ```python
> summary_df = df.groupby('category_name').agg({
>     'rental_duration': ['max', 'min', 'mean'],
>     'rental_rate': ['max', 'min', 'mean']
> })
> ```
>
> 这个代码首先根据"category_name"对 DataFrame 进行分组，然后使用 agg 函数计算"rental_duration"和"rental_rate"的最大值、最小值与平均值。
>
> 最后的 summary_df 就是按"category_name"分组后，各组的"rental_duration"和"rental_rate"的最大值、最小值与平均值。
>
> 注意：这个操作返回的DataFrame的列将会有多层索引（MultiIndex），第一层索引是原来的列名称（'rental_duration', 'rental_rate'），第二层索引是你指定的统计量名称（'max', 'min', 'mean'）。

拷贝 ChatGPT生成的Python代码执行，生成的结果如图 8-13 所示。

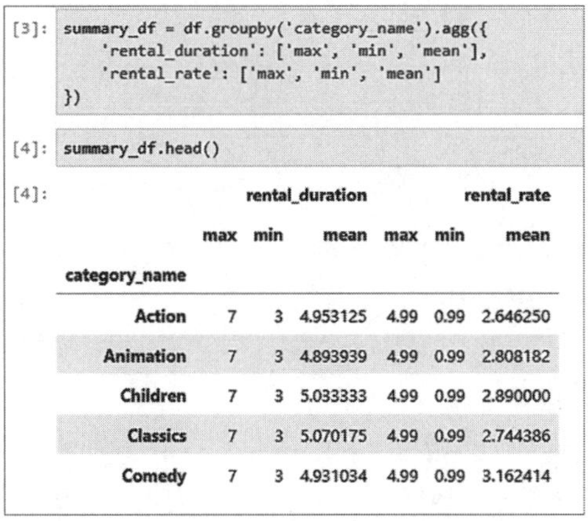

```
[3]: summary_df = df.groupby('category_name').agg({
        'rental_duration': ['max', 'min', 'mean'],
        'rental_rate': ['max', 'min', 'mean']
     })
```

```
[4]: summary_df.head()
```

category_name	rental_duration max	rental_duration min	rental_duration mean	rental_rate max	rental_rate min	rental_rate mean
Action	7	3	4.953125	4.99	0.99	2.646250
Animation	7	3	4.893939	4.99	0.99	2.808182
Children	7	3	5.033333	4.99	0.99	2.890000
Classics	7	3	5.070175	4.99	0.99	2.744386
Comedy	7	3	4.931034	4.99	0.99	3.162414

图 8-13 使用 Python 处理 SQL 查询结果

8.13.5 数据可视化

构建以下提示内容，让 ChatGPT 编写代码对 8.13.4 节生成的数据进行可视化。

🔟 **提示的内容如下（使用 GPT-4 模型）。**

按以下要求编写代码，代码用中文进行注释。

1. 使用 Matplotlib 对数据 summary_df 进行可视化操作。包含 2 个子图；图形标题为：不同类型电影的租赁信息统计；XY 轴标签名用中文。

2. 第 1 个子图，线图：category_name 作为 X 轴；rental_duration 和 rental_rate 的平均值作为 Y 轴；添加网格线。

3. 第 2 个子图，堆积柱状图：category_name 作为 X 轴；Y 轴包括 rental_duration 的平均值、最大值、最小值。

4. 将标题、图例的字体调大；将 XY 轴标签字体调大；将 XY 轴刻度调大；X 轴标签旋转 45 度。

ChatGPT 的回答如下。

⑤ **ChatGPT 的回答如下。**

以下是根据您的要求编写的 Python 代码：

```
import matplotlib.pyplot as plt

# 设置 matplotlib 正确显示中文和负号
plt.rcParams['font.sans-serif'] = ['SimHei']
plt.rcParams['axes.unicode_minus'] = False

# 创建一个大的图像窗口
fig, axes = plt.subplots(2, 1, figsize=(20, 10))
```

```python
# 第 1 个子图：线图
axes[0].plot(summary_df.index, summary_df[('rental_duration', 'mean')],
label='平均租赁期限')
axes[0].plot(summary_df.index, summary_df[('rental_rate', 'mean')], label='
平均租赁费用')
axes[0].set_title('不同类型电影的租赁信息统计', fontsize=20)
axes[0].set_xlabel('电影类型', fontsize=16)
axes[0].set_ylabel('平均值', fontsize=16)
axes[0].legend(fontsize=14)
axes[0].grid(True)  # 添加网格线
axes[0].tick_params(axis='both', which='major', labelsize=14)  # 改变XY轴刻
度大小


# 第 2 个子图：堆积柱状图
ind = range(len(summary_df.index))  # X轴的位置
width = 0.4  # 柱子的宽度

# 创建堆积柱状图
axes[1].bar(ind, summary_df[('rental_duration', 'mean')], width, label='平
均租赁期限')
axes[1].bar(ind, summary_df[('rental_duration', 'max')], width,
bottom=summary_df[('rental_duration', 'mean')], label='最大租赁期限')
axes[1].bar(ind, summary_df[('rental_duration', 'min')], width,
bottom=summary_df[('rental_duration', 'mean')]+summary_df[('rental_
duration', 'max')], label='最小租赁期限')

axes[1].set_xlabel('电影类型', fontsize=16)
axes[1].set_ylabel('租赁期限', fontsize=16)
axes[1].set_xticks(ind)
axes[1].set_xticklabels(summary_df.index, rotation=45)  # 旋转 45 度
axes[1].legend(fontsize=14)
axes[1].tick_params(axis='both', which='major', labelsize=14)  # 改变XY轴刻
度大小


# 调整布局以使标题 / 标签不重叠
plt.tight_layout()
plt.show()
```

在这段代码中，我们首先创建了一个新的图形窗口，并设置了图形的大小。然后，我们在第一个子图
中绘制了 "rental_duration" 和 "rental_rate" 的平均值的线图，并添加了网格线。在第二个子图中，我
们使用堆积柱状图绘制了 "rental_duration" 的平均值、最大值和最小值。最后，我们调整了标题、图例、

XY轴标签和刻度的字体大小，使得X轴标签旋转 45 度，并显示了图形。

拷贝 ChatGPT 生成的 Python 代码执行，生成的可视化图如图 8-14 所示。

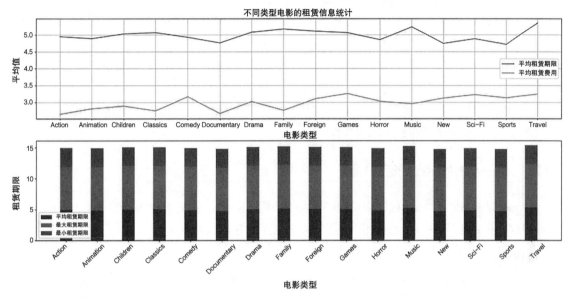

图 8-14　使用 Python 可视化 SQL 查询数据

8.14 SQL集成GPT

随着GPT模型的快速发展和卓越表现，越来越多的应用开始集成GPT模型以提升其功能和性能。在本节中，将总结构建SQL提示的方法，并探讨如何将一个开源SQL工程进行产品化。

8.14.1 总结SQL提示内容

有两个方面决定了能否构建高质量SQL提示内容，分别是个人SQL能力和大语言模型性能。

1. 个人SQL能力

构建高质量的SQL提示内容对个人提出较高的要求。这要求个人具备熟练的SQL语言和数据库知识，深入理解SQL执行过程，并能够将自然语言理解应用于实际情境，将这些理解和知识转化为有效的SQL提示内容和功能。个人需具备以下两种能力，以构建高质量的提示。

（1）持续学习能力。构建SQL提示内容并不适合SQL初学者，它更需要工程师级别的知识和技能作为基础。然而，通过使用ChatGPT，可以降低学习的难度。在第 7 章介绍的"费曼学习法提示"方法的指导下，初学者完全可以自学并掌握这一领域的知识。

（2）熟悉SQL语言知识。熟悉SQL语言的各种语句类型，如DDL、DML、DQL语句，以及它们的具体语法是生成SQL提示的基础。

2. 大语言模型性能

构建高质量的SQL提示内容需要大语言模型在自然语言理解、数据库元数据理解、SQL语句生成与优化等方面具备较强的能力。为评估大语言模型的性能，可以从以下三个方面考虑。

（1）自然语言理解。评估大语言模型是否能够准确理解自然语言描述的SQL操作要求和查询要求。

（2）数据库元数据理解。评估大语言模型是否能够理解数据库版本、数据类型、表间关系等元数据信息。

（3）SQL语句生成。评估大语言模型的性能，包括其是否能够根据需求生成正确的DDL语句、DML查询、SQL优化建议和SQL风险预警。

8.14.2 sql-translator产品介绍

sql-translator是使用Node.JS调用ChatGPT API的开源工具，可将SQL语句与自然语言互相转换，对于没有ChatGPT账号的读者可使用该工具学习SQL、构建测试提示。

1. 操作界面介绍

图8-15所示为sql-translator工具将自然语言转为SQL的操作界面。在左侧的输入框中输入提示内容，然后点击"Generate SQL"在右侧的文本框中生成对应的SQL语句。

点击图8-15中的1标识处，可切换为SQL转换自然语言的操作界面，如图8-16所示。在左侧输入框中输入SQL语句，然后点击"Generate Natural Language"在右侧文本框中生成对应的自然语言。

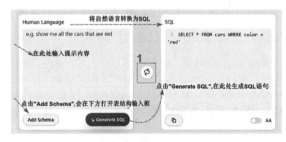

图8-15　自然语言转为SQL的操作界面　　　　图8-16　SQL转换自然语言的操作界面

2. 实践操作

（1）将SQL翻译为自然语言。如图8-17所示，将8.7节生成的SQL转换为自然语言。由于sql-translator工具功能还不完善，为了将SQL语句翻译为中文，第一行SQL语句为：SELECT "翻译为中文"。

（2）将自然语言翻译为SQL。如图8-18所示，将8.11节的提示内容翻译为SQL。

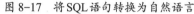
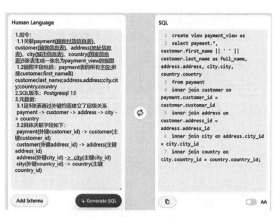

图 8-17　将 SQL 语句转换为自然语言　　　　图 8-18　将自然语言转换为 SQL

8.14.3　sql-translator 运行方式

sql-translator 是开源工具，可通过查看其源代码了解运行方式，即调用了哪些 ChatGPT API、构建了哪些提示内容。为了能更好地理解本节内容，可复习下第 3 章和第 4 章中 ChatGPT API 的内容。

1. 自然语言转 SQL

sql-translator 开源工程中有一个名为"translateToSQL.js"的脚本，作用是将输入的自然语言查询翻译成 SQL 语句，以下简要解析代码。

（1）定义 translateToSQL 函数。translateToSQL 函数接收三个参数：query 参数是自然语言查询文本；apiKey 参数是 API 密钥；参数 tableSchema 是可选参数，是表结构信息。

```
// 从 "isomorphic-unfetch" 模块导入 fetch 函数，这个函数在不同环境（如 Node.js 和浏览器）中都能使用
import fetch from "isomorphic-unfetch";
// 定义一个异步函数 translateToSQL
const translateToSQL = async (query, apiKey, tableSchema = "") => {……
```

（2）构建提示内容。在 translateToSQL 函数中首先定义一个名为 prompt 的变量，将参数 query 和 tableSchema 作为提示内容拼接到 prompt 变量中。

```
// 构造一个字符串变量 prompt，该变量被发送到 OpenAI 的 GPT-3 API，用于生成 SQL 语句
const prompt = Translate this natural language query into SQL
without changing the case of the entries given by me:\n\n"${query}"\n\n${tableSchema ? 'Use this table schema:\n\n${tableSchema}\n\n' : ''}SQL
Query:;
```

为了能更好地理解 translateToSQL 函数中的提示内容，以下将 prompt 变量内容翻译为中文。

> 提示翻译为中文：
将这个自然语言查询翻译为 SQL，不要改变我给出的信息的大小写：

```
"query 参数内容"
表结构信息：tableSchema 参数内容
SQL 查询语句为：
```

（3）调用ChatGPT API。构建完提示内容后，在translateToSQL 函数中发起API请求，代码如下所示。调用的API端点为"/v1/completions"，提示内容为prompt变量的值，使用的模型为"text-davinci-003"。

```
// 发送一个 POST 请求到 OpenAI 的 API 地址
const response = await fetch("https://api.openai.com/v1/completions", {
    method: "POST",
    headers: {
      "Content-Type": "application/json",
      Authorization: 'Bearer ${apiKey}',   // 在请求头中设置 API 密钥
    },
    body: JSON.stringify({        // 请求体中包含将发送给 API 的数据
      prompt,                     // 提示内容
      temperature: 0.5,           // 控制输出的随机性
      max_tokens: 2048,           // 最大生成的文本长度
      n: 1,                       // 生成的文本数量
      stop: "\\n",                // 生成停止的标志
      model: "text-davinci-003",    // 使用的模型
      frequency_penalty: 0.5,       // 频率惩罚
      presence_penalty: 0.5,        // 存在惩罚
      logprobs: 10,               // 生成对数概率
    }),
  });
```

（4）解析返回结果。调用ChatGPT API后，对返回的JSON格式结果进行解析，代码如下所示。

```
// 解析响应数据为 JSON
const data = await response.json();
  // 如果响应状态不好，输出响应并抛出错误
  if (!response.ok) {
    console.log(response);
    throw new Error(data.error || "Error translating to SQL.");
  }
  // 返回生成的 SQL 语句
  return data.choices[0].text.trim();
};
```

2. SQL 转自然语言

sql-translator开源工程中有一个名为"translateToHuman.js"的脚本，作用是将输入的SQL语句

转换为自然语言，以下简要解析代码。

（1）定义 translateToHuman 函数。translateToHuman 函数接收 2 个参数：query 参数是 SQL 语句文本；apiKey 参数是 API 密钥。

```
// 从 isomorphic-unfetch 模块导入 fetch 函数，这个函数在不同环境（如 Node.js 和浏览器）
中都能使用
import fetch from "isomorphic-unfetch";
// 定义一个异步函数 'translateToHuman'
const translateToHuman = async (query, apiKey) => {……
```

（2）调用 ChatGPT API。在 translateToHuman 函数中发起 API 请求，代码如下所示。调用的 API 端点为 "/v1/completions"，提示内容为 prompt 参数，使用的模型为 "text-davinci-003"。

```
// 发送一个 POST 请求到 OpenAI 的 API 地址
const response = await fetch("https://api.openai.com/v1/completions", {
    method: "POST",
    headers: {
      "Content-Type": "application/json",
      Authorization: 'Bearer ${apiKey}',      // 在请求头中设置 API 密钥
    },
    body: JSON.stringify({ // 请求体中包含将发送给 API 的数据
      // prompt 指向 GPT-3 模型，告诉它我们需要翻译的 SQL 查询
      prompt: 'Translate this SQL query into natural language:\n\
n"${query}"\n\nNatural language query:',
      temperature: 0.5,      // 控制输出的随机性
      max_tokens: 2048,      // 最大生成的文本长度
      n: 1,      // 生成的文本数量
      stop: "\\n",      // 生成停止的标志
      model: "text-davinci-003",      // 使用的模型
      frequency_penalty: 0.5,      // 频率惩罚
      presence_penalty: 0.5,      // 存在惩罚
      logprobs: 10,      // 生成对数概率
    }),
  });
```

为了能更好地理解 translateToHuman 函数中的提示内容，以下将 prompt 参数内容翻译为中文。

```
>prompt 参数的英文提示：
prompt: Translate this SQL query into natural language:\n\n"${query}"\n\
nNatural language query:
>提示翻译为中文：
将此 SQL 查询翻译为自然语言：
"query 参数内容"
```

自然语言内容为：

（3）解析返回结果。调用ChatGPT API后，对返回的JSON格式结果进行解析，代码如下所示。

```
// 解析响应数据为 JSON
const data = await response.json();
  // 如果响应状态不好，输出响应并抛出错误
  if (!response.ok) {
    console.log(response);
    throw new Error(data.error || "Error translating to SQL.");
  }
  // 返回生成的自然语言查询
  return data.choices[0].text.trim();
};
```

8.14.4 SQL集成GPT产品化探讨

sql-translator为了将SQL与GPT模型集成并进行产品化提供了一个良好的思路。基于以下三点，说明以sql-translator代码为基础逐步完善，并将其发展为特定的产品。

（1）SQL教学平台。开发一款用于教学的平台，用户可以输入自然语言的数据查询请求，平台即返回对应的SQL代码。这样一来，用户可以在实际操作中学习并理解SQL查询是如何工作的，逐渐掌握SQL语言。

（2）智能数据报告生成工具。这个工具可以从数据库中获取数据，并自动生成相应的报告。例如，输入"显示上个月的销售额"，工具将自动翻译为相应的SQL查询语句获取数据，并生成易于理解的分析报告。

（3）智能数据分析聊天机器人。构建一个聊天机器人，用户可以向它提问，例如，"去年同期的销售数据是多少？"或"显示今年第二季度的用户增长"。机器人会把这些自然语言问题转化为SQL查询，获取数据，并给出人类语言的答案。

第9章

基于提示工程应用概率和统计

概率和统计对数据分析起着基础性和支持性的作用，提供了分析数据的方法和工具，帮助我们理解数据的特征，做出推断和预测。本章通过构建提示内容进行应用概率统计。

本章主要涉及的知识点如下。

● 介绍应用概率统计的提示方法。

● 介绍离散型随机分布的提示应用。

● 介绍连续型随机分布的提示应用。

● 介绍线性回归分析模型。

● 介绍时间序列分析模型。

9.1 / 应用思路

由于ChatGPT在数值计算方面的能力有限，编写和理解概率与统计中的数学公式可能会有一定的困难，这可能对构建有效的提示内容造成一些挑战。

9.1.1 Python概率和统计

Python中Scipy包和statsmodels包能解决大部分统计与概率相关的计算工作。构建提示内容让ChatGPT编写Python代码，避免编写复杂的公式并解决ChatGPT在数值计算方面能力不足的问题。

1. Scipy包

Scipy是一个开源的科学计算库，它提供了丰富的功能用于科学和工程计算。其中的stats子模块包含了用于概率分布、假设检验、回归分析等统计学任务的模块。Scipy的stats模块提供了统计分析工具和函数，可用于生成随机数、拟合概率分布、计算统计指标等操作。

2. statsmodels包

statsmodels是一个专门用于统计建模的库，它提供了丰富的统计模型和方法。它包含多种常见的统计模型，如回归分析、时间序列分析和方差分析模型。statsmodels可以用于进行模型拟合、参数估计、假设检验等统计分析任务，并且提供了详细的统计结果报告。

9.1.2 数据分析场景

概率统计在数据分析和挖掘中扮演着至关重要的角色，以下是概率统计在这些领域中的一些关键作用。

1. 数据描述和总结

概率和统计方法可用于描述和总结数据集，包括计算均值、方差、中位数等统计指标，以便提供对数据的基本了解。

2. 探索性数据分析

概率和统计可以帮助分析人员探索数据集，发现数据的分布模式、异常值、相关性等信息。通过应用概率统计方法，能够揭示数据中的趋势、规律和关联性，为后续的分析提供指导。

3. 假设检验和推断统计

概率和统计提供了假设检验和推断统计的方法。通过概率统计的假设检验，我们可以评估一个假设在给定数据下的可行性。推断统计能够基于样本数据对总体进行推断，例如，估计总体参数、构建置信区间等。

4. 模型建立和预测

概率和统计方法可用于建立各种模型，包括回归模型、分类模型和聚类模型等。这些模型基于概率统计理论，通过分析历史数据的模式和趋势，能够进行未来数据的预测和分类。

5. 风险评估和决策支持

概率和统计可以帮助评估与量化风险，例如，在金融领域中的风险管理。通过应用概率统计方法，能够建立概率分布模型和风险度量，为决策制定提供可靠的依据。

9.2 基本概念

为了能构建有效的提示内容，需要了解概率和统计的基本概念，本节将构建提示用于学习概率和统计中的基本概念。

9.2.1 什么是概率

如图 9-1 所示，通过概率函数计算事件的概率。概率计算实质上就是将事件空间中的事件映射到区间 [0, 1] 的过程，可以看作是定义在事件空间上的一个函数。构建提示学习事件和概率函数，如过程中会出现无法理解的新概念，可持续提问完

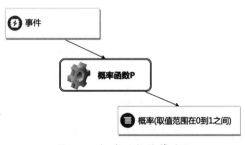

图 9-1 概率函数计算过程

善知识体系。

1. 事件是什么

🔟 提示的内容如下（使用GPT-3.5 模型）。

以通俗易懂的方式说明概率计算中的"事件"。

ChatGPT 的回答如下。

ChatGPT的回答如下。

在概率计算中，可以将事件想象成我们感兴趣的事情或情况。你可以把事件看作是一个问题或一个假设，我们想要知道它是否会发生，以及它发生的可能性有多大。

举个例子来说明事件：假设你要去机场接朋友，你想知道在特定的时间范围内，朋友的飞机是否会准点到达。

在这里，事件可以是"朋友的飞机准点到达"，这是我们感兴趣的事情。

样本空间则是所有可能的结果，比如"飞机准点到达"或"飞机延误"等。

你可以根据一些信息和经验来估计这个事件发生的概率，比如历史数据、天气情况、航空公司的准点率等。

通过计算概率，你可以得出朋友的飞机准点到达的可能性有多大。例如，你可能得出结论在过去的记录中，有 80% 的概率朋友的飞机会准点到达。

通过事件的定义和概率的计算，我们可以对各种情况进行量化分析，帮助我们做出决策或预测未来事件的可能性。

2. 概率函数是什么

🔟 提示的内容如下（使用GPT-3.5 模型）。

以通俗易懂的方式说明概率计算中的"概率函数"。

ChatGPT 的回答如下。

ChatGPT的回答如下。

概率函数是一种用来描述事件发生概率的函数，它将事件映射到一个介于 0 和 1 之间的数值。

你可以把概率函数看作是一个特殊的机器，它接受一个事件作为输入，并输出一个表示该事件发生概率的数值。概率函数具有以下特点。

1. 定义域（Domain）：概率函数的输入是事件，它属于某个事件空间。事件空间包含了所有可能的事件。

2. 值域（Range）：概率函数的输出是一个介于 0 和 1 之间的数值。这个数值表示事件发生的可能性大小，0 表示不可能发生，1 表示一定会发生。

3. 性质如下。

* 概率函数的值总是非负的，即大于或等于 0。

* 如果一个事件不可能发生，那么概率函数的值为 0。

* 如果一个事件一定会发生，那么概率函数的值为 1。

* 所有可能事件的概率之和为 1。

概率函数可以根据不同的情况和问题来确定。对于简单的离散事件，我们可以使用古典概型或频率方法来计算概率。对于连续事件，我们可以使用概率密度函数来描述概率分布。

举个例子，假设你要投掷一枚公平的硬币。硬币正面朝上的事件可以表示为 H，反面朝上的事件可以表示为 T。概率函数可以定义为：

```
P(H) = 0.5
P(T) = 0.5
```

这表示硬币正面朝上的概率是 0.5，反面朝上的概率也是 0.5。通过概率函数，我们知道在理想情况下，投掷这枚硬币时两种结果是等可能发生的。

9.2.2 随机变量

构建以下提示内容，了解随机变量、事件、概率函数的关系。

> 📭 **提示的内容如下（使用 GPT-3.5 模型）。**
>
> 以通俗易懂的方式说明随机变量与事件、概率函数的关系。

ChatGPT 的回答如下。

> ⑤ **ChatGPT 的回答如下。**
>
> 随机变量、事件和概率函数之间的关系可以用一个抛硬币的例子来说明。
>
> 假设我们抛一枚硬币，正面朝上记为 H，反面朝上记为 T。现在在我们定义一个随机变量 X，它表示硬币正面朝上的次数。
>
> 1. 事件：在这个例子中，事件可以是"硬币正面朝上的次数等于 2 次"，这是我们感兴趣的情况。
>
> 2. 随机变量：随机变量 X 将样本空间中的每个样本（抛硬币的结果）映射到一个实数，表示正面朝上的次数。比如，抛两次硬币结果是正面和反面时，X 的取值就是 1。
>
> 3. 概率函数：概率函数描述了随机变量 X 的取值与其对应的概率之间的关系。对于这个例子，我们可以列出 X 的所有可能取值及其概率。
>
> $P(X = 0)$：硬币正面朝上的次数等于 0 次的概率。
>
> $P(X = 1)$：硬币正面朝上的次数等于 1 次的概率。
>
> $P(X = 2)$：硬币正面朝上的次数等于 2 次的概率。
>
> 通过概率函数，我们可以计算事件的概率。比如，事件"硬币正面朝上的次数等于 2 次"可以表示为 $X = 2$。我们可以利用概率函数计算 $P(X = 2)$，即硬币正面朝上的次数等于 2 次的概率。
>
> 总结起来，随机变量是一个用来表示随机试验结果的数值，事件可以用随机变量的取值来描述，概率函数描述了随机变量取各个可能值的概率。通过这些概念的关系，我们可以计算和描述随机试验或随机现象的概率性质。

构建以下提示内容，了解离散型随机变量和连续型随机变量。

⌒ 提示的内容如下（使用GPT-3.5 模型）。
以通俗易懂的方式说明离散型随机变量和连续型随机变量。

ChatGPT 的回答如下。

⑤ ChatGPT的回答如下。
离散型随机变量和连续型随机变量是用来描述不同类型的随机现象的工具。

1. 离散型随机变量可以类比为抽取颜色的彩球。假设从一个盒子中抽取彩球，每个彩球上都标有一个颜色，我们要记录抽取的彩球颜色的情况。如果盒子中只有红、蓝、绿三种颜色的彩球，那么抽取到的颜色就是离散的，因为只有有限个可能的结果。我们可以用离散型随机变量来描述这个情况，它的取值只能是红、蓝和绿这三个离散的选项。

2. 连续型随机变量可以类比为测量体重。假设要测量一群人的体重，我们可以得到非常接近实际体重的结果。体重可以是任意实数值，比如 56.7 公斤、73.2 公斤等，取值范围是连续的。我们可以用连续型随机变量来描述这个情况，它的取值可以是任意的实数值。

总结如下。

＊离散型随机变量适用于具有有限个或可数个取值的情况，类似于从有限的选项中进行选择，如抛硬币的结果、骰子的点数等。

＊连续型随机变量适用于具有无限个可能取值的情况，类似于进行测量或度量，如身高、体重、温度等。

9.2.3 什么是统计

构建以下提示内容，了解什么是统计及它与概率间的关系。

⌒ 提示的内容如下（使用GPT-3.5 模型）。
统计是什么，它与概率有什么关系？

ChatGPT 的回答如下。

⑤ ChatGPT的回答如下。
统计是一门研究数据收集、分析、解释和推断的学科。它涉及收集数据、描述数据特征、进行推断和预测，以及对数据进行解释和决策等方面。统计方法可以帮助我们从收集到的数据中提取有用的信息，并通过对数据进行分析和推断来做出合理的结论。

概率与统计密切相关，它们在数据分析中扮演不同的角色。

1. 概率：概率是研究随机事件发生的可能性的学科。它提供了一种数学框架，用来描述和量化随机事件发生的概率。概率理论提供了一些基本概念和工具，如概率空间、概率函数和概率分布，用于描述和计算随机事件的概率。概率理论为统计学提供了基础，使得我们可以在收集到的数据中推断出关于总体的概率性结论。

2. 统计：统计学使用概率理论和数据分析方法来研究与推断总体的特征和行为。它通过从样本中收集和分析数据，推断总体的特征，并提供关于总体的概率性推断。统计学包括描述统计和推断统计两个主要分支。描述统计通过对数据进行总结和可视化来描述数据的特征和模式。推断统计利用概率理论和样本数据来推断总体的特征，并对推断的准确性进行评估。

因此，概率提供了一种理论框架来描述随机事件的可能性，而统计则利用概率理论和数据分析方法来推断总体的特征和行为。统计学中的推断和决策是建立在概率的基础上，使我们能够从有限的样本中推断出总体的特征，并做出相应的决策或预测。

9.2.4 统计量

构建以下提示内容，了解有哪些统计量及它们的作用。

> ⌃⌃ **提示的内容如下（使用GPT-3.5 模型）。**
>
> 有哪些重要的统计量，在以下Mardown表格的基础上回答。
>
> |统计量 | 作用 | 公式 |
> |---|---|---|

ChatGPT回答的结果如表 9-1 所示，公式列中使用Markdown代码表示。

表 9-1　重要统计量

统计量	作用	公式
平均值	描述数据的集中趋势	$\frac{\sum_{i=1}^{n} x_i}{n}$
方差	描述数据的离散程度	$\frac{\sum_{i=1}^{n} (x_i - \bar{x})^2}{n}$
标准差	描述数据的离散程度	$\sqrt{\frac{\sum_{i=1}^{n} (x_i - \bar{x})^2}{n}}$
中位数	描述数据的中心位置	取排序后的中间值
百分位数	描述数据的分布	数据中某个百分比处的值
最小值	描述数据的范围	数据中的最小值
最大值	描述数据的范围	数据中的最大值
四分位数	描述数据的分位数	将数据分为四个等分的值
偏度	衡量数据分布的偏斜程度	衡量数据分布的偏斜程度
峰度	衡量数据分布的峰态程度	衡量数据分布的峰态程度

9.3 离散型随机分布

离散型随机分布是离散型随机变量的概率分布，它描述了离散型随机变量每个可能取值发生的概率。

9.3.1 伯努利分布

构建提示内容，学习伯努利分布随机变量的特点、概率质量函数、累积分布函数，伯努利分布的应用场景。

1. 伯努利分布的随机变量、概率质量函数、累积分布函数

构建以下提示内容，学习伯努利分布随机变量的特点，对应的概率质量函数和累积分布函数。

> 🔟 **提示的内容如下（使用GPT-3.5模型）。**
>
> 指令：分点简要说明伯努利分布随机变量的特点、概率质量函数公式、累积分布函数公式
> 输出格式：
> 1. xxxx
>   1.1 xxxxx
>   ......
> 2. xxxx
>   2.1xxxx
>   ......
> ......

ChatGPT 的回答如下。

> 🌀 **ChatGPT的回答如下。**
>
> 伯努利分布是一种二值随机变量的概率分布，其中随机变量只能取两个可能值中的一个，通常表示为0和1。以下是伯努利分布随机变量的特点、概率质量函数公式和累积分布函数公式的分点简要说明。
>
> 1. 特点如下。
> 1.1 伯努利分布是离散型概率分布，表示只有两个可能结果的随机试验。
> 1.2 随机变量的取值为0或1，通常用来表示成功（1）或失败（0）的情况。
> 1.3 每次试验之间是相互独立的，即每次试验的结果不受前一次试验结果的影响。
> 1.4 期望值（均值）为p，方差为p(1-p)，其中p表示成功的概率。
> 2. 概率质量函数公式如下。
> 对于伯努利分布随机变量X，其概率质量函数（Probability Mass Function，PMF）公式如下。
> $P(X=x) = p^x * (1-p)^{(1-x)}$，其中，x为随机变量X的取值（0或1），p为成功的概率。
> 3. 累积分布函数公式如下。
> 对于伯努利分布随机变量X，其累积分布函数（Cumulative Distribution Function，CDF）公式如下。
> 3.1 $F(x) = P(X \leq x) = 0, x < 0$
> 3.2 $F(x) = P(X \leq x) = 1-p, 0 \leq x < 1$
> 3.3 $F(x) = P(X \leq x) = 1, x \geq 1$

构建以下提示内容，学习离散型随机分布的概率质量函数和累积分布函数。

📢 **提示的内容如下（使用GPT-3.5 模型）。**

指令：结合上下文简要说明概率质量函数、累积分布函数的作用

上下文：午饭我选炸鸡的概率是 0.3，选汉堡包的概率是 0.5，选意面的概率是 0.2。

输出格式：

1.1 概率质量函数的作用

......

1.2 结合上下文以通俗方式说明概率质量函数

......

2.1 累积分布函数

2.2 ......

ChatGPT 的回答如下。

🎰 **ChatGPT 的回答如下。**

1.1 概率质量函数的作用：

概率质量函数（Probability Mass Function，PMF）用于描述离散型随机变量的概率分布。它指示了每个可能取值的概率，即对每个离散值给出了相应的概率值。

1.2 结合上下文以通俗方式说明概率质量函数：

在这个上下文中，我们可以将概率质量函数理解为午餐选项的概率分布图。根据给定的概率，我们可以看到炸鸡的概率为 0.3，汉堡包的概率为 0.5，意面的概率为 0.2。这就像是一个午餐选择的"菜单"，概率质量函数告诉我们每个选项被选择的可能性有多大。

2.1 累积分布函数：

累积分布函数（Cumulative Distribution Function，CDF）是描述随机变量的概率分布的函数。它给出了随机变量取值小于或等于给定值的概率。

2.2 结合上下文以通俗方式说明累积分布函数：

在这个上下文中，我们可以将累积分布函数理解为根据给定的概率，计算午餐选项被选择的累积概率。例如，我们可以通过累积分布函数得知，如果想知道选炸鸡或选汉堡包的概率，可以将炸鸡和汉堡包的概率相加，即 0.3 + 0.5 = 0.8。这就是说，在这个午餐选项中，选炸鸡或选汉堡包的累积概率为 0.8。累积分布函数提供了一种衡量随机事件发生概率的方式，可以帮助我们做出决策或预测事件的发生概率。

---

2. 伯努利分布相关的 Python 类或函数

构建以下提示内容，了解有哪些 Python 类或函数可用于计算伯努利分布。

📢 **提示的内容如下（使用GPT-3.5 模型）。**

分点简要说明：Scipy 包中有哪些类或函数用于计算伯努利分布，需要提供哪些参数；有哪些方法或属性可用于计算各统计量。

ChatGPT 的回答如下。

🌀 **ChatGPT 的回答如下。**

在 Scipy 包中，用于计算伯努利分布的主要类和函数如下。

1. scipy.stats.bernoulli 类：表示和计算伯努利分布。

* 参数 – p：成功的概率，取值范围为 [0, 1]。

* 示例：

```
import scipy.stats as stats
# 创建伯努利分布对象
p = 0.3
dist = stats.bernoulli(p)
```

2. 方法和属性可用于计算伯努利分布的各统计量。

* pmf(k)：计算概率质量函数（Probability Mass Function，PMF），给定一个值 k，返回该值的概率。

* mean()：计算期望值（均值）。

* var()：计算方差。

* std()：计算标准差。

* rvs(size=n)：生成符合伯努利分布的随机变量。

示例：

```
import scipy.stats as stats
# 创建伯努利分布对象
p = 0.3
dist = stats.bernoulli(p)
# 计算伯努利分布的概率质量函数
k = 1
pmf = dist.pmf(k)
# 计算伯努利分布的期望值、方差和标准差
mean = dist.mean()
variance = dist.var()
std_dev = dist.std()
# 生成符合伯努利分布的随机变量
n = 10
rvs = dist.rvs(size=n)
```

3. 数据的分析应用

构建以下提示内容，让 ChatGPT 编写代码对伯努利分布进行可视化。

🔟 **提示的内容如下（使用 GPT-3.5 模型）。**

使用 Matplotlib 绘制伯努利分布的可视化图，XY 轴使用中文标签名。

ChatGPT 的回答如下。

⑤ **ChatGPT 的回答如下。**

要使用Matplotlib绘制伯努利分布的可视化图，并在XY轴上使用中文标签名，需要进行一些配置。以下是一个示例代码，展示如何实现。

```python
import matplotlib.pyplot as plt
import numpy as np
from scipy.stats import bernoulli
# 配置Matplotlib支持中文显示
plt.rcParams['font.sans-serif'] = ['SimHei']
plt.rcParams['axes.unicode_minus'] = False
p = 0.3  # 成功的概率
# 创建伯努利分布对象
bernoulli_dist = bernoulli(p)
# 定义随机变量的取值
x = [0, 1]
# 计算对应的概率
pmf = [bernoulli_dist.pmf(val) for val in x]
# 绘制概率质量函数图
plt.bar(x, pmf)
plt.xlabel('随机变量')
plt.ylabel('概率')
plt.xticks(x, ['失败', '成功'])
plt.title('伯努利分布的概率质量函数')
plt.show()
```

在上述代码中，我们首先导入需要的模块和函数。然后，使用plt.rcParams对Matplotlib进行配置，以支持中文显示。接下来，定义了成功的概率 p。使用bernoulli函数创建了伯努利分布对象bernoulli_dist。我们定义了随机变量的取值 x，并使用列表推导式计算了对应的概率 pmf。最后，使用plt.bar函数绘制了概率质量函数图，通过plt.xticks将取值 0 和 1 对应的刻度标签设置为中文，添加了必要的标题和标签。通过plt.show()显示图形。

拷贝上述代码执行，生成如图 9-2 所示的伯努利分布可视化图。

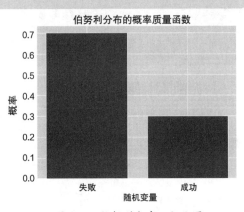

图 9-2　伯努利分布可视化图

9.3.2　二项分布

构建以下提示内容，学习二项分布随机变量的特点、概率质量函数、累积分布函数，二项分布的应用场景。

1. 二项分布随机变量、概率质量函数、累积分布函数

构建以下提示内容，学习二项分布随机变量的特点和概率函数。

> 🔟 **提示的内容如下（使用 GPT-3.5 模型）。**
>
> 指令：分点简要说明二项分布随机变量的特点、概率质量函数公式、累积分布函数公式
> 输出格式：
> 1. xxxx
> 　1.1 xxxxx
> 　……
>
> 2. xxxx
> 　2.1xxxx
> 　……
> ……

ChatGPT 的回答如下。

> 🌀 **ChatGPT 的回答如下。**
>
> 二项分布的随机变量具有以下特点。
>
> 1. 进行固定次数的独立重复试验：二项分布的随机变量表示了进行固定次数的独立重复试验中成功事件发生的次数。
>
> 2. 每次试验的结果是成功或失败：每次试验只能有两个可能的结果，通常表示为成功和失败。
>
> 3. 试验之间相互独立：每次试验的结果不受其他试验结果的影响。
>
> 概率质量函数（Probability Mass Function，PMF）是用来描述离散型随机变量的概率分布。对于二项分布，其概率质量函数可以表示为：
>
> $P(X=k) = C(n, k) * p^k * (1-p)^{(n-k)}$
>
> 其中，n 是试验的总次数，k 是成功事件发生的次数，p 是每次试验成功的概率，C(n, k) 是组合数，表示从 n 次试验中选择 k 次成功的组合数。
>
> 累积分布函数（Cumulative Distribution Function，CDF）描述了随机变量小于或等于某个取值的概率。对于二项分布，其累积分布函数可以表示为：
>
> $CDF(X=k) = P(X \leqslant k) = \sum [i=0 \text{ to } k] (C(n, i) * p^i * (1-p)^{(n-i)})$
>
> 其中，n 是试验的总次数，k 是成功事件发生的次数，p 是每次试验成功的概率，C(n, i) 是组合数，表示从 n 次试验中选择 i 次成功的组合数。

2. 二项分布相关的 Python 类或函数

构建以下提示内容，了解有哪些 Python 类可用于计算二项分布。

> 🔟 **提示的内容如下（使用 GPT-3.5 模型）。**
>
> 分点简要说明：Scipy 包中有哪些类或函数用于计算二项分布，需要提供哪些参数；有哪些方法或属性可用于计算各统计量。

ChatGPT 的回答如下。

> ⑤ **ChatGPT 的回答如下。**
> Scipy 包中提供了以下类和函数用于计算二项分布及相关统计量。
> 1. scipy.stats.binom 类。
> ＊用途：表示二项分布的随机变量。
> ＊参数：
> n：总的试验次数；p：每次试验成功的概率。
> 方法可用于计算二项分布及相关统计量。
> ＊pmf(k)：计算随机变量等于特定值 k 的概率质量函数值。
> ＊cdf(k)：计算随机变量小于等于特定值 k 的累积分布函数值。
> ＊mean()：计算随机变量的期望值（均值）。
> ＊var()：计算随机变量的方差。
> ＊std()：计算随机变量的标准差。
> ＊rvs(size)：生成指定大小的随机样本。
> 2. scipy.stats.binom_test 函数。
> ＊用途：进行二项分布假设检验。
> ＊参数：
> x：成功的次数；n：总的试验次数；p：假设的成功概率；alternative：备选假设的类型，可选值为 "two-sided"、"greater" 或 "less"。
> ＊返回值 p-value：根据给定的假设检验计算得到的 p 值。

3. 二项分布概率质量函数和累积分布函数可视化图

构建以下提示内容，对二项分布的概率质量函数和累积分布函数可视化图。

> 🔟 **提示的内容如下（使用 GPT-3.5 模型）。**
> 使用 Matplotlib 绘制包含 2 个子图可视化图，并用中文注释。
> 子图 1：柱状可视化二项分布概率质量函数。
> 子图 2：散点可视化二项分布累积分布函数。
> 二项分布的参数：试验次数 (n) 为 10，事件概率 (p) 为 0.5。

ChatGPT 的回答如下。

ChatGPT 的回答如下。

以下是使用 Matplotlib 库绘制包含两个子图的可视化图的代码示例，其中子图 1 使用柱状图可视化二项分布的概率质量函数，子图 2 使用散点图可视化二项分布的累积分布函数，并使用中文注释。

```python
import matplotlib.pyplot as plt
import numpy as np
from scipy.stats import binom


# 设置中文字体
plt.rcParams['font.family'] = 'SimHei'


# 创建画布和子图
fig, (ax1, ax2) = plt.subplots(1, 2, figsize=(12, 6))


# 二项分布的参数
n = 10  # 试验次数
p = 0.5  # 事件概率


# 子图 1: 柱状可视化二项分布概率质量函数
x = np.arange(0, n + 1)  # 成功次数


# 计算二项分布的概率质量函数
pmf = binom.pmf(x, n, p)


ax1.bar(x, pmf)
ax1.set_xlabel('成功次数')
ax1.set_ylabel('概率')
ax1.set_title('二项分布概率质量函数')


# 子图 2: 散点可视化二项分布累积分布函数
cdf = binom.cdf(x, n, p)


ax2.scatter(x, cdf)
ax2.set_xlabel('成功次数')
ax2.set_ylabel('累积概率')
ax2.set_title('二项分布累积分布函数')


# 调整子图之间的间距
plt.tight_layout()


# 显示图形
```

```
plt.show()
```

在这段代码中，我们首先导入了必要的库，然后创建了一个画布和两个子图。接下来，我们定义了二项分布的参数，即试验次数 n 和事件概率 p。

拷贝上述代码执行，输入如图 9-3 所示的二项分布概率质量函数和累积分布函数可视化图。

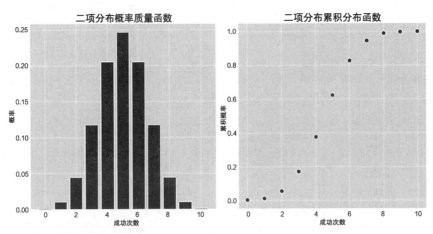

图 9-3 二项分布概率质量函数和累积分布函数可视化图

4. 二项分布应用

构建以下提示内容，以实际生产场景例子说明二项分布的应用。

🔟 **提示的内容如下（使用 GPT-3.5 模型）。**

指令：使用 Scipy 的 binom 类计算：次品数为 10 的概率；次品数小于等于 10 的概率和。

上下文：某手机厂商生产一款新手机的次品率为 1%；每天将生产 1000 部手机送往质量控制部门进行检查。

ChatGPT 的回答如下。

✴ **ChatGPT 的回答如下。**

要使用 Scipy 的 binom 类计算次品数为 10 的概率和次品数小于等于 10 的概率，可以按照以下步骤进行操作。

1. 导入所需的库：

```
from scipy.stats import binom
```

2. 定义二项分布的参数：

```
n = 1000  # 总试验次数，即每天生产的手机数量
p = 0.01  # 成功的概率，即次品率
```

3. 计算概率：

```
k = 10   # 需要计算概率的随机变量，即次品数量为 10 个
pmf_10 = binom.pmf(k, n, p)  # 计算次品数为 10 的概率
cdf_10 = binom.cdf(k, n, p)  # 计算次品数小于等于 10 的概率
```

4. 输出计算结果：

```
print("次品数为 10 的概率:", pmf_10)
print("次品数小于等于 10 的概率:", cdf_10)
```

根据上述步骤，您可以计算某个随机变量的概率，即次品数为 10 的概率和次品数小于等于 10 的概率。请记得将参数 n 设置为每天的手机数量，参数 p 设置为次品率。根据您的具体情况进行调整。

注意：在这个例子中，我们假设了二项分布的适用性，即每部手机的次品率是独立且恒定的，并且每部手机的次品率都是相同的。实际情况可能会有所不同，因此在使用二项分布进行建模和计算时，请确保与实际情况相符。

拷贝上述 Python 代码执行，得到的结果为：次品数为 10 的概率：0.1257402111262075；次品数小于等于 10 的概率：0.5830408033010972。

9.3.3 几何分布

1. 几何分布随机变量、概率质量函数、累积分布函数

构建以下提示内容，学习几何分布随机变量的特点和概率函数。

🔟 **提示的内容如下（使用 GPT-3.5 模型）。**

指令：分点简要说明二项分布随机变量的特点、概率质量函数公式、累积分布函数公式。

输出格式：

1. xxxx

　1.1 xxxxx

　......

2. xxxx

　......

ChatGPT 的回答如下。

🟢 **ChatGPT 的回答如下。**

1. 几何分布随机变量的特点。

1.1 几何分布是一种描述离散型随机变量的概率分布，用于表示在重复独立的伯努利试验中，首次成功所需要的试验次数。

1.2 它适用于模型中只有两种可能结果的情况，如成功和失败、正面和反面等。

1.3 几何分布具有无记忆性，即在任意给定的试验中，成功前的失败次数不会影响后续试验中的成功概率。

2. 几何分布的概率质量函数（PMF）公式。

对于一个几何分布的随机变量X，其概率质量函数可以表示为：

P(X=k) = (1–p)^(k–1) * p其中，P(X=k) 表示X取值为k的概率，p表示单次试验中的成功概率，k表示首次成功所需要的试验次数。

3. 几何分布的累积分布函数（CDF）公式。

几何分布的累积分布函数可以表示为：

F(X=k) = 1 – (1–p)^k，其中，F(X=k) 表示X在进行到k次时的累积概率，p表示单次试验中的成功概率，k表示首次成功所需要的试验次数。

注意：以上公式中，成功概率p应满足 0 < p ≤ 1，试验次数k应为正整数。

2. 几何分布相关的Python类或函数

构建以下提示内容，了解有哪些Python类可用于计算几何分布。

> 🔟 **提示的内容如下（使用GPT-3.5模型）。**
>
> 分点简要说明：Scipy 包中有哪些类或函数用于计算几何分布，需要提供哪些参数；有哪些方法或属性可用于计算各统计量。

ChatGPT 的回答如下。

> ⑤ **ChatGPT的回答如下。**
>
> 以下是一些常用的类和函数及它们所需的参数。
>
> 1. scipy.stats.geom类：用于表示几何分布的随机变量。
>
> 参数：
>
> p：单次试验中的成功概率。
>
> 2. scipy.stats.geom.pmf函数：计算几何分布的概率质量函数（PMF）。
>
> 参数：
>
> k：首次成功所需的试验次数；p：单次试验中的成功概率。
>
> 3. scipy.stats.geom.cdf函数：计算几何分布的累积分布函数（CDF）。
>
> 参数：
>
> k：首次成功所需的试验次数；p：单次试验中的成功概率。
>
> 4. scipy.stats.geom.sf函数：计算几何分布的生存函数，即1减去累积分布函数的值。
>
> 参数：
>
> k：首次成功所需的试验次数；p：单次试验中的成功概率。
>
> 5. scipy.stats.geom.stats函数：计算几何分布的统计量，包括均值、方差、矩和高阶矩。
>
> 参数：
>
> p：单次试验中的成功概率；moments：指定要计算的统计量，默认为'mv'（均值和方差）。

3. 几何分布概率质量函数和累积分布函数可视化图

构建以下提示内容，对几何分布的概率质量函数和累积分布函数可视化图。

提示的内容如下（使用 GPT-3.5 模型）。

使用 Matplotlib 绘制包含 2 个子图可视化图，添加网格线，图中的中文能正常显示，代码中文注释。

子图 1：柱状可视化几何分布概率质量函数，X 轴最小刻度为 1。

子图 2：散点可视化几何分布累积分布函数，X 轴最小刻度为 1。

几何分布的参数：共试验 10 次，单次试验成功的概率为 0.56。

ChatGPT 的回答如下。

ChatGPT 的回答如下。

使用 Matplotlib 库绘制包含两个子图的可视化图，并添加网格线，使得中文能正常显示，并在代码中添加中文注释，来展示几何分布的概率质量函数和累积分布函数。

```python
import matplotlib.pyplot as plt
import numpy as np
from scipy.stats import geom
import matplotlib.font_manager as fm

# 设置中文字体
plt.rcParams['font.family'] = 'sans-serif'
plt.rcParams['font.sans-serif'] = ['SimHei']

# 几何分布的参数
success_prob = 0.56
num_trials = 10

# 创建图形和子图
fig, axes = plt.subplots(2, 1, figsize=(8, 8))
plt.subplots_adjust(hspace=0.5)

# 子图 1：柱状可视化几何分布概率质量函数
x_pmf = np.arange(1, num_trials + 1)
pmf = geom.pmf(x_pmf, success_prob)

axes[0].bar(x_pmf, pmf)
axes[0].set_xlabel('首次成功所需的试验次数')
axes[0].set_ylabel('概率')
axes[0].set_title('几何分布概率质量函数')
axes[0].set_xticks(x_pmf)  # 设置刻度为整数
axes[0].grid(True)  # 添加网格线

# 子图 2：散点可视化几何分布累积分布函数
```

```
x_cdf = np.arange(1, num_trials + 1)
cdf = geom.cdf(x_cdf, success_prob)

axes[1].scatter(x_cdf, cdf)
axes[1].set_xlabel('首次成功所需的试验次数')
axes[1].set_ylabel('累积概率')
axes[1].set_title('几何分布累积分布函数')
axes[1].set_xticks(x_cdf)  # 设置刻度为整数
axes[1].grid(True)  # 添加网格线

# 添加中文注释
axes[0].annotate('概率质量函数', xy=(0.5, 0.9), xycoords='axes fraction',
fontsize=12, ha='center')
axes[1].annotate('累积分布函数', xy=(0.5, 0.9), xycoords='axes fraction',
fontsize=12, ha='center')

# 显示图形
plt.show()
```

拷贝上述代码执行，输入如图 9-4 所示的几何分布概率质量函数和累积分布函数可视化图。

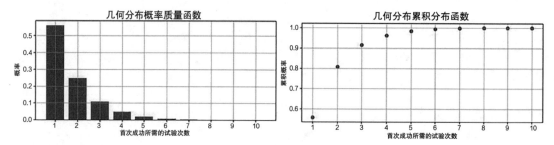

图 9-4　几何分布概率质量函数和累积分布函数可视化图

4. 几何分布应用

构建以下提示内容，以实际场景例子说明几何分布的应用。

🔟 **提示的内容如下（使用GPT-3.5模型）。**

指令：使用Scipy的geom计算：第五次射门得分的概率。

上下文：假设足球运动员A，每次射门有10%的可能得分。

ChatGPT 的回答如下。

🌀 **ChatGPT的回答如下。**

根据给定的上下文，我们可以使用Scipy的geom模块来计算几何分布的概率。

```
from scipy.stats import geom
```

```
# 足球运动员的参数
success_prob = 0.1
# 第五次射门得分的概率
prob_5th_goal = geom.pmf(5, success_prob)
print("第五次射门得分的概率：", prob_5th_goal)
```

9.3.4　泊松分布

1. 泊松分布随机变量、概率质量函数、累积分布函数

构建以下提示内容，学习泊松分布随机变量的特点和概率函数。

指令：分点简要说明泊松分布随机变量的特点、概率质量函数公式、累积分布函数公式

输出格式：

1. xxxx

　　1.1 xxxxx

　　……

2. xxxx

　　……

ChatGPT 的回答如下。

⑤ ChatGPT 的回答如下。

泊松分布是一种离散型概率分布，常用于描述单位时间或空间内随机事件发生的次数的概率分布情况。以下是关于泊松分布的特点、概率质量函数公式和累积分布函数公式的分点说明。

1. 特点如下。

1.1 泊松分布适用于描述独立事件在一个固定时间或空间内的发生次数，常用于描述稀有事件的发生概率。

1.2 泊松分布的随机变量通常表示为X，其取值范围为 0、1、2、3…即非负整数。

1.3 泊松分布的期望值和方差相等，都等于参数 λ。

1.4 泊松分布的形状呈现出右偏的特点。

2. 概率质量函数公式：

2.1 泊松分布的概率质量函数（Probability Mass Function, PMF）表示随机变量X取某个特定值的概率。

2.2 泊松分布的概率质量函数公式为：$P(X=k) = (e^{(-\lambda)} * \lambda^k) / k!$，其中e为自然对数的底数，k为非负整数，$\lambda$ 为分布的参数。

3. 累积分布函数公式：

3.1 泊松分布的累积分布函数（Cumulative Distribution Function, CDF）表示随机变量X小于等于某个特定值的概率。

3.2 泊松分布的累积分布函数公式为：$F(X \leq k) = \sum (i=0 \text{ to } k) [(e^{\wedge}(-\lambda) * \lambda^{\wedge}i) / i!]$，其中 e 为自然对数的底数，k 为非负整数，$\lambda$ 为分布的参数。

以上是关于泊松分布随机变量的特点、概率质量函数公式和累积分布函数公式的简要说明。

2. 泊松分布相关 Python 类或函数

构建以下提示内容，了解有哪些 Python 类可用于计算泊松分布。

> 🔟 **提示的内容如下（使用 GPT-3.5 模型）。**
>
> 分点简要说明：Scipy 包中有哪些类或函数用于计算泊松分布，需要提供哪些参数；有哪些方法或属性可用于计算各统计量。

ChatGPT 的回答如下。

> 🔘 **ChatGPT 的回答如下。**
>
> 以下是关于 Scipy 中与泊松分布相关的类和函数的简要说明。
>
> 1. 类和函数
>
> 1.1 scipy.stats.poisson：这个类用于表示泊松分布，并提供了一系列用于计算概率密度函数、累积分布函数和随机变量生成等功能的方法。
>
> 1.2 scipy.stats.poisson.pmf：这个函数用于计算泊松分布的概率质量函数值（Probability Mass Function, PMF），接受两个参数，即 x 表示随机变量的取值，mu 表示分布的参数 λ。
>
> 1.3 scipy.stats.poisson.cdf：这个函数用于计算泊松分布的累积分布函数值（Cumulative Distribution Function, CDF），接受两个参数，即 x 表示随机变量的取值，mu 表示分布的参数 λ。
>
> 1.4 scipy.stats.poisson.rvs：这个函数用于生成符合泊松分布的随机变量，接受一个参数，即 mu 表示分布的参数 λ。
>
> 2. 方法和属性
>
> 2.1 mean()：这个方法用于计算泊松分布的期望值，即均值。
>
> 2.2 var()：这个方法用于计算泊松分布的方差。
>
> 2.3 pmf(x)：这个方法用于计算泊松分布的概率质量函数值，参数 x 表示随机变量的取值。
>
> 2.4 cdf(x)：这个方法用于计算泊松分布的累积分布函数值，参数 x 表示随机变量的取值。
>
> 2.5 rvs(size)：这个方法用于生成符合泊松分布的随机变量，参数 size 表示生成的随机变量个数。
>
> 通过使用这些类、函数、方法和属性，你可以方便地计算泊松分布的各种统计量和概率值。注意，参数 mu 表示分布的参数 λ，用于描述事件的平均发生率。

3. 泊松分布实际应用

构建以下提示内容，以实际场景例子说明泊松分布的应用。

> 🔟 **提示的内容如下（使用 GPT-3.5 模型）。**
>
> 某电商平台的电话客服中心每天平均来电数量为 10 个，且来电之间是独立的事件，使用泊松分布来模拟和分析来电的情况。

1. 在某一天中，接收到恰好 5 个电话的概率是多少？

2. 在某一天中，接收到不超过 8 个电话的概率是多少？

3. 在某一天中，接收电话数介于 5 到 8 之间的概率是多少？

使用 Matplotlib 绘制出对应的概率质量函数，并以不同的颜色标出对应随机变量区间。

4. 一周中接收到的总电话数的期望值是多少？

ChatGPT 的回答如下。

ChatGPT 的回答如下。

```python
import numpy as np
import matplotlib.pyplot as plt
from scipy.stats import poisson


# 1. 计算接收到恰好 5 个电话的概率
mu = 10   # 平均每天接收到的电话数量
k = 5   # 目标接收到的电话数量


prob_5 = poisson.pmf(k, mu)
print("在某一天中，接收到恰好 5 个电话的概率是：", prob_5)


# 2. 计算接收到不超过 8 个电话的概率
k_max_8 = 8   # 目标接收到的最大电话数量


prob_max_8 = poisson.cdf(k_max_8, mu)
print("在某一天中，接收到不超过 8 个电话的概率是：", prob_max_8)


# 3. 计算接收电话数介于 5 到 8 之间的概率
k_range = np.arange(5, 9)   # 目标接收到的电话数量范围


prob_range = poisson.pmf(k_range, mu)
prob_sum_range = np.sum(prob_range)
print("在某一天中，接收电话数介于 5 到 8 之间的概率是：", prob_sum_range)


# 使用 Matplotlib 绘制概率质量函数图
k_values = np.arange(0, 16)   # 电话数量的取值范围
pmf = poisson.pmf(k_values, mu)


plt.bar(k_values, pmf, color='blue', label='泊松分布')
plt.bar(k_range, prob_range, color='red', label='随机变量区间')


plt.xlabel('电话数量')
```

```
plt.ylabel('概率')
plt.title('泊松分布的概率质量函数')
plt.legend()
plt.show()

# 4. 计算一周中接收到的总电话数的期望值
days_per_week = 7
expected_total_calls = mu * days_per_week
print("一周中接收到的总电话数的期望值是：", expected_total_calls)
```

拷贝上述代码执行，各项计算结果如下。

在某一天中，接收到恰好 5 个电话的概率是：0.03783327480207079
在某一天中，接收到不超过 8 个电话的概率是：0.3328196787507191
在某一天中，接收电话数介于 5 到 8 之间的概率是：0.30356699067375814
一周中接收到的总电话数的期望值是：70

本例对应的概率质量函数图像如图 9-5 所示，其中随机变量区间 5 到 8 对应的概率以浅色标识。

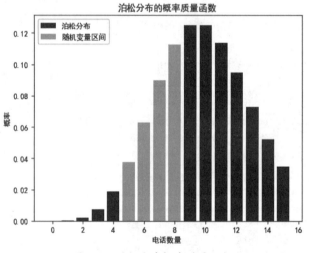

图 9-5　泊松分布概率质量函数

9.4／ 连续型随机分布

连续型随机变量是指在一个区间内可以取无限个可能值的随机变量，连续型随机分布是描述连续型随机变量的概率分布。

9.4.1　正态分布公式

在以下的提示中演示向ChatGPT提交数学公式的方法，即使用Markdown编写数学公式。

提示的内容如下（使用 GPT-3.5 模型）。

渲染以下正态分布的 Markdown 公式，并解释各参数的作用。

```
$f(x) = \frac{1}{\sigma\sqrt{2\pi}}\ \exp\left( -\frac{1}{2}\left(\
frac{x-\mu}{\sigma}\right)^{\!2}\ \right)\ \quad x \in (- \infty, \
infty)$
```

ChatGPT 的回答如下。

ChatGPT 的回答如下。

以下是渲染的 Markdown 公式：

$$f(x) = \frac{1}{\sigma\sqrt{2\pi}} \exp\left(-\frac{1}{2}\frac{x-\mu}{\sigma}^2 \right) x \in (-\infty, \infty)$$

现在解释每个参数的作用：

* f(x)：这是函数的输出，代表了给定输入 x 时函数的值。

* x：这是函数的输入变量，可以是任意实数。

* μ：这是均值（mean），代表函数在横坐标上的中心位置。它决定了函数的整体平移。

* σ：这是标准差（standard deviation），它代表函数在横坐标上的分散程度。标准差越大，函数越宽，反之则越窄。

* $\sqrt{2\pi}$：这是一个常数，用于标准化函数的曲线使其成为一个概率密度函数。它确保函数的积分等于 1，表示函数覆盖了整个实数轴上的所有可能取值。

* exp：这是指数函数（exponential function），表示自然常数 e 的指数幂。

* $\frac{x-\mu}{\sigma}^2$：这是一个常用的数学形式，称为标准化变量。它将输入 x 减去均值 μ，然后除以标准差 σ，得到一个无单位的值，用于衡量输入与均值之间的距离。

综上所述，该公式描述了一个正态分布，其中函数曲线在均值 μ 处达到峰值，并且随着离均值的距离增加而逐渐减小。标准差 σ 控制了曲线的宽度，均值 μ 控制了曲线的位置。函数的整体形状由这两个参数共同决定。函数在整个实数轴上定义，并且函数值总和等于 1，表示了一个概率密度函数的特性。函数的定义域是所有实数，表示了正态分布可以取到任意实数值的概率。

9.4.2　正态分布可视化

构建以下提示内容，让 ChatGPT 编写代码对正态分布可视化。

提示的内容如下（使用 GPT-3.5 模型）。

Scipy 包中有哪些类或函数可以计算正态分布？

ChatGPT 的回答如下。

> **⑤ ChatGPT 的回答如下。**
>
> 在 Scipy 包中，可以使用 stats 模块中的 norm 类来计算正态分布相关的统计量和概率值。以下是一些常用的类和函数。
>
> 1. norm.pdf(x, loc=0, scale=1)：计算给定取值 x 处的正态分布概率密度函数值。loc 是均值参数，默认为 0，scale 是标准差参数，默认为 1。
>
> 2. norm.cdf(x, loc=0, scale=1)：计算给定取值 x 以下的正态分布累积概率值。loc 是均值参数，默认为 0，scale 是标准差参数，默认为 1。
>
> 3. norm.ppf(q, loc=0, scale=1)：给定累积概率值 q，计算对应的正态分布的分位数（逆累积函数）。loc 是均值参数，默认为 0，scale 是标准差参数，默认为 1。
>
> 4. norm.rvs(loc=0, scale=1, size=1)：生成符合指定均值和标准差的正态分布随机样本。loc 是均值参数，默认为 0，scale 是标准差参数，默认为 1，size 是生成样本的数量，默认为 1。
>
> 这些函数可以帮助计算正态分布的概率密度、累积概率、分位数及生成随机样本。通过指定均值和标准差，可以对具体的正态分布进行计算和分析。

构建以下提示内容，对正态分布的概率密度函数（pdf）、累积分布函数（cdf）可视化。

> **⑩ 提示的内容如下（使用 GPT-3.5 模型）。**
>
> 使用 Matplotlib 对标准正态分布可视化，添加网格线，支持中文显示，代码添加中文注释。使用 np.random.normal 构建正态分布测试数据。
>
> 子图 1：使用直方图加密度曲线绘制概率密度函数（pdf）。
>
> 子图 2：使用曲线图绘制累积分布函数（cdf）。

ChatGPT 的回答如下。

> **⑤ ChatGPT 的回答如下。**
>
> ```python
> import numpy as np
> import matplotlib.pyplot as plt
> from scipy.stats import norm
>
> # 设置中文字体，确保支持中文显示
> plt.rcParams["font.family"] = "SimHei"
>
> # 创建一个包含 2 个子图的图像
> fig, axs = plt.subplots(2, 1, figsize=(8, 10))
>
> # 生成正态分布的测试数据
> np.random.seed(0)
> data = np.random.normal(size=1000)
>
> # 子图 1：概率密度函数（PDF）
> axs[0].set_title('标准正态分布概率密度函数（PDF）')
> ```

```
axs[0].grid(True)  # 添加网格线

# 使用直方图加密度曲线绘制概率密度函数
axs[0].hist(data, bins=30, density=True, color='blue', alpha=0.5, label='
概率密度函数（PDF）')
x = np.linspace(-4, 4, 1000)
pdf = norm.pdf(x)
axs[0].plot(x, pdf, color='red', label='密度曲线')

axs[0].set_xlabel('取值')
axs[0].set_ylabel('概率密度')
axs[0].legend()

# 子图2：累积分布函数（CDF）
axs[1].set_title('标准正态分布累积分布函数（CDF）')
axs[1].grid(True)  # 添加网格线

# 使用曲线图绘制累积分布函数
axs[1].plot(x, norm.cdf(x), color='green', label='累积分布函数（CDF）')

axs[1].set_xlabel('取值')
axs[1].set_ylabel('累积概率')
axs[1].legend()

# 调整子图之间的间距
plt.subplots_adjust(hspace=0.5)

# 显示图像
plt.show()
```

拷贝上述代码执行，输入如图9-6所示的标准正态分布的概率密度函数和累积分布函数的可视化图。

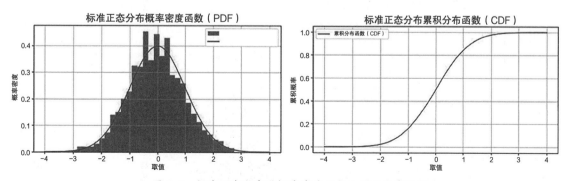

图9-6 标准正态分布的概率密度函数和累积分布函数

9.4.3 正态分布标准化

构建以下提示内容，将正态分布转化为标准正态分布。

> 🔟 **提示的内容如下（使用GPT-3.5 模型）。**
>
> 分点简要说明将正态分布转换为标准正态分布的步骤，编写对应的Python代码进行实践。

ChatGPT 的回答如下。

> ⑤ **ChatGPT 的回答如下。**
>
> 将正态分布转换为标准正态分布的步骤如下。
>
> 1. 计算原始正态分布的均值（μ）和标准差（σ）。
>
> 2. 对于给定的观测值 x，使用公式 $z = (x - \mu) / \sigma$ 计算标准化的 z 值。
>
> 3. 得到标准正态分布的 z 值后，可以使用标准正态分布的概率密度函数、累积分布函数或逆累积函数进行计算和分析。
>
> 下面是使用Python进行正态分布转换为标准正态分布的实践代码。

```python
import numpy as np
import matplotlib.pyplot as plt
from scipy.stats import norm


# 生成正态分布数据
np.random.seed(0)
mu = 2  # 均值
sigma = 3  # 标准差
data = np.random.normal(mu, sigma, size=1000)


# 将数据转换为标准正态分布
z = (data - mu) / sigma


# 绘制原始数据和转换后的数据的直方图
fig, axs = plt.subplots(2, 1, figsize=(8, 8))
axs[0].hist(data, bins=30, density=True, alpha=0.5, color='blue', label='原始数据')
axs[0].set_xlabel('取值')
axs[0].set_ylabel('概率密度')
axs[1].hist(z, bins=30, density=True, alpha=0.5, color='red', label='标准化数据')
axs[1].set_xlabel('标准化值')
axs[1].set_ylabel('概率密度')
axs[0].legend()
```

```
axs[1].legend()
plt.tight_layout()
plt.show()
```

9.4.4　正态分布应用

构建以下提示内容，学习和使用 3sigma 原则进行异常数据检测。

> 🔟 **提示的内容如下（使用 GPT-3.5 模型）。**
>
> 　　使用 Matplotlib 绘制标准正态分布概率密度函数，将 1sigma、2sigma、3sigma 对应的区域分别使用绿色、黄色、蓝色填充，并标明对应的概率值。

ChatGPT 的回答如下。

> 🔷 **ChatGPT 的回答如下。**
>
> 　　以下是使用 Matplotlib 绘制标准正态分布概率密度函数，并将 1sigma、2sigma、3sigma 对应的区域分别使用绿色、黄色、蓝色填充，并标明对应的概率值的代码。

```
import numpy as np
import matplotlib.pyplot as plt
from scipy.stats import norm


# 设置中文字体，确保支持中文显示
plt.rcParams["font.family"] = "SimHei"


# 设置均值和标准差
mu = 0
sigma = 1


# 生成x轴的值
x = np.linspace(mu - 4*sigma, mu + 4*sigma, 1000)


# 计算概率密度函数的值
pdf = norm.pdf(x, mu, sigma)


# 绘制概率密度函数
plt.plot(x, pdf, color='blue', label='概率密度函数')


# 绘制 1sigma 区域
x_fill = np.linspace(mu - sigma, mu + sigma, 1000)
pdf_fill = norm.pdf(x_fill, mu, sigma)
```

```
plt.fill_between(x_fill, pdf_fill, color='green', alpha=0.3, label='1σ 区域')
plt.text(mu + 0.5*sigma, 0.38, '68.3%', fontsize=12)

# 绘制2sigma区域
x_fill = np.linspace(mu - 2*sigma, mu + 2*sigma, 1000)
pdf_fill = norm.pdf(x_fill, mu, sigma)
plt.fill_between(x_fill, pdf_fill, color='yellow', alpha=0.3, label='2σ 区域')
plt.text(mu + 1.5*sigma, 0.15, '95.4%', fontsize=12)

# 绘制3sigma区域
x_fill = np.linspace(mu - 3*sigma, mu + 3*sigma, 1000)
pdf_fill = norm.pdf(x_fill, mu, sigma)
plt.fill_between(x_fill, pdf_fill, color='blue', alpha=0.3, label='3σ 区域')
plt.text(mu + 2.5*sigma, 0.05, '99.7%', fontsize=12)

# 设置标题和坐标轴标签
plt.title('标准正态分布概率密度函数')
plt.xlabel('取值')
plt.ylabel('概率密度')

# 显示图例
plt.legend()

# 显示图像
plt.show()
```

拷贝上述Python执行，输入如图9-7所示的3sigma概率分布情况。不同的sigma区间内对应的概率不同，在3sigma区间内的概率达到99.7%。

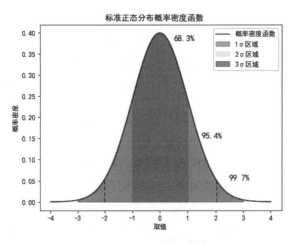

图 9-7　3sigma概率分布情况

构建以下提示内容，使用 3sigma 原则处理实际生产中的数据异常判断。

🔟 **提示的内容如下（使用 GPT-3.5 模型）。**

　某工厂生产的零件的长度满足正态分布，μ =2cm，σ =0.1cm，使用 3sigma 原则判断零件长度在多少范围内属于异常零件。

ChatGPT 的回答如下。

🟢 **ChatGPT 的回答如下。**

　根据 3sigma 原则，我们可以判断异常零件的长度范围。在正态分布中，约有 99.7% 的数据位于均值加减 3 倍标准差的范围内。根据给定的参数，μ =2cm，σ =0.1cm，我们可以计算出异常零件的长度范围。

　异常零件的长度范围可以通过以下计算得到。

下限 = μ − 3σ

上限 = μ + 3σ

代入给定的参数：

下限 = 2cm − 3 * 0.1cm = 1.7cm

上限 = 2cm + 3 * 0.1cm = 2.3cm

因此，根据 3sigma 原则，零件长度在 1.7cm 到 2.3cm 的范围内被认为是正常的，超出这个范围的零件长度可能被视为异常。

　请注意，这只是一个统计规则，用于帮助判断异常值的范围，具体的判断还需要结合实际情况和经验。在实际应用中，可能需要进一步验证和分析才能确定是否真的是异常值。

9.5 线性回归分析

Python statsmodels 包是一个专门用于统计建模和计量经济学分析的包，用于分析数据、估计模型参数、进行预测和推断。本节将 statsmodels 视为黑箱，基于提示内容一步一步地了解其功能，达到使用它进行数据分析的目的。

9.5.1 线性回归模型

构建以下提示内容，了解 statsmodels 包中有哪些线性回归模型。

🔟 **提示的内容如下（使用 GPT-3.5 模型）。**

　分点简要说明在 statsmodels 包中有哪些线性回归模型，作用分别是什么。

ChatGPT 的回答如下。

🟢 **ChatGPT 的回答如下。**

　在 statsmodels 包中，有以下常用的线性回归模型。

1. Ordinary Least Squares (OLS): 最小二乘法线性回归模型。它用于拟合线性关系并估计模型的参数。OLS是最常用的线性回归模型之一。

2. Weighted Least Squares (WLS): 加权最小二乘法线性回归模型。它适用于存在异方差性的数据，可以通过对观测值进行加权来改善拟合效果。

3. Generalized Least Squares (GLS): 广义最小二乘法线性回归模型。它适用于存在异方差性和自相关的数据，可以对协方差矩阵进行建模，进一步提高参数估计的有效性。

4. Robust Linear Models (RLM): 鲁棒线性回归模型。它用于拟合具有异常值或偏离正态分布的数据。通过对残差进行鲁棒估计，提高模型的稳健性。

9.5.2 学习线性回归模型

构建以下提示内容，选择最小二乘法模型，了解构建模型的方法和需要的参数。

> 🔟 **提示的内容如下（使用GPT-3.5模型）。**
>
> 分点说明statsmodels中最小二乘法线性回归模型的构建步骤，结合代码说明各参数的作用和传入数据的方法。

ChatGPT 的回答如下。

> 🚀 **ChatGPT 的回答如下。**
>
> 在statsmodels中，构建最小二乘法线性回归模型的步骤可以概括如下。
>
> 1. 导入必要的模块：我们需要导入statsmodels.api模块来使用线性回归模型。

```
import statsmodels.api as sm
```

> 2. 准备数据：准备自变量（X）和因变量（y）的数据集。

```
X = ...    # 自变量的数据
y = ...    # 因变量的数据
```

> 3. 添加常数项：在X矩阵中添加一个常数项（截距）列，这样可以拟合一个包含截距的线性模型。

```
X = sm.add_constant(X)
```

> 4. 构建模型：使用OLS类构建最小二乘法线性回归模型。

```
model = sm.OLS(y, X)
```

> 5. 模型拟合：调用模型对象的fit()方法来拟合模型。

```
results = model.fit()
```

> 6. 查看回归结果：可以使用summary()方法来查看拟合结果的详细统计摘要。

```
print(results.summary())
```

在上述步骤中，涉及一些重要的参数和数据传入方法。

1. sm.add_constant(X)：该函数用于向自变量矩阵X添加一个常数项列，以便拟合包含截距的线性模型。

2. sm.OLS(y, X)：这是构建最小二乘法线性回归模型的类。参数y表示因变量，X表示自变量矩阵。

3. model.fit()：调用模型对象的fit()方法来拟合模型。它会计算出模型的参数估计值，并返回一个结果对象。

4. results.summary()：该方法用于生成回归结果的详细统计摘要，包括参数估计值、标准误差、t统计量、p值等。

对于数据的传入方法，自变量和因变量可以是NumPy数组、Pandas Series或DataFrame对象。确保自变量矩阵X的每个样本位于一行，每个特征位于一列，并且因变量y的长度与样本数一致。

9.5.3 应用回归分析

构建以下提示内容，使用statsmodels中OLS模型分析具体的问题。

> 提示的内容如下（使用GPT-3.5模型）。
>
> 指令：使用statsmodels中OLS模型分析消费者数据。
>
> 上下文：某餐厅想研究消费者的消费金额与他们的年龄和就餐人数之间的关系，收集了46位消费者的数据。
>
> 数据：年龄18, 22, 25, 27, 21, 23, 37, 31, 34, 51, 45, 52, 59, 55, 63, 57, 69, 64, 72, 70;
>
> 就餐人数1, 1, 2, 1, 2, 4, 1, 2, 4, 2, 4, 2, 3, 2, 1, 3, 2, 3, 2, 4;
>
> 账单：24.59, 19.01, 25.56, 20.45, 28.55, 39.73, 19.74, 30.40, 45.17, 35.15, 50.05, 38.22, 43.11, 36.20, 29.85, 42.51, 51.55, 44.27, 41.13, 58.41

ChatGPT的回答如下。

> ChatGPT的回答如下。
>
> 要使用statsmodels中的OLS模型分析消费者数据，可以按照以下步骤进行操作。
>
> 1. 导入所需的模块：

```
import statsmodels.api as sm
import numpy as np
```

> 2. 准备数据：

```
age = np.array([18, 22, 25, 27, 21, 23, 37, 31, 34, 51, 45, 52, 59, 55,
63, 57, 69, 64, 72, 70])
party_size = np.array([1, 1, 2, 1, 2, 4, 1, 2, 4, 2, 4, 2, 3, 2, 1, 3, 2,
3, 2, 4])
```

```
bill = np.array([24.59, 19.01, 25.56, 20.45, 28.55, 39.73, 19.74, 30.40,
45.17, 35.15, 50.05, 38.22, 43.11, 36.20, 29.85, 42.51, 51.55, 44.27,
41.13, 58.41])
```

3. 添加常数项：

```
X = sm.add_constant(np.column_stack((age, party_size)))  # 构建自变量矩阵X,
包括常数项和两个特征
```

4. 构建模型：

```
model = sm.OLS(bill, X)  # 构建OLS模型, 以账单金额为因变量, 自变量为年龄和就餐人数
```

5. 模型拟合：

```
results = model.fit()   # 拟合模型
```

6. 查看回归结果：

```
print(results.summary())  # 打印回归结果的统计摘要
```

执行上述代码后输出的结果如图 9-8 所示，其中包括了 3 大部分的内容：回归结果、模型参数、统计推断。

```
                           OLS Regression Results
==============================================================================
Dep. Variable:                      y   R-squared:                       0.910
Model:                            OLS   Adj. R-squared:                  0.899
Method:                 Least Squares   F-statistic:                     85.76
Date:                Thu, 01 Jun 2023   Prob (F-statistic):           1.31e-09
Time:                        10:10:52   Log-Likelihood:                -52.156
No. Observations:                  20   AIC:                             110.3
Df Residuals:                      17   BIC:                             113.3
Df Model:                           2
Covariance Type:            nonrobust
==============================================================================
                 coef    std err          t      P>|t|      [0.025      0.975]
------------------------------------------------------------------------------
const          5.6914      2.498      2.278      0.036       0.420      10.963
x1             0.3157      0.045      6.986      0.000       0.220       0.411
x2             7.1141      0.777      9.156      0.000       5.475       8.753
==============================================================================
Omnibus:                       12.240   Durbin-Watson:                   2.216
Prob(Omnibus):                  0.002   Jarque-Bera (JB):                9.978
Skew:                           1.413   Prob(JB):                      0.00681
Kurtosis:                       4.998   Cond. No.                         154.
==============================================================================
```

图 9-8　OLS模型分析结果

构建如下的提示，将OLS模型的统计结果提交给ChatGPT，让其解读数据并提炼结论。

🔟 提示的内容如下（使用GPT-3.5 模型）。

指令：分点解析以下OLS模型统计结果，最终可得出什么结论，总字数控制在 300 字。

上下文：

OLS Regression Results

```
=================================================================
Dep. Variable:              y    R-squared:            0.910
Model:                    OLS    Adj. R-squared:       0.899
………
```

ChatGPT 的回答如下。

> **⑤ ChatGPT 的回答如下。**
>
> 分析结果如下。
>
> 1. 模型拟合程度：R-squared 为 0.910，Adj. R-squared 为 0.899，说明模型可以解释 91% 的因变量的变异性。这表明年龄和就餐人数对消费金额有较强的解释能力。
>
> 2. 模型显著性：F-statistic 为 85.76，对应的 p 值为 1.31e-09，说明整体模型在统计上是显著的。至少有一个自变量对因变量的解释是显著的。
>
> 3. 模型参数解释：截距项（const）的系数为 5.6914，表示当年龄和就餐人数为 0 时，消费金额的平均值约为 5.6914。年龄（x1）的系数为 0.3157，意味着每增加一岁，消费金额平均增加 0.3157。就餐人数（x2）的系数为 7.1141，表示每增加一个人，消费金额平均增加 7.1141。
>
> 4. 系数显著性：对于所有自变量的系数，p 值均小于 0.05，表明它们对消费金额的影响是显著的。年龄和就餐人数对消费金额的关系在统计上是显著的。
>
> 5. 模型诊断：Omnibus 和 Jarque-Bera 检验显示了残差的正态性假设的拒绝，说明残差不服从正态分布。Skew 为 1.413，表示残差分布右偏。Kurtosis 为 4.998，表明残差分布较峭峰。Durbin-Watson 统计量为 2.216，接近于 2，说明残差之间相互独立。
>
> 综上所述，该模型能够较好地解释消费金额的变异性。年龄和就餐人数对消费金额有显著影响，且系数的估计具有统计显著性。然而，残差不服从正态分布，可能存在一些模型假设未满足的问题。因此，在解释和使用模型结果时，需要考虑这些限制。

9.6　时间序列分析

时间序列分析的主要作用和目的在于理解时间序列的数据特征、动态变化规律和影响机制。statsmodels 有丰富的时间序列工具，可以较全面地实现时间数据的分析。

9.6.1　时间序列分析模型

构建以下提示内容，了解 statsmodels 包中有哪些时间序列模型。

> **⑩ 提示的内容如下（使用 GPT-3.5 模型）。**
>
> 分点简要说明在 statsmodels 包中有哪些时间序列模型，作用分别是什么。

ChatGPT 的回答如下。

⑤ ChatGPT 的回答如下。

statsmodels 是一个 Python 库，用于进行统计分析和建模。它提供了多种时间序列模型，下面是一些常用的时间序列模型及其作用。

1. ARMA（自回归滑动平均模型）：ARMA 模型是一种基本的线性时间序列模型，用于描述时间序列的自相关和滑动平均结构。它可以用于预测时间序列数据的未来值。

2. ARIMA（差分自回归滑动平均模型）：ARIMA 模型是在 ARMA 模型基础上引入差分操作的扩展模型。它可以处理非平稳时间序列，并根据序列的差分特性进行建模和预测。

3. SARIMA（季节性差分自回归滑动平均模型）：SARIMA 模型是 ARIMA 模型的季节性扩展，用于处理具有季节性模式的时间序列。它考虑了季节性的差分和自回归滑动平均结构。

4. VAR（向量自回归模型）：VAR 模型用于描述多个变量之间的动态关系。它可以通过引入自回归项来建模多个时间序列之间的相互依赖关系，并用于预测多个变量的未来值。

5. VARMA（向量自回归滑动平均模型）：VARMA 模型是 VAR 模型的扩展，同时考虑了自回归和滑动平均结构。它适用于描述多个变量之间的自相关和滑动平均关系，并用于预测多个变量的未来值。

6. SARIMAX（季节性差分自回归滑动平均模型，包含外生变量）：SARIMAX 模型是在 SARIMA 模型基础上添加外生变量的扩展。它可以用于建模和预测具有季节性模式的时间序列，并考虑外生变量对序列的影响。

9.6.2 学习时间序列模型

构建以下提示内容，选择季节性差分自回归滑动平均模型，了解构建模型的方法和需要的参数。

---

⑩ 提示的内容如下（使用 GPT-3.5 模型）。

分点说明 statsmodels 中 SARIMA 模型的构建步骤，结合代码说明各参数的作用和传入数据的方法。

ChatGPT 的回答如下。

⑤ ChatGPT 的回答如下。

在 statsmodels 中构建 SARIMA 模型的步骤如下。

1. 导入必要的库和模块：

```
import statsmodels.api as sm
```

2. 准备时间序列数据：

SARIMA 模型要求输入的时间序列数据是一维数组或 Pandas Series 对象。

可以通过不同的方法获取数据，例如，从文件中读取、API 获取或手动创建。

3. 创建 SARIMA 模型对象：

```
model = sm.tsa.SARIMAX(data, order=(p, d, q), seasonal_order=(P, D, Q, m))
```

data: 时间序列数据；order: 包含三个整数的元组(p, d, q)，分别表示自回归阶数(p)、差分阶数(d)

和滑动平均阶数 (q); seasonal_order: 包含四个整数的元组 (P, D, Q, m)，分别表示季节性自回归阶数 (P)、季节性差分阶数 (D)、季节性滑动平均阶数 (Q) 和季节性周期长度 (m)

4. 拟合模型: 使用拟合方法对模型进行参数估计和拟合。

```
model_fit = model.fit()
```

5. 查看模型拟合结果: 输出模型的拟合结果摘要，包括参数估计、模型检验统计等信息。

```
print(model_fit.summary())
```

6. 进行预测:

```
forecast = model_fit.get_forecast(steps=n)
```

n: 要预测的未来步数; 使用 get_forecast 方法获取模型的预测结果。

9.6.3 应用时间序列分析

构建以下提示内容，使用 statsmodels 中 ARIMA 模型分析具体的问题。

🔟 **提示的内容如下（使用 GPT-3.5 模型）。**

指令: 使用 statsmodels 中 ARIMA 模型预测未来 6 个月的零售额。

上下文: 某零售平台近 3 年来每月的销售额，如下所示。

```
日期  '2020-01', '2020-02', '2020-03', '2020-04', '2020-05', '2020-06',
'2020-07' , '2020-08', '2020-09', '2020-10', '2020-11', '2020-12', '2021-
01', '2021-02', '2021-03', '2021-04', '2021-05', '2021-06', '2021-07',
'2021-08','2021-09','2021-10','2021-11','2021-12', '2022-01', '2022-02',
'2022-03', '2022-04', '2022-05', '2022-06', '2022-07', '2022-08', '2022-
09','2022-10', '2022-11', '2022-12';
销售额: 112, 118, 132, 129, 121, 135, 148, 148, 136, 119, 104, 118, 115,
126, 141, 135, 125, 149, 170, 170, 158, 133, 114, 140, 145, 150, 178,
163, 172, 178, 199, 199, 184, 162, 146, 166
```

ChatGPT 的回答如下。

⑨ **ChatGPT 的回答如下。**

根据提供的销售额数据，下面是使用 statsmodels 中 ARIMA 模型预测未来 6 个月的零售额的代码示例。

```
import pandas as pd
import statsmodels.api as sm

# 定义日期和销售额数据
```

```
dates = ['2020-01', '2020-02', '2020-03', '2020-04', '2020-05', '2020-06',
'2020-07', '2020-08', '2020-09','2020-10', '2020-11', '2020-12', '2021-
01', '2021-02', '2021-03', '2021-04', '2021-05', '2021-06',
'2021-07', '2021-08', '2021-09', '2021-10', '2021-11', '2021-12', '2022-
01', '2022-02', '2022-03',
'2022-04', '2022-05', '2022-06', '2022-07', '2022-08', '2022-09', '2022-
10', '2022-11', '2022-12']
sales = [112, 118, 132, 129, 121, 135, 148, 148, 136, 119, 104, 118, 115,
126, 141, 135, 125, 149, 170, 170,158, 133, 114, 140, 145, 150, 178, 163,
172, 178, 199, 199, 184, 162, 146, 166]
# 将日期和销售额数据转换为时间序列对象
ts = pd.Series(sales, index=pd.to_datetime(dates))
# 定义ARIMA模型的阶数
p = 1  # 自回归阶数
d = 1  # 差分阶数
q = 1  # 滑动平均阶数
# 创建ARIMA模型对象
model = sm.tsa.ARIMA(ts, order=(p, d, q))
# 拟合模型
model_fit = model.fit()
# 进行未来6个月的预测
forecast = model_fit.forecast(steps=6)
# 输出预测结果
print(forecast)
```

上述代码中的p、d和q是经过定义的，可以根据实际情况对其进行调整。拷贝代码执行得到的结果如下所示。

```
2023-01-01    167.558014
2023-02-01    166.379299
2023-03-01    167.271055
2023-04-01    166.596398
2023-05-01    167.106809
2023-06-01    166.720658
```

## 第 10 章

基于提示工程应用生产力工具

生产力工具的开放接口和扩展配置为集成 ChatGPT 提供了可能性，可以实现复杂工作流的自动化处理。本章基于各类生产工具构建对应的提示内容，ChatGPT 基于提示内容完成相关任务。

本章主要涉及的知识点如下。

● 基于提示工程进行 Excel 数据处理。
● 基于提示工程构建思维导图。
● 基于提示工程进行图片编辑。

10.1 Excel数据处理

构建提示内容帮助 Excel 用户更高效、准确地处理数据。这些提示内容可以提供自动化、智能化的数据处理建议，减少错误和烦琐的手动操作，提升数据处理的效率和质量。

10.1.1 Excel测试数据

Northwind 数据库模拟了一个贸易公司的数据，将 Northwind 数据库中的 5 张表导出为 Excel 文件作为测试数据，在表 10-1 中说明了 Excel 各文件的作用。

表 10-1　Excel测试数据

表名	作用
Categories.xlsx	存储产品的分类信息，如类别 ID、类别名称等。每个记录代表一个产品类别
Customers.xlsx	存储了与客户相关的信息，如客户 ID、公司名称、联系人、地址等。每个记录代表一个客户
OrderDetails.xlsx	存储了订单中的产品明细信息，如订单 ID、产品 ID、单价、数量等。每个记录代表一个订单中的产品明细

续表

表名	作用
Orders.xlsx	记录了客户的订单信息，如订单ID、订单日期、客户ID、员工ID等。每个记录代表一个订单
Products.xlsx	包含了公司的产品信息，如产品ID、产品名称、单价、供应商ID等。每个记录代表一个产品

围绕这5张表构建提示内容：编写Python代码处理Excel文件、编写Excel公式进行数据处理、编写VBA脚本进行自动化处理。

10.1.2　Excel文件处理

构建以下提示内容，用于了解有哪些Python Excel包、编写代码修改Excel文件名和列名、编写代码合并Excel文件。

1. 选择处理Excel的Python包

构建以下提示内容，了解有哪些Python包可以处理Excel文件。

> ⌂₁₀ **提示的内容如下（使用GPT-3.5模型）。**
> 　推荐3个可进行Excel文件处理的包或模块，并对比说明它们的优势和选择场景。

ChatGPT的回答如下。

> ⑤ **ChatGPT的回答如下。**
> 　以下是3个可进行Excel文件处理的Python包或模块的推荐，并对它们的优势和选择场景进行对比说明。
> 　1. pandas:
> 　1.1 优势: pandas是一个功能强大的数据处理和分析库，对于处理结构化数据非常方便。它提供了丰富的数据操作功能，可以轻松读取和写入Excel文件，处理数据筛选、排序、合并、透视表等。pandas还支持数据清洗和转换，并具有高性能的数据处理能力。
> 　1.2 选择场景: 适用于处理大量的结构化数据，需要进行复杂的数据处理和分析的场景，如数据清洗、数据透视分析、数据转换等。
> 　2. openpyxl:
> 　2.1 优势: openpyxl是一个专门用于读写Excel文件的库，支持最新版本的xlsx文件格式。它提供了简单易用的API，可以访问和修改Excel文件中的单元格、工作表、图表等。openpyxl支持样式设置、图像插入等高级功能，使得操作Excel文件更加灵活。
> 　2.2 选择场景: 适用于需要对Excel文件进行读写操作，涉及样式设置、图像插入等高级功能的场景。openpyxl适用于处理中小规模的Excel文件。
> 　3. xlrd和xlwt:

3.1 优势：xlrd 和 xlwt 是两个分别用于读取和写入 Excel 文件的库，支持较旧版本的 xls 文件格式。它们提供了简单易用的 API，可以读取和写入 Excel 文件中的数据。虽然功能相对较为有限，但对于基本的 Excel 文件处理足够方便。

3.2 选择场景：适用于处理较旧版本的 Excel 文件（如 xls 格式），或者对于只需要进行基本的读写操作的场景。xlrd 和 xlwt 是轻量级的选择，适合处理小型 Excel 文件或具有简单需求的情况。

根据你的具体需求和项目的规模，选择合适的包或模块进行 Excel 文件处理。如果需要处理大规模的结构化数据并进行复杂的数据处理和分析，pandas 是首选。如果需要操作最新版本的 Excel 文件并具有高级功能，openpyxl 是更适合的选择。而 xlrd 和 xlwt 则适用于处理较旧版本的 Excel 文件或对于只有基本需求的情况。

2. 批量修改 Excel 文件名和列名

测试 Excel 文件名和列名都是英文，构建以下提示内容，批量将 Excel 文件名和列名修改为中文。

⒑ 提示的内容如下（使用 GPT-3.5 模型）。

编写代码：

1. 基于下表内容将所有 Excel 文件名翻译为中文，以字典形式存储，记为 name_dict；

2. 基于下表内容将所有 Excel 文件中列名翻译为中文，以字典形式存储，记为 column_dict；

3. 依据 name_dict 和 column_dict，使用 openpyxl 包将 Excel 文件名和列名修改为中文。

上下文：

1. Excel 文件的存放路径为"D:\ChatGPT\素材\chapter10"；

2. 各 Excel 文件的信息如 Markdown 表所示。

```
|文件名|列名|
|----|-----|
|Categories.xlsx|CategoryID,CategoryName,Description|
|Customers.xlsx|CustomerID,CompanyName,ContactName,ContactTitle,Address,
City,Region,PostalCode,Country,Phone,Fax|
|OrderDetails.xlsx|OrderID,ProductID,UnitPrice,Quantity,Discount|
|Orders.xlsx|OrderID,CustomerID,EmployeeID,OrderDate,RequiredDate,
ShippedDate,ShipVia,Freight,ShipName,ShipAddress,ShipCity,ShipRegion,
ShipPostalCode,ShipCountry|
|Products.xlsx|ProductID,ProductName,SupplierID,CategoryID,QuantityPerUnit,
UnitPrice,UnitsInStock,UnitsOnOrder,ReorderLevel,Discontinued|
```

ChatGPT 最开始编写的代码有小错误，提交错误描述信息后修正的代码如下所示。拷贝代码执行验证结果符合要求。

⑯ ChatGPT 的回答如下。

```
import os
```

```python
from openpyxl import load_workbook

# 文件名翻译字典
name_dict = {
    'Categories.xlsx': '类别',
    'Customers.xlsx': '客户',
    'OrderDetails.xlsx': '订单详情',
    'Orders.xlsx': '订单',
    'Products.xlsx': '产品'
}

# 列名翻译字典
column_dict = {
    'CategoryID': '类别ID',
    'CategoryName': '类别名称',
    'Description': '描述',
    'CustomerID': '客户ID',
    'CompanyName': '公司名称',
    'ContactName': '联系人',
    'ContactTitle': '联系人职位',
    'Address': '地址',
    'City': '城市',
    'Region': '地区',
    'PostalCode': '邮政编码',
    'Country': '国家',
    'Phone': '电话',
    'Fax': '传真',
    'OrderID': '订单ID',
    'ProductID': '产品ID',
    'UnitPrice': '单价',
    'Quantity': '数量',
    'Discount': '折扣',
    'EmployeeID': '员工ID',
    'OrderDate': '订单日期',
    'RequiredDate': '要求日期',
    'ShippedDate': '发货日期',
    'ShipVia': '发货方式',
    'Freight': '运费',
    'ShipName': '收货人名称',
    'ShipAddress': '收货地址',
    'ShipCity': '收货城市',
```

```
        'ShipRegion': '收货地区',
        'ShipPostalCode': '收货邮编',
        'ShipCountry': '收货国家',
        'ProductName': '产品名称',
        'SupplierID': '供应商ID',
        'QuantityPerUnit': '每单位数量',
        'UnitsInStock': '库存数量',
        'UnitsOnOrder': '订购数量',
        'ReorderLevel': '再订货水平',
        'Discontinued': '是否停产'
}
folder_path = r"D:\ChatGPT\素材\chapter10"
# 遍历文件夹中的Excel文件
for file_name in os.listdir(folder_path):
    if file_name.endswith(".xlsx"):
        file_path = os.path.join(folder_path, file_name)
        # 修改文件名
        if file_name in name_dict:
            translated_file_name = name_dict[file_name] + ".xlsx"
            new_file_path = os.path.join(folder_path, translated_file_name)
            os.rename(file_path, new_file_path)
            file_path = new_file_path
        # 修改列名
        wb = load_workbook(file_path)
        for sheet in wb:
            for column in sheet.iter_cols(min_row=1, max_row=1):
                for cell in column:
                    if cell.value in column_dict:
                        translated_column_name = column_dict[cell.value]
                        if cell.column == 'A':
                            translated_column_name += "(首列)"
                        elif cell.column == sheet.max_column:
                            translated_column_name += "(末列)"
                        cell.value = translated_column_name
        # 保存修改后的Excel文件
        wb.save(file_path)
        wb.close()
print("Excel文件名和列名修改完成。")
```

3. 合并Excel文件

构建以下提示内容，将测试Excel文件合并到一个Excel。

> 💬 **提示的内容如下（使用GPT-3.5模型）。**
>
> 编写代码：
>
> 1. 使用openpyxl包新建一个名为northwind.xlsx的Excel文件；
>
> 2. 合并文件夹中所有Excel文件到northwind.xlsx，每个Excel文件对应一个工作表，工作表名设置为文件名。
>
> 上下文：Excel文件的存放路径为"D:\ChatGPT\素材\chapter10"。

ChatGPT 的回答如下。

> 🅖 **ChatGPT 的回答如下。**
>
> 以下是使用openpyxl包编写的代码，用于创建一个名为northwind.xlsx的Excel文件，并将文件夹中的所有Excel文件合并到该文件中，每个Excel文件对应一个工作表，工作表名设置为文件名。

```python
import os
from openpyxl import Workbook, load_workbook
from openpyxl.utils import get_column_letter
from openpyxl.drawing.image import Image
# 创建一个新的Excel文件
new_workbook = Workbook()
new_worksheet = new_workbook.active
new_worksheet.title = 'northwind'
# 获取文件夹路径
folder_path = r'D:\ChatGPT\素材\chapter10'
# 遍历文件夹中的所有文件
for filename in os.listdir(folder_path):
    if filename.endswith('.xlsx'):
        file_path = os.path.join(folder_path, filename)
        # 打开Excel文件
        workbook = load_workbook(file_path)
        # 创建新的工作表
        new_sheet = new_workbook.create_sheet(title=filename[:-5])
        # 复制数据
        for sheet in workbook.sheetnames:
            source_sheet = workbook[sheet]
            destination_sheet = new_workbook[filename[:-5]]
            # 复制单元格数据
            for row in source_sheet.iter_rows(values_only=True):
                destination_sheet.append(row)
            # 复制图像
            for image in source_sheet._images:
                image_path = image.ref[8:]
```

```
                destination_image = Image(image_path)
                destination_sheet.add_image(destination_image, image.anchor)
        workbook.close()
    # 保存合并后的Excel文件
    new_workbook.save(os.path.join(folder_path, 'northwind.xlsx'))
    new_workbook.close()
    print('合并完成！')
```

本节全部代码执行完毕后，在文件夹中生成如图 10-1 所示的 6 个 Excel 文件。其中 northwind.xlsx 由另外的 5 个 Excel 文件合并而成，其他 5 个 Excel 的文件名和列名都修改为中文。

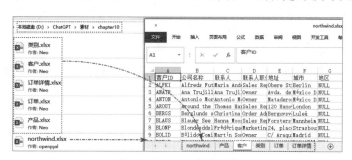

图 10-1　Excel 文件样式

10.1.3　Excel格式

构建提示内容设置Excel格式，包括字体样式、边框和背景、列宽和行高、对齐和缩进、数字格式。

1. 字体样式设置

构建以下提示内容，设置单元格的字体名称、大小、颜色、加粗、斜体、下划线等字体样式。

> 🔟 提示的内容如下（使用GPT-3.5 模型）。
>
> 编写代码：
> 1. 使用openpyxl打开"产品"工作表；
> 2. 第一行字体样式设置为：隶书字体、字体大小为15、字体颜色为灰色、加粗斜体字体、添加下划线。
> 上下文：Excel文件为"D:\ChatGPT\素材\chapter10\northwind.xlsx"。

ChatGPT的回答如下。

> 🅖 ChatGPT 的回答如下。
> 　　以下是使用openpyxl包编写的代码，用于打开Excel文件中的"产品"工作表，然后将第一行的字体样式设置为隶书字体、字体大小为15、字体颜色为灰色、加粗斜体字体，并添加下划线。
>
> ```
> from openpyxl import load_workbook
> from openpyxl.styles import Font, Color, PatternFill
> ```

```
# 打开Excel文件
file_path = r'D:\ChatGPT\素材\chapter10\northwind.xlsx'
workbook = load_workbook(file_path)
# 获取"产品"工作表
worksheet = workbook['产品']
# 设置第一行字体样式
for cell in worksheet[1]:
    font = Font(name='隶书', size=15, color=Color(rgb='808080'), bold=True,
italic=True, underline='single')
    cell.font = font
# 保存修改后的Excel文件
workbook.save(file_path)
workbook.close()
print('字体样式设置完成！')
```

拷贝上述代码执行，"产品"工作表中第一行的字体样式如图 10-2 所示。

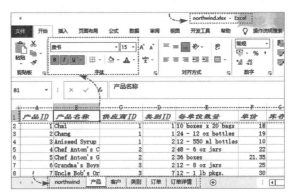

图 10-2　Excel 字体样式设置

2. 边框和背景

构建以下提示内容，设置单元格的边框样式、边框颜色、边框粗细，以及单元格的背景填充颜色等格式。

> 💬 **提示的内容如下（使用GPT-3.5 模型）。**
>
> 编写代码：
>
> 1. 使用openpyxl打开"产品"工作表；
>
> 2. 第一行边框设置为：虚线边框、边框颜色为红色。请在单元格级别上设置边框样式和颜色；
>
> 3. 第一列边框设置为：单元格背景色为灰色、边框粗细为 2pt。
>
> 上下文: Excel文件为"D:\ChatGPT\素材\chapter10\northwind.xlsx"。

ChatGPT 的回答如下，拷贝代码执行验证能正常运行并达到预期效果。

⑤ **ChatGPT 的回答如下。**

以下是使用 openpyxl 包编写的代码,用于打开 Excel 文件中的"产品"工作表,并在单元格级别上设置第一行的边框样式和颜色,以及设置第一列的边框粗细和背景色。

```python
from openpyxl import load_workbook
from openpyxl.styles import Border, Side, PatternFill, Color
# 打开Excel文件
file_path = r'D:\ChatGPT\素材\chapter10\northwind.xlsx'
workbook = load_workbook(file_path)
# 获取"产品"工作表
worksheet = workbook['产品']
# 第一行边框设置
for cell in worksheet[1]:
    cell.border = Border(
        left=Side(style='mediumDashDot', color='FF0000'),
        right=Side(style='mediumDashDot', color='FF0000'),
        top=Side(style='mediumDashDot', color='FF0000'),
        bottom=Side(style='mediumDashDot', color='FF0000')
    )
# 第一列边框和背景色设置
for row in worksheet.iter_rows(min_row=1, min_col=1, max_col=1):
    for cell in row:
        cell.border = Border(
            left=Side(style='thick'),
            right=Side(style='thin'),
            top=Side(style='thin'),
            bottom=Side(style='thin')
        )
        cell.fill = PatternFill(fill_type='solid',
fgColor=Color(rgb='C0C0C0'))
# 保存修改后的Excel文件
workbook.save(file_path)
workbook.close()
print('边框设置完成! ')
```

3. 列宽和行高

构建以下提示内容,设置单元格所在列的宽度和单元格所在行的高度等格式。

⑩ **提示的内容如下(使用 GPT-3.5 模型)。**

编写代码:

1. 使用 openpyxl 打开 northwind.xlsx;

2. 除"northwind"外的所有工作表的第一行的行高设置为 20；

3. "产品"工作表中 B 列（产品名称）列宽设置为 25。

上下文：Excel 文件为"D:\ChatGPT\素材\chapter10\northwind.xlsx"。

ChatGPT 的回答如下。

> ⑤ **ChatGPT 的回答如下。**
>
> 以下是使用 openpyxl 包编写的代码，用于打开 Excel 文件中的"northwind.xlsx"，并将除"northwind"之外的所有工作表的第一行行高设置为 20，以及在"产品"工作表中设置"产品名称"列的宽度为 25。

```python
from openpyxl import load_workbook
# 打开Excel文件
file_path = r'D:\ChatGPT\素材\chapter10\northwind.xlsx'
workbook = load_workbook(file_path)
# 获取所有工作表名
sheet_names = workbook.sheetnames
# 设置除"northwind"外的所有工作表的第一行行高为20
for sheet_name in sheet_names:
    if sheet_name != "northwind":
        worksheet = workbook[sheet_name]
        worksheet.row_dimensions[1].height = 20
# 设置"产品"工作表中"产品名称"列宽为25
worksheet_product = workbook["产品"]
worksheet_product.column_dimensions["B"].width = 25
# 保存修改后的Excel文件
workbook.save(file_path)
workbook.close()
print('行高和列宽设置完成！')
```

拷贝上述代码执行，"产品"工作表演示如图 10-3 所示。第一行的行高和"产品名称"列宽都正确设置。

A	B	C	D	E	F	G	H
产品ID	产品名称	供应商	类别ID	每单位	单价	库存数	订购数
1	Chai	1	1	10 boxes	18	39	0
2	Chang	1	1	24 - 12	19	17	40
3	Aniseed Syrup	1	2	12 - 550	10	13	70
4	Chef Anton's Cajun Seas	2	2	48 - 6 o	22	53	0
5	Chef Anton's Gumbo Mix	2	2	36 boxes	21.35	0	0
6	Grandma's Boysenberry S	3	2	12 - 8 o	25	120	0
7	Uncle Bob's Organic Dri	3	7	12 - 1 l	30	15	0
8	Northwoods Cranberry Sa	3	2	12 - 12	40	6	0
9	Mishi Kobe Niku	4	6	18 - 500	97	29	0
10	Ikura	4	8	12 - 200	31	31	0
11	Queso Cabrales	5	4	1 kg pkg.	21	22	30
12	Queso Manchego La Pasto	5	4	10 - 500	38	86	0
13	Konbu	6	8	2 kg box	6	24	0
14	Tofu	6	7	40 - 100	23.25	35	0

图 10-3　设置行高和列宽

4. 对齐和缩进

构建以下提示内容，设置单元格的水平对齐方式（左对齐、居中、右对齐）、垂直对齐方式（上对齐、居中、下对齐）、缩进等格式。

> **提示的内容如下（使用GPT-3.5 模型）。**
>
> 编写代码：
>
> 1. 使用openpyxl打开"产品"工作表；
>
> 2. 第一列居中对齐；第二列缩进 1 个空格。
>
> 上下文：Excel文件为"D:\ChatGPT\素材\chapter10\northwind.xlsx"。

ChatGPT的回答如下，拷贝代码执行验证能正常运行并达到预期效果。

> **ChatGPT 的回答如下。**
>
> 以下是使用openpyxl包编写的代码，用于打开Excel文件中的"产品"工作表，并对该工作表的第一列进行居中对齐，第二列进行缩进 1 个空格。

```python
from openpyxl import load_workbook
from openpyxl.styles import Alignment
# 打开Excel文件
file_path = r'D:\ChatGPT\素材\chapter10\northwind.xlsx'
workbook = load_workbook(file_path)
# 获取"产品"工作表
worksheet = workbook['产品']
# 第一列居中对齐
for row in worksheet.iter_rows():
    cell = row[0]
    cell.alignment = Alignment(horizontal='center')
# 第二列缩进 1 个空格
for row in worksheet.iter_rows():
    cell = row[1]
    cell.alignment = Alignment(indent=1)
# 保存修改后的Excel文件
workbook.save(file_path)
workbook.close()
print('对齐设置完成！')
```

5. 数字格式

构建以下提示内容，设置单元格值的百分比、货币、科学计数等数字格式。

> **提示的内容如下（使用GPT-3.5 模型）。**
>
> 编写代码：

> 1. 使用openpyxl打开"产品"工作表；
> 2. F列（单价）设置货币（人民币）格式，显示2位小数；H列（订购数量）显示1位小数。
> 上下文：Excel文件为"D:\ChatGPT\素材\chapter10\northwind.xlsx"。

ChatGPT的回答如下。

ChatGPT的回答如下。

以下是使用openpyxl包编写的代码，用于打开Excel文件中的"产品"工作表，并对F列（单价）设置人民币格式，显示2位小数，以及对H列（订购数量）显示1位小数。

```
from openpyxl import load_workbook
from openpyxl.styles import numbers
# 打开Excel文件
file_path = r'D:\ChatGPT\素材\chapter10\northwind.xlsx'
workbook = load_workbook(file_path)
# 获取"产品"工作表
worksheet = workbook['产品']
# F列（单价）设置人民币格式，显示2位小数
for cell in worksheet['F'][1:]:
    cell.number_format = '¥#,##0.00'
# H列（订购数量）显示1位小数
for cell in worksheet['H'][1:]:
    cell.number_format = '0.0'
# 保存修改后的Excel文件
workbook.save(file_path)
workbook.close()
print('格式设置完成！')
```

拷贝上述代码执行，"产品"工作表演示如图10-4所示。F列和H列的数字格式都正确设置。

产品ID	产品名称	供应商	类别ID	每单位	单价	库存数	订购数	再订货
1	Chai	1	1	10 boxes	¥18.00	39	0.0	10
2	Chang	1	1	24 - 12	¥19.00	17	40.0	25
3	Aniseed Syrup	1	2	12 - 550	¥10.00	13	70.0	25
4	Chef Anton's Cajun	2	2	48 - 6 o	¥22.00	53	0.0	0
5	Chef Anton's Gumbo	2	2	36 boxes	¥21.35	0	0.0	0
6	Grandma's Boysenbe	3	2	12 - 8 o	¥25.00	120	0.0	25
7	Uncle Bob's Organi	3	7	12 - 1 ll	¥30.00	15	0.0	10
8	Northwoods Cranber	3	2	12 - 12	¥40.00	6	0.0	0
9	Mishi Kobe Niku	4	6	18 - 500	¥97.00	29	0.0	0
10	Ikura	4	8	12 - 200	¥31.00	31	0.0	0
11	Queso Cabrales	5	4	1 kg pkg.	¥21.00	22	30.0	30
12	Queso Manchego La	5	4	10 - 500	¥38.00	86	0.0	0
13	Konbu	6	8	2 kg box	¥6.00	24	0.0	5

图 10-4　设置数字格式

10.1.4　Excel公式

构建以下提示内容，让ChatGPT编写Excel公式，包括查找和引用公式、日期和时间操作公式、

条件计算公式、文本处理公式。

1. 查找和引用公式

构建以下提示内容，查找和引用函数用于在数据范围中查找特定值或进行引用操作，使用 VLOOKUP、INDEX、MATCH 等函数。

> 🔟 **提示的内容如下（使用 GPT-3.5 模型）。**
>
> 编写 Excel 公式：要查找列为"订单"工作表中的 A 列，查找区域为"订单详情"工作表，返回"订单详情"工作表 D 列。

ChatGPT 的回答如下。

> ✴ **ChatGPT 的回答如下。**
>
> 你可以使用以下 Excel 公式在"订单"工作表中查找与 A 列的值匹配的数据，并返回"订单详情"工作表中 D 列的值：
>
> =VLOOKUP(A2,'订单详情'!$A:$D,4,FALSE)
>
> 这个公式假设你正在"订单"工作表的当前行中使用该公式，并且要查找的值位于 A 列。你可以将 A2 替换为实际使用的单元格引用。

构建以下提示内容，让 ChatGPT 编写 Python 代码完成相同的功能。

> 🔟 **提示的内容如下（使用 GPT-3.5 模型）。**
>
> 编写代码：
>
> 1. 使用 openpyxl 编写 Excel 公式，公式要求：要查找列为"订单"工作表中的 A 列，查找区域为"订单详情"工作表；
>
> 2. 返回"订单详情"工作表 D 列，存放在"订单"工作表的 O 列，O 列列名设置为"数量"。
>
> 上下文：Excel 文件为"D:\ChatGPT\素材\chapter10\northwind.xlsx"。

ChatGPT 的回答如下。

> ✴ **ChatGPT 的回答如下。**
>
> 以下是使用 openpyxl 库编写的代码，以实现你所描述的 Excel 公式要求。
>
> ```python
> import openpyxl
> # 加载Excel文件
> workbook = openpyxl.load_workbook("D:\ChatGPT\素材\chapter10\northwind.xlsx")
> # 获取"订单"工作表和"订单详情"工作表
> order_sheet = workbook["订单"]
> detail_sheet = workbook["订单详情"]
> # 设置"订单"工作表的O列标题为"数量"
> ```

```
order_sheet["O1"] = "数量"
# 遍历"订单"工作表的A列，查找并填写对应的公式
for row in order_sheet.iter_rows(min_row=2,
max_row=order_sheet.max_row, min_col=1, max_col=1):
    order_id = row[0].value
formula = f'=VLOOKUP({order_id},\'订单详情\'!$A:$D,4,FALSE)'
# 将结果放入"订单"工作表的O列
    order_sheet.cell(row=row[0].row, column=15).value = formula
# 保存修改后的Excel文件
workbook.save("D:\ChatGPT\素材\chapter10\northwind.xlsx")
```

请注意，你需要将代码中的文件路径"D:\ChatGPT\素材\chapter10\northwind.xlsx"更改为你实际存储Excel文件的路径。

上述代码加载Excel文件，获取"订单"工作表和"订单详情"工作表，然后设置"订单"工作表的O列标题为"数量"。接下来，遍历"订单"工作表的A列，为每个单元格填写公式。公式使用字符串插值来构建，并根据当前行的订单ID值创建相应的VLOOKUP公式。最后，代码将VLOOKUP公式的结果放入"订单"工作表的O列。

2. 日期和时间操作公式

构建以下提示内容，用于处理日期和时间数据，包括日期计算、时间转换、日期格式化等，使用DATE、TIME、MONTH等函数。

💬 **提示的内容如下（使用GPT-3.5模型）。**

编写Excel公式：抽取"订单"工作表中D列（订单日期）的年、月、日；将F列（发货日期）日期格式由原来的转换为yyyy/mm/dd。注意第一行是列名不参与公式计算，"订单"工作表A到O列都有数据。

ChatGPT的回答如下。

⊚ **ChatGPT的回答如下。**

下面是抽取"订单"工作表中D列（订单日期）的年、月、日，并将F列（发货日期）的日期格式转换为yyyy/mm/dd的Excel公式。

提取订单日期的年份，在P2单元格中输入以下公式，然后拖动填充到P列的下方单元格：

```
=IF(ROW()>1,YEAR(D2),"年份")
```

提取订单日期的月份，在Q2单元格中输入以下公式，然后拖动填充到Q列的下方单元格：

```
=IF(ROW()>1,MONTH(D2),"月份")
```

提取订单日期的日，在R2单元格中输入以下公式，然后拖动填充到R列的下方单元格：

```
=IF(ROW()>1,DAY(D2),"日")
```

将发货日期格式转换为yyyy/mm/dd：在S2单元格中输入以下公式，然后拖动填充到S列的下方单元格：

```
=IF(ROW()>1,TEXT(F2,"yyyy/mm/dd"),"发货日期")
```

这些公式将根据订单日期提取年、月、日，并将发货日期的格式转换为yyyy/mm/dd。请确保在填写公式之前将列名考虑在内，以跳过第一行。

3. 条件计算公式

构建以下提示内容，用于根据条件进行计算和处理，使用SUMIF、COUNTIF、IFERROR等函数。

提示的内容如下（使用GPT-3.5模型）。

编写Excel公式：

1. 检查N列范围内的值，如果某个单元格的值为"Germany"，则将对应的H列值相加；

2. 检查H列范围内的值，对值大于20的单元格数量计数。

输出指示：

xxx计算公式为：……

ChatGPT的回答如下。

ChatGPT的回答如下。

下面是你所描述的两个Excel公式。

1. 将检查N列范围内的值，如果某个单元格的值为"Germany"，则将对应的H列值相加。

公式：`=SUMIF(N:N, "Germany", H:H)`

这个公式将检查整个N列的值，如果某个单元格的值为"Germany"，则将对应的H列值相加，得到总和。

2. 检查H列范围内的值，对值大于20的单元格数量计数。

公式：`=COUNTIF(H:H, ">20")`

这个公式将检查整个H列的值，对大于20的数值进行计数，得到满足条件的单元格数量。

4. 文本处理公式

构建以下提示内容，用于处理文本数据，包括字符串连接、提取文本、查找替换等操作，使用CONCATENATE、LEFT、RIGHT等函数。

提示的内容如下（使用GPT-3.5模型）。

编写Excel公式：

1. 在"客户"工作表中，按顺序拼接I列（国家）、F列（城市）、E列（地址）；

2. 在"客户"工作表中，从 B 列左侧提取第一个空格之前的子字符串。

输出指示：

xxx 的计算公式为：……

ChatGPT 的回答如下。

> ⑤ **ChatGPT 的回答如下。**
>
> 以下是你所描述的两个 Excel 公式。
>
> 1. 在"客户"工作表中，按顺序拼接 I 列（国家）、F 列（城市）、E 列（地址）。
>
> 公式：`=I2 & " " & F2 & " " & E2`
>
> 这个公式将按照指定顺序拼接 I 列、F 列和 E 列的值，中间用空格分隔。假设该公式应用于第二行，结果将为国家 + 城市 + 地址的拼接字符串。.
>
> 2. 在"客户"工作表中，从 B 列左侧提取第一个空格之前的子字符串。
>
> 公式：`=LEFT(B2, FIND(" ", B2) - 1)`
>
> 这个公式使用 LEFT 和 FIND 函数结合，从 B 列中提取第一个空格之前的子字符串。假设该公式应用于第二行，结果将是 B 列中第一个空格之前的部分字符串。

5. 统计计算

构建以下提示内容，用于进行数据分析和统计计算，包括平均值、求和、计数、最大值、最小值等统计函数，使用 AVERAGE、SUM、COUNT 等函数。

> 🔟 **提示的内容如下（使用 GPT-3.5 模型）。**
>
> 编写 Excel 公式：
>
> 在"订单详情"工作表中，按 A 列（订单 ID）值分组，计算每个分组中 D 列（数量）的最大值、平均值、汇总值。

ChatGPT 的回答如下。

> ⑤ **ChatGPT 的回答如下。**
>
> 在"订单详情"工作表中，按照你的要求，我们可以采取以下步骤来完成任务。
>
> 1. 将 C 列（单价）乘以 D 列（数量）的结果存放到 F 列。
>
> 在 F2 单元格中输入以下公式，并拖曳填充到 F 列的所有单元格：=C2 * D2
>
> 这个公式将会把 C 列和 D 列对应行的值相乘并存储到 F 列。
>
> 2. 计算 F 列的最大值、平均值和方差。
>
> 最大值：在一个单元格中输入以下公式：=MAX(F2:F100)
>
> 平均值：在另一个单元格中输入以下公式：=AVERAGE(F2:F100)
>
> 方差：在另一个单元格中输入以下公式：=VAR(F2:F100)
>
> 请根据你的实际数据范围调整公式中的范围（假设数据在 F2:F100 范围内）。

综上所述，根据你的要求，我们得到的计算公式如下。

最大值的计算公式为：=MAX(F2:F100)

平均值的计算公式为：=AVERAGE(F2:F100)

方差的计算公式为：=VAR(F2:F100)

10.1.5 Excel自动化

Excel VBA（Visual Basic for Applications）是一种用于在 Microsoft Excel 中编写自定义宏和脚本的编程语言。通过编写 VBA 代码，可以自动进行 Excel 的各种操作，从简单的数据处理到复杂的报表生成。

1. 打开VBA编辑器

构建以下提示内容，学习如何打开 Excel VBA 编辑器。

> 📝 提示的内容如下（使用GPT-3.5 模型）。
>
> 说明打开 Excel 2019 的 VBA 编辑器的操作步骤。
>
> 输出指示：
>
> 1. 选择 Excel 函数：选择"公式"选项卡 --> "函数库"组 --> "插入函数"；
>
> 2. 连接 SQL Server 数据库：选择"数据"选项卡 --> "获取和转换数据"组 --> "获取数据" --> "来自数据库" --> "从 SQL Server 数据库"。

ChatGPT 的回答如下。

> 🤖 ChatGPT 的回答如下。
>
> 打开 Excel 2019 的 VBA 编辑器的操作步骤如下。
>
> 1. 打开 Excel 2019 应用程序。
>
> 2. 在 Excel 菜单栏上，选择"开发者"选项卡。如果你在菜单栏上找不到"开发者"选项卡，需要先启用它。可以通过依次选择"文件"选项卡，然后在"选项"对话框中选择"自定义功能区"，勾选"开发者"选项卡来启用它。
>
> 3. 在"开发者"选项卡上，找到"代码"组，然后点击"Visual Basic"按钮，将打开 VBA 编辑器窗口。
>
> 4. 在 VBA 编辑器窗口中，你可以编写和编辑 VBA 代码。可以在项目资源管理器窗口中找到工作簿和模块，通过双击它们打开对应的代码窗口。
>
> 5. 在代码窗口中，你可以编写 VBA 宏、函数和过程来自定义和自动化 Excel 的功能。
>
> 6. 当你完成 VBA 代码的编写后，可以按下"Ctrl + S"组合键保存代码。
>
> 7. 关闭 VBA 编辑器窗口，现在可以在 Excel 中使用你编写的 VBA 代码了。
>
> 请注意，上述步骤适用于 Excel 2019 版本。在其他版本的 Excel 中，可能会有轻微的差异，但大致上是相似的。

2. 编写VBA脚本的步骤

构建以下提示内容，学习编写 VBA 脚本的步骤。

> ⌒₁₀ **提示的内容如下（使用GPT-3.5模型）。**
>
> 编写VBA脚本的步骤，举一个Hello, World! 的例子。

ChatGPT 的回答如下。

> 🅖 **ChatGPT 的回答如下。**
>
> 编写VBA脚本的步骤如下，我们将以"Hello, World!"的例子来说明。
>
> 1. 打开Excel应用程序并创建一个新的工作簿。
>
> 2. 按下"Alt + F11"组合键打开VBA编辑器。
>
> 3. 在VBA编辑器中，双击左侧的"Sheet1"（或任何你想在其上编写代码的工作表）。
>
> 4. 在代码窗口中输入以下代码：
>
> ```
> Sub HelloWorld()
>     MsgBox "Hello, World!"
> End Sub
> ```
>
> 5. 按下"Ctrl + S"组合键保存代码。
>
> 6. 关闭VBA编辑器窗口。
>
> 7. 在Excel中，按下"Alt + F8"组合键打开"宏"对话框。
>
> 8. 选择"HelloWorld"宏并点击"执行"按钮。
>
> 9. 一个消息框将弹出，显示"Hello, World!"。
>
> 在上述示例中，我们定义了一个名为"HelloWorld"的子程序（Sub），它使用MsgBox函数显示一个消息框，其中包含"Hello, World!"的文本。通过运行这个宏，我们可以在Excel中看到这个简单的消息。
>
> 请注意，这只是一个基本的示例，用于演示如何编写一个简单的VBA脚本。VBA的功能非常丰富，可以让你操作和自定义Excel的各个方面。你可以根据需要编写更复杂的代码，并利用VBA的各种功能来处理数据、执行计算、自动化任务等。

按上述操作步骤进行实践，图 10-5 所示为编写"Hello，World!"测试脚本。编写完毕后按下"Ctrl + S"组合键保存代码，然后关闭VBA编辑窗口。

在Excel中，按下"Alt + F8"组合键打开"宏"对话框，选择"HelloWorld"宏，点击"执行"按钮。如图 10-6 所示，显示"Hello，World!"消息框。

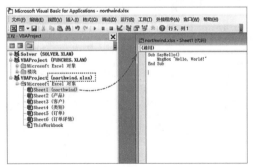

图 10-5　编写VBA测试脚本

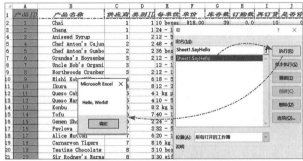

图 10-6　执行VBA脚本

3. 编写 VBA 工作流代码

构建以下提示内容，编写 VBA 工作流脚本，按顺序调度运行自动完成繁复的工作。

> 🔟 **提示的内容如下（使用 GPT-3.5 模型）。**
>
> 编写 VBA 代码，完成以下的工作流调度。
>
> 1. 从 SQL Server 数据库读取数据，连接信息：主机 localhost，用户名 sa，密码 123456，数据库 NORTHWIND。
>
> 2. 读取表 Shippers 的数据，将结果存放到 "northwind" 工作表。
>
> 3. 将 "northwind" 工作表内容转换为 PDF。
>
> 4. 将 PDF 文件发送到邮箱：mymail@mymail.com。

ChatGPT 的回答如下。

> 🌀 **ChatGPT 的回答如下。**
>
> 以下是根据您的要求编写的 VBA 代码，用于完成所述的工作流调度，请确保您已安装 "Microsoft Scripting Runtime" 和 "Microsoft Outlook" 引用库。

```
Sub WorkflowScheduler()
    ' 连接信息
    Dim server As String
    Dim username As String
    Dim password As String
    Dim database As String
    server = "localhost"
    username = "sa"
    password = "123456"
    database = "NORTHWIND"

    ' 从 SQL Server 数据库读取数据
    ReadDataFromSQLServer server, username, password, database

    ' 将工作表内容转换为 PDF
    ConvertToPDF "northwind"

    ' 发送 PDF 文件到邮箱
    SendEmailWithAttachment "northwind.pdf", "mymail@mymail.com"
End Sub

Sub ReadDataFromSQLServer(server As String, username As String, password
As String, database As String)
    Dim conn As Object
```

```
    Set conn = CreateObject("ADODB.Connection")
    Dim rs As Object
    Set rs = CreateObject("ADODB.Recordset")

    ' 连接字符串
    Dim connStr As String
    connStr = "Provider=SQLOLEDB;Data Source=" & server & ";Initial
Catalog=" & database & ";User ID=" & username & ";Password=" & password &
";"

    ' 连接到数据库
    conn.Open connStr

    ' 查询语句
    Dim sql As String
    sql = "SELECT * FROM Shippers;"

    ' 执行查询
    rs.Open sql, conn

    ' 创建"northwind"工作表，如果不存在
    Dim dataSheet As Worksheet
    On Error Resume Next
    Set dataSheet = ThisWorkbook.Worksheets("northwind")
    On Error GoTo 0

    If dataSheet Is Nothing Then
        Set dataSheet = ThisWorkbook.Worksheets.Add
        dataSheet.Name = "northwind"
    End If

    ' 将列名写入第一行
    For i = 1 To rs.Fields.Count
        dataSheet.Cells(1, i).Value = rs.Fields(i - 1).Name
    Next i

    ' 将数据写入工作表
    dataSheet.Range("A2").CopyFromRecordset rs

    ' 关闭记录集和连接
    rs.Close
```

```
        conn.Close

        ' 清理对象
        Set rs = Nothing
        Set conn = Nothing
End Sub

Sub ConvertToPDF(sheetName As String)
        Dim dataSheet As Worksheet
        Set dataSheet = ThisWorkbook.Worksheets(sheetName)

        ' 保存工作簿为 PDF 文件
        Dim pdfPath As String
        pdfPath = ThisWorkbook.Path & "\" & sheetName & ".pdf"
        dataSheet.ExportAsFixedFormat Type:=xlTypePDF, Filename:=pdfPath
End Sub

Sub SendEmailWithAttachment(attachmentPath As String, recipientEmail As
String)
        Dim outlookApp As Object
        Set outlookApp = CreateObject("Outlook.Application")
        Dim outlookMail As Object
        Set outlookMail = outlookApp.CreateItem(0)

        ' 邮件设置
        With outlookMail
            .Subject = "Northwind Report"
            .Body = "Please find attached the Northwind report."
            .Attachments.Add attachmentPath
            .To = recipientEmail
            .Display ' 如果要自动发送, 请使用 .Send
        End With

        ' 清理对象
        Set outlookMail = Nothing
        Set outlookApp = Nothing
End Sub
```

打开 "northwind.xlsx" 文件, 按下 "Alt + F11" 组合键打开 VBA 编辑器, 将上述的 VBA 代码拷贝到编辑器中并保存。然后按下 "Alt +F8" 组合键打开 "宏" 对话框, 如图 10-7 所示, 发现有个名为 "Sheet1. WorkflowScheduler" 宏, 其对应 VBA 代码中定义了名为 "WorkflowScheduler" 的主程序。点击 "执行" 按钮开始执行工作流调度。

VBA代码执行时，首先按要求连接到SQL Server数据库，读取NORTHWIND数据库中的Shippers表数据。随后在"northwind.xlsx"文件所在目录下生成名为"northwind.pdf"的PDF文件，文件内容如图10-8所示。最后会自动打开Outlook客户端用于将PDF文件发送到指定的邮箱。

图 10-7　执行工作流调度

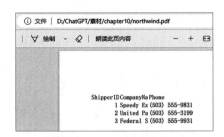

图 10-8　生成PDF文件内容

10.2　思维导图

markmap是一种基于Markdown语法的思维导图开源工具，它能够将Markdown文本转换为交互式的思维导图，在本节构建适用于各领域思维导图的提示内容。

10.2.1　认识markmap和思维导图

构建以下提示内容，了解markmap是什么，思维导图由哪些要素构成，markmap和思维导图的关系。

1. 认识markmap

markmap最简单的使用方式是通过在线服务或安装了对应插件的VSCode。如图10-9所示的左侧是markmap文本，右侧是对应的思维导图。我们可以通过ChatGPT编写markmap文本，迅速构建思维导图。

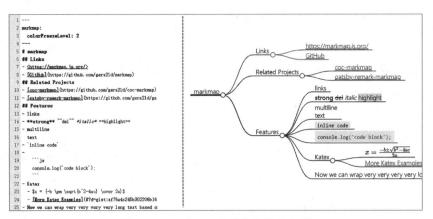

图 10-9　markmap到思维导图的映射

构建以下提示内容，了解 markmap 是什么及其基础语法。

🔟 **提示的内容如下（使用 GPT-3.5 模型）。**

简要说明 markmap 的作用；分点说明 markmap 的核心语法。

ChatGPT 的回答如下。

🌀 **ChatGPT 的回答如下。**

markmap 是一种基于 Markdown 的思维导图工具，用于可视化思维导图的创建和展示。它将 Markdown 文件转换为交互式的、美观的思维导图，帮助用户更好地组织、展示和共享复杂的概念、关系和思维结构。markmap 的核心语法如下。

1．节点标记：使用 * 来标记一个节点，节点之间的缩进表示层级关系。例如：
* 节点 1
  * 子节点 1
  * 子节点 2
* 节点 2

2．连接关系：使用 - 来表示节点之间的连接关系。例如：
* 节点 1
  - 子节点 1
  - 子节点 2
* 节点 2
  - 子节点 3

3．折叠节点：在节点后添加 {} 可以将该节点及其子节点折叠起来。例如：
* 节点 1{}
  - 子节点 1
  - 子节点 2
* 节点 2
  - 子节点 3

4．标签和样式：可以使用 HTML 的标签和属性来添加标签和样式，以自定义节点的外观和功能。例如：
* <span class="highlight">节点 1</span>
  - 子节点 1
  - <a href="https://example.com">子节点 2</a>
* 节点 2
  - 子节点 3

markmap 的核心语法简洁易懂，使得用户可以通过简单的文本输入构建复杂的思维导图。同时，markmap 还支持其他扩展功能，如自定义样式、链接、图标等，以满足更多个性化的需求。

---

2. 思维导图要素

构建以下提示内容，学习思维导图的核心要素及与 markmap 语法符号的对应关系。

> 📢 **提示的内容如下（使用 GPT-3.5 模型）。**
>
> 分点说明思维导图的核心要素；以表格形式输出思维导图核心要素与 markmap 语法符号的对应关系。

ChatGPT 的回答如下。

> 💬 **ChatGPT 的回答如下。**
>
> 思维导图的核心要素包括节点、连接线和层级关系。以下是思维导图的核心要素及其与 markmap 语法符号的对应关系。

核心要素	markmap 语法符号
节点	*
连接线	-
层级关系	缩进
折叠节点	{}
标签和样式	HTML 标签和属性

示例：
* 核心要素
  - 节点
  - 连接线
  - 层级关系
* 样式
  - 颜色
  - 字体
  - 大小

在上述示例中，核心要素使用 * 标记为节点，使用 - 表示连接线，通过缩进表示层级关系。同时，可以使用 {} 将节点及其子节点折叠起来，以便于整体的展示和组织。对于节点的样式、颜色、字体等更高级的自定义，可以使用 HTML 标签和属性来实现。

请注意，这只是一种常见的思维导图的核心要素和 markmap 语法符号的对应关系示例，具体的使用和语法可能会因不同的思维导图工具和标记语言而有所差异。在实际使用中，可以根据具体的工具和语法规则进行相应的调整与使用。

10.2.2　学习和知识组织

思维导图是学习和知识组织的有力工具，可以帮助学习者组织和整理课程内容、笔记和概念，构建知识结构，提高学习效果。构建以下提示内容，将 Python 学习记录的笔记转换为 markmap 文本。

> ⑩ **提示的内容如下（使用GPT-3.5模型）。**
>
> 将以下学习笔记转换为markmap格式内容。
>
> 编程学习笔记
>
> 日期：2023年06月03日，学习主题：Python编程基础
>
> 今天我学习了Python编程，掌握了一些基础知识和技巧。在学习过程中，我主要关注了以下几个方面。
>
> 首先，我学习了Python中的数据类型和变量。了解了整数、浮点数、字符串、列表、元组和字典等常用数据类型，并学会了如何声明和使用变量来存储与操作数据。
>
> 其次，我探索了Python中的控制流程和条件语句。我学会了使用if语句进行条件判断，以及如何使用for循环和while循环来处理循环逻辑。我还学会了使用break和continue语句来控制循环的执行流程。
>
> 接着，我深入学习了函数和模块的概念。我了解了如何定义函数，并学会了传递参数和处理返回值。我还学会了如何导入和使用Python中的模块，以便复用和组织代码。
>
> 在文件操作方面，我学习了如何打开、读取和写入文件。我了解了文件指针的概念，以及如何在文件中定位和读写数据。我还学会了如何处理文件操作中可能出现的异常情况。
>
> 最后，我进行了综合应用，尝试编写一个简单的游戏程序。通过这个实践项目，我巩固了之前学到的知识，并将其应用到实际的问题中。在编写过程中，我运用了条件判断、循环和函数等知识，实现了游戏的规则和交互逻辑。通过今天的学习，我对Python编程有了更深入的理解。我意识到编程能够帮助我解决问题和实现想法，培养了我的逻辑思维和抽象能力。然而，我也认识到编程是一个不断学习和探索的过程，我还有很多需要学习和提升的地方。因此，我计划继续学习Python编程，并将所学应用到更复杂的项目中，不断提高自己的编程水平。

ChatGPT的回答如下。

> ⑤ **ChatGPT的回答如下。**
>
> - 编程学习笔记
>   - 日期：2023年06月03日
>   - 学习主题：Python编程基础
>   - 学习内容：
>   - 数据类型和变量
>   - 整数
>   - 浮点数
>   - 字符串
>   - 列表
>   - 元组
>   - 字典
>   - 声明和使用变量
>   - 控制流程和条件语句
>   - if语句
>   - for循环
>   - while循环

```
            - break 和 continue 语句
        - 函数和模块
            - 定义函数
            - 参数和返回值
            - 导入和使用模块
        - 文件操作
            - 打开、读取和写入文件
            - 文件指针
            - 定位和读写数据
            - 处理异常情况
        - 综合应用
            - 编写游戏程序
            - 条件判断
            - 循环
            - 函数
    - 学习收获：
        - 对 Python 编程有更深入的理解
        - 编程能够解决问题和实现想法
        - 培养逻辑思维和抽象能力
    - 学习计划：
        - 继续学习 Python 编程
        - 应用到更复杂的项目中
        - 提高编程水平
```

拷贝上述markmap文本，粘贴到markmap在线服务或VSCode中，输入如图10-10所示的思维导图。

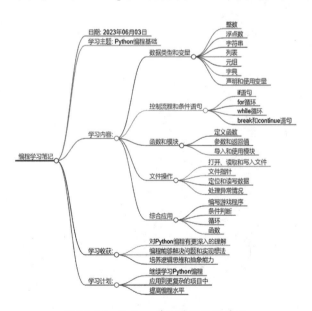

图 10-10　Python 学习笔记思维导图

10.2.3　创意思考和问题解决

思维导图有助于激发创意思维和促进问题解决，可以将想法和概念组织在一起，从而形成新的关联和观点。构建以下提示内容，将日常工作中问题解决思路转换为markmap文本。

> 🔟 **提示的内容如下（使用GPT-3.5模型）。**
>
> 将以下解决交通拥堵问题的思路转换为markmap格式内容。
>
> 在当今快节奏的城市生活中，交通拥堵成为一大问题。为了解决这个问题，我进行了创意思考，并提出了以下解决方案。
>
> 1. 我认为城市交通的智能化是提高交通效率的关键。通过引入智能交通系统，我们可以实现交通信号的智能控制，根据交通流量实时调整信号灯的时长，优化交通流畅度。同时，利用先进的传感器技术和数据分析算法，可以实时监测交通状况，提供准确的交通信息，帮助驾驶员选择最佳路线，减少拥堵。
>
> 2. 我提出了推广共享交通工具的想法。共享单车、电动汽车和共享汽车等可以有效减少城市交通拥堵和尾气排放。通过建设更多的共享交通站点和提供便捷的租赁服务，鼓励市民使用共享交通工具，减少私人车辆的使用，优化道路资源利用。
>
> 3. 我认为完善城市公共交通系统也是提高交通效率的重要方面。加大对公共交通的投入，增加公交车辆的数量和频率，优化线路规划，提高公交车站的服务质量，吸引更多市民使用公共交通，减少私人车辆上路，缓解交通压力。
>
> 4. 我提倡鼓励非机动车和步行出行。鼓励市民步行或骑行，建设更多的人行道和自行车道，并提供方便、安全的停车设施，减少汽车数量，减少交通拥堵和环境污染。
>
> 通过这些创意思考和解决方案，我们可以提高城市交通效率，缓解交通拥堵问题，改善市民出行体验，促进城市可持续发展。尽管这些创意和解决方案还需要进一步的研究和实践，但我相信通过创新和合作，我们可以共同打造更智能、更高效的城市交通系统。

ChatGPT的回答如下。

> ⑤ **ChatGPT的回答如下。**
> - 解决交通拥堵问题的思路
>   - 智能化交通系统
>   - 智能交通信号控制
>   - 实时监测交通状况
>   - 提供准确的交通信息
>   - 推广共享交通工具
>   - 共享单车
>   - 电动汽车
>   - 共享汽车
>   - 建设共享交通站点
>   - 提供便捷的租赁服务
>   - 完善城市公共交通系统
>   - 增加公交车辆数量和频率

> - 优化线路规划
> - 提高公交车站服务质量
> - 鼓励非机动车和步行出行
>   - 鼓励步行和骑行
>   - 建设人行道和自行车道
>   - 提供方便、安全的停车设施
> - 目标：
>   - 提高交通效率
>   - 缓解交通拥堵问题
>   - 改善市民出行体验
>   - 促进城市可持续发展
> - 研究和实践：
>   - 创新和合作
>   - 进一步研究和实践
>   - 打造智能、高效的城市交通系统

拷贝上述markmap文本，粘贴到markmap在线服务或VSCode中，输入如图 10-11 所示的思维导图。

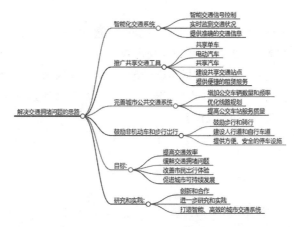

图 10-11 交通拥堵问题解决思路思维导图

10.2.4 项目管理和计划

思维导图可以用于项目管理和制订计划，可以使用思维导图来绘制项目的工作流程、任务和里程碑，明确任务之间的关系和优先级。构建以下提示内容，将工作项目计划转换为markmap格式内容。

> 🔟 **提示的内容如下（使用GPT-3.5 模型）。**
>
> 将以下"建设绿色社区项目"计划转换为markmap格式内容。
>
> 我们的绿色社区项目旨在创建一个环保、资源节约的社区。我们组建多学科团队，明确项目目标和愿景，

制定详细的规划，包括整体布局和建筑设计。与供应商和社区保持紧密合作，采取可持续采购和环保施工。风险管理措施包括建立应急响应机制、定期评估项目进展和成果，并及时调整计划和策略。通过项目管理和计划，我们成功建设了绿色社区，实现了能源和资源的节约利用，改善了居民生活质量。这个例子展示了系统性的规划、合作和监控在创新项目中的重要性。

ChatGPT 的回答如下。

⑤ **ChatGPT 的回答如下。**
- 建设绿色社区项目
    - 目标：创建环保、资源节约的社区
    - 组建多学科团队
    - 明确项目目标和愿景
    - 制定详细规划
        - 整体布局
        - 建筑设计
    - 与供应商和社区保持紧密合作
    - 采取可持续采购和环保施工
    - 风险管理措施
        - 建立应急响应机制
        - 定期评估项目进展和成果
        - 及时调整计划和策略
    - 成果：
        - 建设绿色社区
        - 节约能源和资源
        - 改善居民生活质量
    - 展示了：
        - 系统性的规划
        - 合作和监控的重要性

拷贝上述 markmap 文本，粘贴到 markmap 在线服务或 VSCode 中，输入如图 10-12 所示的思维导图。

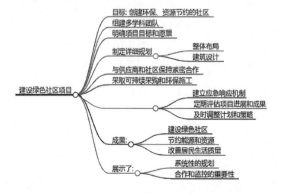

图 10-12　建设绿色社区项目计划思维导图

10.2.5 会议和讨论记录

在会议和讨论中，思维导图可以帮助记录与整理讨论的内容和要点。构建以下提示内容，将工作会议讨论内容转换为 markmap 文本。

> 🔟 **提示的内容如下（使用 GPT-3.5 模型）。**
>
> 将以下会议纪要转换为 markmap 格式内容。
>
> 日期：2023 年 06 月 03 日
>
> 会议主题：产品创新策略讨论
>
> 参与人员：项目经理张明、技术专家李华、设计师王磊、市场营销员陈婷
>
> 会议记录：
>
> 会议目标：讨论并制定产品创新策略，以满足市场需求并提升竞争力。
>
> 张明主持会议，简要介绍了会议目标和议程。
>
> 李华分享了最新的市场调研结果，指出用户对于我们现有产品的某些功能和设计有不满意的地方。
>
> 王磊提出了一些建议，包括改进用户界面、增加新功能和提升产品的可定制性。
>
> 陈婷分享了市场竞争分析报告，指出我们的竞争对手已经推出了一些创新产品，我们需要及时作出回应。
>
> 在讨论中，大家一致认为我们需要以创新为核心来提升产品竞争力。
>
> 张明总结了讨论结果，制定了以下策略：
>
> 　成立创新团队，负责研发和测试新功能。
>
> 　进行用户调研，了解用户需求和痛点。
>
> 　设立创新预算，支持新产品开发和市场推广。
>
> 　张明制订了下一步行动计划，包括每周团队会议和进度报告。
>
> 会议结束后，记录人员整理了会议纪要，并将其分发给与会人员。
>
> 本次会议记录将作为我们制定产品创新策略和行动计划的重要依据。我们相信通过团队合作和创新思维，能够提升产品的竞争力，满足用户需求，并在市场中取得成功。

ChatGPT 的回答如下。

> ⑥ **ChatGPT 的回答如下。**
>
> - 会议纪要
>   - 日期：2023 年 06 月 03 日
>   - 会议主题：产品创新策略讨论
>   - 参与人员：
>   - 项目经理张明
>   - 技术专家李华
>   - 设计师王磊
>   - 市场营销员陈婷
>   - 会议记录：
>   - 会议目标：讨论并制定产品创新策略，满足市场需求，提升竞争力

- 张明主持会议，介绍会议目标和议程
- 李华分享最新的市场调研结果，指出用户对现有产品的不满意之处
- 王磊提出改进用户界面、增加新功能和提升产品可定制性的建议
- 陈婷分享市场竞争分析报告，指出竞争对手已推出创新产品，需要及时回应
- 讨论中一致认为以创新为核心提升产品竞争力
- 张明总结讨论结果，制定以下策略：
    - 成立创新团队，研发和测试新功能
    - 进行用户调研，了解需求和痛点
    - 设立创新预算，支持新产品开发和市场推广
- 张明制订下一步行动计划，包括每周团队会议和进度报告
- 重要性：
    - 制定产品创新策略和行动计划的依据
- 目标：
    - 提升产品竞争力
    - 满足用户需求
    - 在市场中取得成功
- 团队合作和创新思维：
    - 提升产品竞争力的关键

拷贝上述 markmap 文本，粘贴到 markmap 在线服务或 VSCode 中，输入如图 10-13 所示的思维导图。

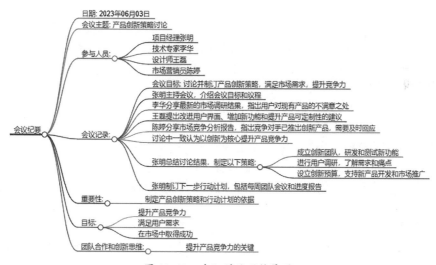

图 10-13　会议讨论思维导图

10.3　图片编辑

GIMP 是一款功能类似于 Photoshop 的开源图像编辑软件，其提供的 Python-FU 功能，能完成简单的图像处理操作到复杂的批处理任务。本节构建以下提示内容，编写 Python-FU 脚本对图片进行处理。

10.3.1　AI绘图

首先使用Stable Diffusion绘制一张测试用图片，由于Stable Diffusion目前只支持英文，将提示内容"蓝色天空，一个红绿灯"翻译为英文后提交。

> 🔟 **提示的内容如下（使用Stable Diffusion模型）。**
>
> The blue sky, a red, yellow and green traffic light

Stable Diffusion输出的图片如图 10-14 所示，将图片命名为"test.png"。

图 10-14　测试图片

10.3.2　操作步骤

构建以下提示内容，学习 GIMP Python-FU 脚本的结构。

> 🔟 **提示的内容如下（使用GPT-3.5模型）。**
>
> 编写名为"Hello World"的GIMP Python-FU插件：
>
> 1. Python-FU 脚本中不要含有任何中文字符；
>
> 2. 脚本功能：以消息框输出"Hello World"信息；
>
> 3. 插件位置为：<Image>/Filters/test/HelloWorld；
>
> 4. 基于"Hello World"脚本分点简要说明Python-FU脚本的结构。

ChatGPT 的回答如下。

> ⑤ **ChatGPT 的回答如下。**
>
> 以下是名为"Hello World"的GIMP Python-FU插件的代码。
>
> ```python
> #!/usr/bin/env python
> from gimpfu import *
> def hello_world(image, drawable):
>     pdb.gimp_message("Hello World")
> ```

```
register(
    "python_fu_hello_world",
    "Hello World",
    "Displays 'Hello World' message",
    "Your Name",
    "Your Name",
    "2023",
    "<Image>/Filters/test/HelloWorld",
    "",
    [],
    [],
    hello_world)
main()
```

1. 第一行 #!/usr/bin/env python 是一个常见的 Shebang 行，用于指定脚本的解释器为 Python。

2. 导入必要的模块和函数：from gimpfu import *，这样我们可以使用 GIMP 提供的 Python-FU 接口。

3. 定义插件函数：def hello_world(image, drawable)，该函数接受两个参数：image 和 drawable。在本例中，我们不需要使用这两个参数，但是在编写实际的插件时，它们可用于操作图像和图层。

4. 在插件函数中，使用 pdb.gimp_message() 函数输出 "Hello World" 消息框。

5. 注册插件：register() 函数用于向 GIMP 注册插件。它接受一些参数，包括插件的名称、描述、作者信息、插件位置等。

6. 在插件注册函数的参数列表中指定插件函数为 hello_world。

7. 调用 main() 函数，这将启动 GIMP 并使插件可用。

拷贝上述 Python 到一个名为 "helloworld.py" 的新建文件中，文件存放路径为 GIMP 的安装路径下的 "lib\gimp\2.0\plug-ins" 文件中。打开 GIMP 软件，如图 10-15 所示，选择菜单 Filters(滤镜) -> test -> HelloWorld 功能，弹出 "HelloWorld" 消息框，说明编写插件正常运行。

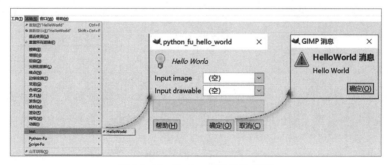

图 10-15　Python-FU 插件测试

10.3.3　图像处理

图像处理有图像调整、滤镜和特效、颜色操作等操作。构建以下提示内容，编写调整图像亮度、对比度的Python-FU脚本。

> 🔟 **提示的内容如下（使用GPT-3.5模型）。**
>
> 编写名为"adjustFun"的GIMP Python-FU插件：
>
> 1. Python-FU脚本中不要含有任何中文字符；
>
> 2. 插件功能：对当前打开的图像使用函数pdb.gimp_brightness_contrast调整亮度、对比度，值分别为 50,60;
>
> 3. 插件位置为：<Image>/Filters/test/adjustFun ;
>
> 4. register函数中params列表包含 2 个参数，指定亮度、对比度值。

ChatGPT 的回答如下。

> 🌀 **ChatGPT 的回答如下。**
>
> 以下是名为"adjustFun"的GIMP Python-FU插件的代码。
>
> ```python
> #!/usr/bin/env python
> from gimpfu import *
> def adjust_fun(image, drawable, brightness, contrast):
>     pdb.gimp_brightness_contrast(drawable, brightness, contrast)
> register(
>     "python_fu_adjust_fun",
>     "Adjust Fun",
>     "Adjusts brightness and contrast of the current image",
>     "Your Name",
>     "Your Name",
>     "2023",
>     "<Image>/Filters/test/adjustFun",
>     "",
>     [
>         (PF_INT, "brightness", "Brightness", 50),
>         (PF_INT, "contrast", "Contrast", 60)
>     ],
>     [],
>     adjust_fun)
> main()
> ```
>
> 在这个示例中，我们定义了一个名为"adjustFun"的插件。它使用函数pdb.gimp_brightness_contrast()调整当前打开图像的亮度和对比度。
>
> 在register()函数中，我们指定了两个参数，即亮度和对比度的值。这些参数通过params列表中的(PF_INT, "brightness", "Brightness", 50)和(PF_INT, "contrast", "Contrast", 60)定义。
>
> 1. (PF_INT, "brightness", "Brightness", 50) 指定了一个整数类型的参数，名称为"brightness"，

标签为"Brightness"，默认值为 50。

　　2. (PF_INT, "contrast", "Contrast", 60) 指定了另一个整数类型的参数，名称为"contrast"，标签为"Contrast"，默认值为 60。

　　拷贝上述 Python 到一个名为"adjustfun.py"的新建文件中，文件存放路径为 GIMP 的安装路径下的"lib\gimp\2.0\plug-ins"文件中。通过 GIMP 打开 test.png 图片，选择菜单 Filters(滤镜) -> test ->adjustfun 功能，弹出如图 10-16 所示设置亮度和对比度值的窗口。

　　按默认值调整，亮度设置为 50，对比度设置为 60。如图 10-17 所示左侧为原始图片，右侧为调整亮度和对比度的图片。

图 10-16　亮度和对比度设置窗口

图 10-17　亮度和对比度调整对比

10.3.4　图层操作

　　图层有创建、复制、删除、合并图层、蒙版等操作，构建以下提示内容，编写反转图层颜色的 Python-FU 脚本。

> 🔟 **提示的内容如下（使用 GPT-3.5 模型）。**
>
> 编写名为"invertFun"的 GIMP Python-FU 插件：
>
> 1. Python-FU 脚本中不要含有任何中文字符；
>
> 2. 脚本功能：对当前打开图像，使用 pdb.gimp_invert 函数反转图层颜色；
>
> 3. 插件位置为：<Image>/Filters/test/channelFun。

　　ChatGPT 的回答如下。

> 💲 **ChatGPT 的回答如下。**
>
> 以下是名为"invertfun"的 GIMP Python-FU 插件的代码：
>
> ```python
> #!/usr/bin/env python
> from gimpfu import *
> def invertfun(image, drawable):
>     pdb.gimp_invert(drawable)
> register(
>     "python_fu_invertfun",
>     "Invert Fun",
> ```

```
    "Inverts the colors of the current image",
    "Your Name",
    "Your Name",
    "2023",
    "<Image>/Filters/test/channelfun",
    "",
    [],
    [],
    invertfun)
main()
```

拷贝上述Python到一个名为"invertfun.py"的新建文件中，文件存放路径为GIMP安装路径下的"lib\gimp\2.0\plug-ins"文件中。通过GIMP打开test.png图片，选择菜单Filters(滤镜) -> test ->invertfun功能，图层颜色反转的效果如图 10-18 所示。

图 10-18　图层颜色反转

10.3.5　文本操作

图像的文本操作有添加文本、标注和注释等，构建以下提示内容，编写向图像中添加文本内容的Python-FU脚本。

> 💬 **提示的内容如下（使用GPT-3.5模型）。**
>
> 编写名为"textFun"的GIMP Python-FU插件：
>
> 1. Python-FU脚本中不要含有任何中文字符；
>
> 2. 脚本功能：使用pdb.gimp_text_fontname函数添加文本"2023-06-01 neo add"，字体大小为30，加粗字体；
>
> 3. 插件位置为：<Image>/Filters/test/textFun。

ChatGPT 的回答如下。

> ⑤ **ChatGPT 的回答如下。**
>
> 以下是名为"textFun"的GIMP Python-FU插件的代码：
>
> ```
> #!/usr/bin/env python
> from gimpfu import *
> def text_fun(image, drawable):
>     fontname = "Sans"
>     size = 30
>     bold = True
>     text = "2023-06-01 neo add"
> ```

```
    layer = pdb.gimp_text_fontname(image, None, 0, 0, text, 10, bold, size,
PIXELS, fontname)
    image.insert_layer(layer, None, 0)
register(
    "python_fu_text_fun",
    "Text Fun",
    "Adds text to the current image",
    "Your Name",
    "Your Name",
    "2023",
    "<Image>/Filters/test/textFun",
    "",
    [],
    [],
    text_fun)
main()
```

拷贝上述 Python 到一个名为 "textfun.py" 的新建文件中，文件存放路径为 GIMP 的安装路径下的 "lib\gimp\2.0\plug-ins" 文件中。通过 GIMP 打开 test.png 图片，选择菜单 Filters(滤镜) -> test ->textfun 功能，图片添加文字的效果如图 10-19 所示。

图 10-19　图片添加文字

10.4 流程编辑

drawio 是图表设计工具，用于创建各种类型的图形化图表。drawio 支持 XML、Mermaid、PlantUML 等方式构建流程图。构建以下提示内容，让 ChatGPT 编写 XML、Mermaid、PlantUML 文本构建流程图。

10.4.1 流程图

drawio 有在线版和桌面客户端两种使用方式，但桌面客户端版本目前还不支持使用 PlantUML 语法。构建以下提示内容，学习使用在线 drawio 构建流程图的方法。

> 提示的内容如下（使用 GPT-3.5 模型）。
>
> 将以下内容转换为 PlantUML 文本。
>
> 某产品的生产流程为：流程开始后首先执行步骤 A。然后根据条件进行判断，如果条件为真，则执行一个子流程；如果条件为假，则执行步骤 B。接下来执行步骤 C。最后，流程结束。

ChatGPT 的回答如下。

> ⑤ **ChatGPT 的回答如下。**
>
> 以下是将提供的内容转换为 PlantUML 文本的示例：
>
> ```
> @startuml
> start
> :执行步骤 A;
> if (条件为真？) then (是)
>   :执行子流程;
> else (否)
>   :执行步骤 B;
> endif
> :执行步骤 C;
> stop
> @enduml
> ```
>
> 这段 PlantUML 代码表示了一个简单的流程图，其中包含了开始节点、执行步骤 A、条件判断、子流程、执行步骤 B 和 C，以及结束节点。你可以将上述代码粘贴到 PlantUML 编辑器或工具中进行渲染和预览。

打开在线版 drawio，点击 "+▾" -> 高级 ->PlantUML 功能。如图 10-20 所示，将上面的 PlantUML 文本拷贝到 PlantUML 文本框中。

点击 "插入" 按钮后，自动对 PlantUML 文本进行渲染，生成如图 10-21 所示的流程图。

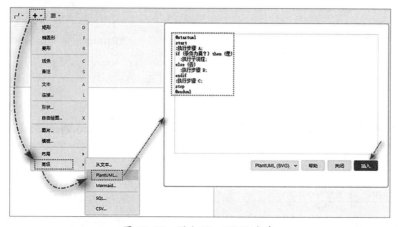

图 10-20 添加 PlantUML 文本

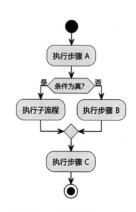

图 10-21 生成流程图

10.4.2 泳道图

构建以下提示内容，将某工厂的生产流程文本转换为 PlantUML。

> ⑩ **提示的内容如下（使用 GPT-3.5 模型）。**
>
> 将以下某工厂生产流程转换为 PlantUML 文本，用于绘制成泳道图。

原材料部门首先执行收集原材料和检查原材料质量的步骤。然后，生产任务分配部门分配生产任务给加工生产部门。加工生产部门进行加工生产，并将产品交给质量检验部门进行质量检验。如果产品合格，产品将被送往包装部门进行包装，同时标记包装信息。如果产品不合格，产品将被送往次品处理部门进行处理。最后，产品由入库部门进行入库。

ChatGPT 的回答如下。

🔮 **ChatGPT 的回答如下。**

以下是将提供的工厂生产流程转换为 PlantUML 文本的示例。

```
@startuml
|原材料部门|
start
:收集原材料;
:检查原材料质量;
|生产任务分配部门|
:分配生产任务;
|加工生产部门|
:加工生产;
|质量检验部门|
:质量检验;
if (产品合格?) then (是)
    |包装部门|
    :包装产品;
    :标记包装信息;
else (否)
    |次品处理部门|
    :处理次品;
endif
|入库部门|
:入库;
stop
@enduml
```

这段 PlantUML 代码表示了一个工厂生产流程的泳道图。其中涉及了多个部门，包括原材料部门、生产任务分配部门、加工生产部门、质量检验部门、包装部门和入库部门。每个部门都有相应的步骤和任务。你可以将上述代码粘贴到 PlantUML 编辑器或工具中进行渲染和预览。

拷贝上述的 PlantUML 文本到 drawio 进行渲染，生成如图 10-22 所示的泳道图。

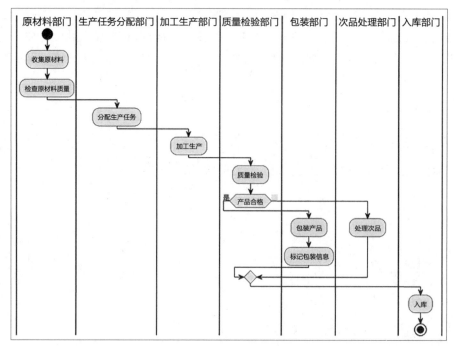

图 10-22　生成泳道图

10.4.3　时序图

构建以下提示内容，将某项目实施流程转换为 PlantUML。

> 💬 **提示的内容如下（使用 GPT-3.5 模型）。**
>
> 将以下某项目的实施流程转换为 PlantUML 文本，用于绘制时序图。
>
> 项目经理 -> 项目团队：分配任务
>
> 项目经理 -> 客户：确认需求
>
> 客户 -> 项目经理：需求确认
>
> 项目经理 -> 供应商：筛选供应商
>
> 供应商 -> 项目经理：供应商列表
>
> 项目经理 -> 项目团队：安排供应商评估
>
> 项目团队 -> 供应商：进行供应商评估
>
> 供应商 -> 项目团队：评估结果
>
> 项目团队 -> 项目经理：完成供应商评估
>
> 项目经理 -> 客户：提供供应商评估结果
>
> 客户 -> 项目经理：确认供应商
>
> 项目经理 -> 项目团队：确定项目实施计划
>
> 项目团队 -> 供应商：签订合同
>
> 供应商 -> 项目团队：签订合同

项目团队 -> 项目经理：完成合同签订

项目经理 -> 项目团队：实施项目

项目团队 -> 供应商：接收资源交付

供应商 -> 项目团队：资源交付

项目团队 -> 项目经理：完成资源接收

项目经理 -> 客户：实施项目交付

客户 -> 项目经理：项目交付确认

ChatGPT 的回答如下。

> **ChatGPT 的回答如下。**
>
> 以下是将项目实施流程转换为 PlantUML 文本的结果。
>
> ```
> @startuml
> skinparam sequenceParticipantUnderline true
>
> 项目经理 -> 项目团队：分配任务
> 项目经理 -> 客户：确认需求
> 客户 -> 项目经理：需求确认
> 项目经理 -> 供应商：筛选供应商
> 供应商 -> 项目经理：供应商列表
> 项目经理 -> 项目团队：安排供应商评估
> 项目团队 -> 供应商：进行供应商评估
> 供应商 -> 项目团队：评估结果
> 项目团队 -> 项目经理：完成供应商评估
> 项目经理 -> 客户：提供供应商评估结果
> 客户 -> 项目经理：确认供应商
> 项目经理 -> 项目团队：确定项目实施计划
> 项目团队 -> 供应商：签订合同
> 供应商 -> 项目团队：签订合同
> 项目团队 -> 项目经理：完成合同签订
> 项目经理 -> 项目团队：实施项目
> 项目团队 -> 供应商：接收资源交付
> 供应商 -> 项目团队：资源交付
> 项目团队 -> 项目经理：完成资源接收
> 项目经理 -> 客户：实施项目交付
> 客户 -> 项目经理：项目交付确认
> @enduml
> ```

拷贝上述的 PlantUML 文本到 drawio 进行渲染，生成如图 10-23 所示的时序图。

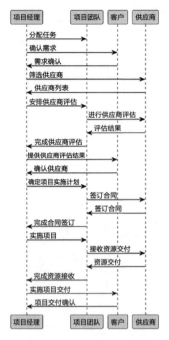

图 10-23　生成时序图

10.4.4　类设计图

构建以下提示内容，将 Python 类设计内容转换为 PlantUML。

🔟 **提示的内容如下（使用 GPT-3.5 模型）。**

将以下 Python 类设计转换为 PlantUML 文本。

1. 类名：Person

属性：name: 字符串

方法：

__init__(name: 字符串)，初始化 Person 对象，并设置 name 属性

get_name() -> 字符串，返回 name 属性的值

set_name(name: 字符串)，设置 name 属性的值

2. 类名：Employee

继承：从 Person 类继承

属性：employee_id: 整数

方法：

__init__(name: 字符串, employee_id: 整数)，初始化 Employee 对象，并设置 name 和 employee_id 属性

get_employee_id() -> 整数，返回 employee_id 属性的值

3. 类名：Company

属性: name: 字符串, employees: Employee 对象列表

方法:

__init__(name: 字符串), 初始化 Company 对象, 并设置 name 属性

get_name() -> 字符串, 返回 name 属性的值

add_employee(employee: Employee), 将 employee 添加到 employees 列表中

get_employees() -> Employee 对象列表, 返回 employees 列表的值

Company 与 Employee 是引用关系, 一个公司可以拥有多个员工

ChatGPT 的回答如下。

🔷 **ChatGPT 的回答如下。**

```
@startuml
class Person {
  - name: 字符串
  + __init__(name: 字符串)
  + get_name() -> 字符串
  + set_name(name: 字符串)
}
class Employee extends Person {
  - employee_id: 整数
  + __init__(name: 字符串, employee_id: 整数)
  + get_employee_id() -> 整数
}

class Company {
  - name: 字符串
  - employees: List<Employee>
  + __init__(name: 字符串)
  + get_name() -> 字符串
  + add_employee(employee: Employee)
  + get_employees() -> List<Employee>
}

Person <|-- Employee
Company "1" *-- "*" Employee
@enduml
```

这段 PlantUML 代码表示 Person 类和 Employee 类之间是继承关系 (Person <|-- Employee),
Company 类拥有多个 Employee 对象 (Company "1" -- "" Employee)。

拷贝上述的 PlantUML 文本到 drawio 进行渲染, 生成如图 10-24 所示的 Python 类设计图。

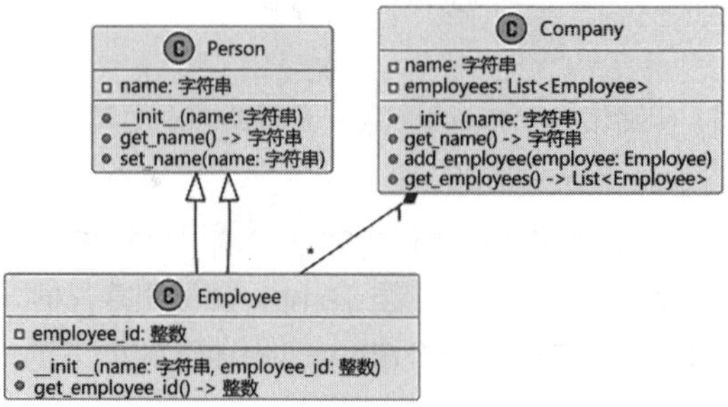

图 10-24　生成类设计图

10.4.5　网络拓扑图

构建以下提示内容，将某网络信息转换为 PlantUML。

📋 **提示的内容如下（使用 GPT-3.5 模型）。**

将以下网络信息转换为 PlantUML 文本，用于绘制网络拓扑图。

有两个交换机（交换机 1 和交换机 2），它们通过连接线相连。交换机 2 与一个路由器相连，而路由器则与多个设备相连，包括两台服务器（服务器 1 和服务器 2）及两个客户端（客户端 1 和客户端 2）

ChatGPT 的回答如下。

⑨ **ChatGPT 的回答如下。**

以下是将网络信息转换为 PlantUML 文本的结果。

```
@startuml

left to right direction
rectangle "交换机 1" as switch1
rectangle "交换机 2" as switch2
rectangle "路由器" as router
rectangle "服务器 1" as server1
rectangle "服务器 2" as server2
rectangle "客户端 1" as client1
rectangle "客户端 2" as client2


switch1 -- switch2
switch2 -- router
router -- server1
router -- server2
router -- client1
router -- client2
```

```
@enduml
```

　　这段 PlantUML 代码表示了两个交换机（"交换机 1"和"交换机 2"）之间通过连接线相连，交换机 2 与路由器之间也有一条连接线。路由器与多个设备（"服务器 1""服务器 2""客户端 1"和"客户端 2"）之间也有连接线。

　　拷贝上述的 PlantUML 文本到 drawio 进行渲染，生成如图 10-25 所示的网络拓扑图。

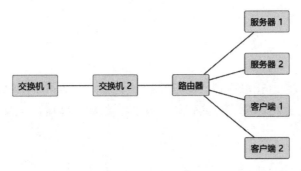

图 10-25　生成网络拓扑图

▼

第 11 章

国产大语言模型

前面章节的学习和实践提示技巧都在当前最先进的大语言模型 ChatGPT 中进行，随着一批优秀的国产大语言模型的出现，本章将总结提示技巧并应用到各国产大语言模型中，启发读者进行大语言模型的场景化、产品化应用。

本章主要涉及的知识点如下。

- 总结大语言模型通用提示技巧，便于复用到其他大语言模型。
- 介绍国产大语言模型的发展情况，对比主要国产大语言模型的特点。
- 演示将通用提示技巧应用到国产大语言模型，评估实际效果。

11.1 大语言模型通用提示技巧

通过明确需求、分步提问、提供上下文、检查依据等技巧，与大规模语言模型进行有效互动，就可以逐步获得高质量回答。

11.1.1 提示的局限

想要充分发挥大规模语言模型的潜力，仅依靠提示是不够的，还需关注以下 2 个因素。

1. 大语言模型基础能力评估

大语言模型自身具备良好的基础能力，才有可能理解我们提交的提示内容，并进行合理回答。对于个人、中小型企业一般先进行"大语言模型基础能力评估"，再选择适合实际情况的大语言模型来使用。

2. 大语言模型垂直领域应用

为了大语言模型能在垂直领域更好地发挥作用。使用微调的方法，持续提供高质量的领域数据、学习新知识内容、固定人机交互风格。

11.1.2 通用提示技巧

根据场景灵活应用提示技巧，既发挥了大语言模型强大的自然语言理解生成能力，又通过人机互动持续优化其性能。基于前面章节内容总结以下几点通用提示技巧。

- 使用提示性引导：给出相关背景和期望可以帮助模型给出更好的回答。
- 明确需求：给出需要的主题、观点类型、回复长度等信息，让模型明确需求。
- 多样化提问：使用不同方式提问同一问题，可以从多个角度获取信息。
- 简化语言：使用简单直接的语句可以减少误解，避免歧义词、复杂句式。
- 分步提问：将复杂问题分解为多个小问题，逐步提问可以获得更好的回答。
- 提供上下文：如果问题需要背景知识，可以先向模型解释背景再提问。
- 明确约束：对回复长度、格式、语言风格等加以明确约束。
- 检查依据：询问模型提供的信息来源依据，评估回答的可靠性。
- 更正错误：如果回答存在明显谬误，应适度更正，避免模型记住错误信息。

11.1.3　通用提示框架

提示词框架是指多数场景都可以应用的一套提示词方案，目前较为流行的 4 套提示词模板框架为：ICIO、CRISPE、BROKE、RASCEF，它们是在第 5 章和第 6 章介绍的提示要素、提示类型的基础上扩展而来。

1. ICIO 提示词框架

ICIO 提示词框架包括 4 部分内容：Instruction（任务）+Context（背景）+ Input Data（输入数据）+ Output Indicator（输出格式）。

（1）任务：说明要完成的操作，比如写代码、归纳文本内容等。

（2）背景：向模型提供更多的背景信息，引导模型做出更贴合需求的回复。

（3）输入数据：向模型提供要处理的数据。

（4）输出格式：说明要求模型输出要用什么格式。

2. CRISPE 提示词框架

CRISPE 提示词框架包括 5 部分内容：Capacity and Role（角色）+Insight（背景）+Statement（任务）+Personality（格式）+Experiment（实验）。

（1）角色：告诉模型要扮演的角色。

（2）背景：告诉模型扮演角色的背景，比如扮演一个经验丰富的设计师。

（3）任务：告诉模型要完成的任务。

（4）格式：告诉模型用什么风格、方式、格式来回答。

（5）实验：请求模型回复多个示例，该部分内容可不填。

3. BROKE 提示词框架

BROKE 提示词框架包括 5 部分内容：Background（背景）+ Role（角色）+ Objectives（目标/任务）+ Key Result（关键结果）+Evolve（改进）。

（1）背景：说明要解决问题的背景，提供充足信息。

（2）角色：说明模型要扮演的角色。

（3）目标/任务：描述要模型处理的任务或要达成的目标。

（4）关键结果：说明模型回答的内容、风格、方式的要求。

（5）改进：说明在模型回答内容后的调整、改进方法。

4. RASCEF 提示词框架

RASCEF 提示词框架包括 6 部分内容：Role（角色）+Action（行动）+Script（步骤）+Content（上下文）+Example（示例）+Format（格式）。

（1）角色：说明模型要扮演的角色。

（2）行动：告诉模型需要完成的任务。

（3）步骤：说明模型完成操作应遵循的步骤。

（4）背景：说明要完成任务的背景信息。

（5）示例：提供一些特定示例，帮助模型理解语气、思维、风格。

（6）格式：说明模型输出内容的方式，可以是段落、列表或其他格式。

11.2 介绍国产大语言模型

目前国产大语言模型呈百花齐放的发展局面，本节介绍主要的国产大语言模型和它们的使用方式。

11.2.1 国产大语言模型代表

表 11-1 中列举了有一定代表性的国产大语言模型，更多的国产大语言模型请查阅本书附录。

表 11-1 国产大语言模型代表

模型	说明
星火	向公众开放，提供了语义理解、文本生成等通用的语言能力，并提供了插件功能，可以更好地适应不同的应用场景
文心一言	国内最早发布的大模型，向公众开放，提供了语义理解、文本生成等通用的语言能力，并且提供如百度搜索等插件，能充分发挥模型的能力
百川	向公众开放，模型开源可本地化部署使用。提供了语义理解、文本生成等通用的语言能力，在学术界较为活跃
Chatglm	由清华大学研发，向公众开放的开源模型。提供了语义理解、文本生成等通用的语言能力，在学术界较为活跃
Chatlaw	由北京大学研发的非商业开源的法律大模型，企业和个人可申请使用
WPS AI	可在 WPS 办公软件中使用大语言模型，目前具有 AI 权限的账号才能使用

模型	说明
盘古	盘古大模型致力于深耕行业，打造金融、政务、制造、矿山、气象、铁路等领域行业大模型，仅限华为云企业用户参与体验
混元	具备上下文理解和长文记忆能力，能流畅地完成各专业领域的多轮问答，目前申请使用

11.2.2 国产大语言模型使用方式

国产大语言模型的使用方式可分为 3 大类：应用程序、API 调用、本地部署，具体方式根据各模型发布的使用规范。

1. 应用程序

大部分国产大语言模型提供相应的应用程序进行交互，包括网站、PC 客户端、移动 App。读者可通过各模型官网，确认有哪些应用程序可以使用。

2. API 调用

像星火、文心一言、百川等大语言模型提供了 API 接口供第三方调用，这样第三方就可以集成到自己的系统、产品中。具体的 API 接口及其参数，请查看大语言模型官网中的开发文档。

3. 本地部署

百川、Chatglm、Chatlaw 等开源大语言模型，可进行本地化部署，并结合特定的领域数据进行微调，构建垂直领域大语言模型。

11.3 应用国产大语言模型

本节将结合前面章节总结的提示技巧，在各国产大语言模型中应用，同时介绍国产大语言模型的特色功能。

11.3.1 星火大模型

以下应用例子在星火大模型网站中演示，并介绍应用插件、助手中心、指令推荐等特色功能。使用星火大模型会发现 3 个特点：其趋向特定领域应用落地、并归纳了常用的效果提示词以便复用，使用方式和 ChatGPT 类似。

1. 星火助手中心

打开星火大模型网站，注册账号后登录，应用窗口界面如图 11-1 所示。图中 1 标识处是星火助手功能的入口。

图 11-2 所示是星火助手中心应用窗口界面，提供了各类主题的提示语境，单击对应的主题就

可以在对应的提示词基础上进行修改，完成其他任务。

图 11-1 星火大模型应用界面

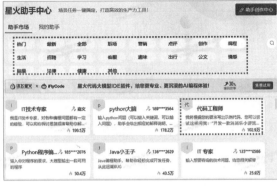

图 11-2 星火助手中心

单击图 11-2 中的"代码工程师"选项后进入如图 11-3 所示的应用窗口。具体使用方式和 ChatGPT 的网页应用类似，输入对应的提示词即可。

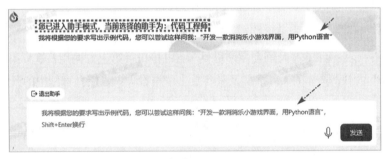

图 11-3 在特定主题进行提示

使用提示词"开发一款消消乐小游戏界面，用 Python 语言"进行测试。

> 🔟 **提示的内容如下（使用星火大模型）。**
>
> 开发一款消消乐小游戏界面，用 Python 语言

星火大模型的回答如下。

> 🌀 **星火大模型的回答如下。**
>
> 要开发一款消消乐小游戏界面，我们可以使用 Python 的 pygame 库。首先，你需要安装 pygame 库，可以使用以下命令安装。
>
> ```
> pip install pygame
> ```
>
> 接下来，我们将创建一个简单的消消乐游戏界面。以下是一个简单的示例代码。
>
> ```
> import pygame
> import random
> # 初始化pygame
> ```

```
pygame.init()
# 设置屏幕大小
screen_width = 800
screen_height = 600
screen = pygame.display.set_mode((screen_width, screen_height))
# 设置游戏标题
pygame.display.set_caption("消消乐")
# 定义颜色
colors = [(255, 0, 0), (0, 255, 0), (0, 0, 255), (255, 255, 0), (255, 0,
255), (0, 255, 255)]
# 定义方块类
class Block(pygame.sprite.Sprite):
    def __init__(self, color, x, y):
        super().__init__()
        self.image = pygame.Surface([30, 30])
        self.image.fill(color)
        self.rect = self.image.get_rect()
        self.rect.x = x
        self.rect.y = y
# 创建方块组
block_group = pygame.sprite.Group()
# 生成随机方块
for i in range(10):
    for j in range(10):
        block = Block(random.choice(colors), i * 30, j * 30)
        block_group.add(block)
# 游戏主循环
running = True
while running:
    # 处理事件
    for event in pygame.event.get():
        if event.type == pygame.QUIT:
            running = False
    # 绘制背景
    screen.fill((255, 255, 255))
    # 绘制方块组
    block_group.draw(screen)
    # 更新屏幕
    pygame.display.flip()
# 退出游戏
pygame.quit()
```

拷贝生成的代码在Python环境中执行，生成的游戏界面如图 11-4 所示，一个简单的消消乐游戏界面，包括一个 10×10 的网格，每个格子都有一个随机颜色的方块。可以在此基础上提交更多的提示内容，添加更多功能。

2. 插件功能

星火大模型提供了插件功能，如图 11-5 所示。插件功能将星火大模型与常用的工具进行集成，提高了生产力。

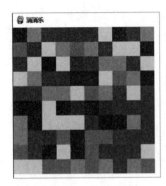

图 11-4　游戏界面

图 11-5　星火大模型插件功能

勾选图 11-5 中的"PPT生成"选项，然后输入以下提示内容，星火大模型就会生成符合提示要求的PPT内容。

> 📖 **提示的内容如下（星火大模型+PPT生成插件）。**
>
> 请制作一份关于数字经济和数据资产化的PPT，包括4部分内容。
>
> 1. 数字经济的时代背景
>
> 2. 数字经济的发展现状
>
> 3. 数据资产化的前景
>
> 4. 数据资产化的方法

使用星火大模型PPT生成插件生成的内容如图 11-6 所示。点击图中 1 标识处，可以下载整个PPT文件。图中 2 标识处为PPT封面预览的内容。

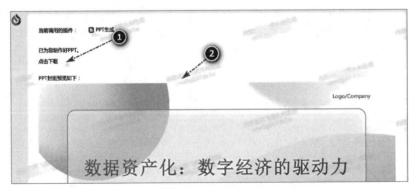

图 11-6　使用星火大模型 PPT 生成插件

3. 指令推荐

星火大模型的网页右侧功能栏中有一个名为"指令推荐"的功能，通过该功能可选择经过验证的提示词。单击"指令推荐"功能后进入的应用界面如图 11-7 所示。

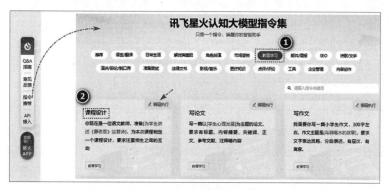

图 11-7　星火大模型指令推荐

选择图 11-7 中 1 标识处的"教育学习"主题，然后选择 2 标识处"课程设计"右上角的"编辑执行"，就可以看到如下所示的提示词。

> 你现在是一位语文教师，准备［为学生讲述《静夜思》这首诗］，为本次课程制定一个课程设计，要求注重师生之间的互动

我们可以在上述提示词的基础上进行修改，进行其他课程的设计，修改后的提示内容如下所示。

> ⏱ 提示的内容如下（使用星火大模型）。
>
> 你现在是一位物理教师，准备［为学生讲述"牛顿第一定律"］，为本次课程制定一个课程设计，要求注重师生之间的互动

星火大模型的回答如下。

> ⟲ 星火大模型的回答如下。
>
> 课程名称：牛顿第一定律
>
> 课程目标：
>
> 让学生了解牛顿第一定律的概念和背景。
>
> 帮助学生理解牛顿第一定律的意义和应用。
>
> 培养学生对物理学的兴趣，激发学生的探究精神。
>
> 注重师生互动，提高学生的参与度和学习效果。
>
> 课程内容：
>
> 牛顿第一定律的定义和背景介绍。
>
> 牛顿第一定律的实验验证。
>
> 牛顿第一定律在日常生活中的应用。
>
> 牛顿第一定律与其他物理定律的关系。

课堂讨论和问题解答。

教学方法：

采用多媒体教学，展示牛顿第一定律的相关图片和视频资料。

通过讲解、示范、实验等方式，帮助学生理解牛顿第一定律的概念和应用。

设计小组讨论环节，让学生在小组内分享自己的观点和看法，提高学生的参与度。

鼓励学生提问，针对学生的问题进行详细的解答和讲解。

布置课后作业，让学生通过实际操作和思考，进一步巩固所学知识。

课程安排：

引入（5分钟）：通过播放一段关于牛顿第一定律的视频，引起学生的兴趣。

概念讲解（10分钟）：讲解牛顿第一定律的定义、公式和实验验证过程。

应用举例（5分钟）：列举一些日常生活中与牛顿第一定律相关的例子，帮助学生理解其意义。

小组讨论（10分钟）：将学生分成若干小组，让他们讨论牛顿第一定律与其他物理定律的关系，以及在日常生活中的应用。

教师点评（5分钟）：对学生的讨论成果进行点评，给予肯定和建议。

课堂总结（5分钟）：对本节课的内容进行总结，强调牛顿第一定律的重要性和应用价值。

课后作业（5分钟）：布置课后作业，要求学生通过实际操作和思考，进一步巩固所学知识。

评价方式：

课堂表现：观察学生在课堂上的参与度，包括提问、发言、小组讨论等。

课后作业：批改学生的课后作业，检查他们对牛顿第一定律的理解和应用能力。

小组讨论：对小组讨论的成果进行评价，包括学生的观点、论述的逻辑性和深度等。

4. 构建流程图

星火大模型有一个名为"ProcessOn"插件，其功能与第10章中介绍的"10.4 流程编辑"处理过程相似，将输入的提示内容转为流程图软件可识别的数据格式。

图 11-8　星火 ProcessOn 插件

勾选"ProcessOn"插件功能后，将10.4.1节中使用的提示内容修改为以下提示。

> 🔟 **提示的内容如下（使用星火大模型+ProcessOn插件）。**
>
> 帮我绘制产品生产的流程图

　　某产品的生产流程为：流程开始后首先执行步骤A。然后，根据条件进行判断，如果条件为真，则执行一个子流程；如果条件为假，则执行步骤 B。接下来，执行步骤 C。最后，流程结束。

　　星火大模型理解提示内容后，调用ProcessOn插件生成的流程图，如图 11-9 所示。

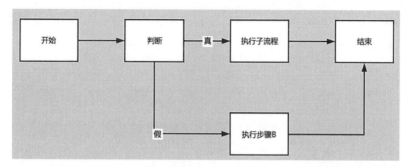

图 11-9　星火大模型调用 ProcessOn 插件生成的流程图

5. 制作视频

　　星火大模型的助手中心有一个名为"中秋祝福视频"的功能。通过该功能输入提示词，就能生成对应的视频，并且可以给视频设置"数字人"、声音、背景等元素。构建以下提示内容，进行测试。

> **提示的内容如下（使用星火大模型）。**
>
> 　　亲爱的朋友们，
> 　　在这个月明星稀的中秋佳节，我想对你们说：愿你们的月饼甜如蜜，生活美满如意。让我们一起举杯邀明月，共庆这个美好的节日。祝大家中秋快乐，团团圆圆，事事如意！

　　星火大模型生成的视频内容如图 11-10 所示，单击"生成视频"就可以生成对应的视频，在视频的下方还提供了 3 个功能，"变更形象"功能可以改变视频中的"数字人"，"调整音库"功能可以调整音频的音调和音色，"替换背景"功能可以修改视频的背景。

图 11-10　星火大模型生成的视频内容

6. 基于提示词要素构建助手

使用星火大模型可以构建属于自己的助手，如图 11-11 所示，在星火助手中心窗口界面中单击"助手创作中心"，能进入创作中心功能网页。

图 11-11　星火助手创作中心

通过星火助手创作中心配置思路，与第 5 章中的提示模板概念相似，但在星火助手创作中心能以更简单、更灵活的方式进行构建。以下分 3 点介绍星火助手创作中心的操作方式。

（1）在星火助手创作中心网页的左上方填写助手信息，能完善上下文环境，如图 11-12 所示。填写的信息让助手拥有明确的助手名称及功能描述，方便后续使用与查找，打开多轮对话，助手在对话过程中会记住上下文，同时在这里可以为助手关联数据集，让助手成为您的私人知识库。

（2）在星火助手创作中心网页的左下方填写结构化指令，能灵活配置提示要素，如图 11-13 所示。填写的信息包括角色设定、目标任务、需求说明等结构化指令。单击图中箭头所指功能，可添加自定义维度的结构化指令。

（3）在星火助手创作中心网页的中间部分，能调试并预览当前助手的效果，如图 11-14 所示。在底部输入框中输入提示内容，然后基于生成的内容对（1）、（2）步骤配置的上下文信息和指令进行调整。

图 11-12　助手信息和提示上下文　　　图 11-13　灵活配置提示要素　　　图 11-14　调试并预览助手的效果

11.3.2　百川大模型

在百川大模型网站中应用 5.2.1 节和 11.1.3 节两个小节介绍的提示技巧。

1. 提示词要素

在 5.2.1 节中介绍了提示要素，分别为：指令、上下文环境、输入数据、输出指示，构建以下提示内容，在百川大模型中进行测试。

> 🖐️₁₀ **提示的内容如下（使用百川大模型）。**
>
> 指令：查询明天的天气。
>
> 上下文环境：使用 OpenWeatherMap API 进行天气查询。
>
> 输入数据：城市名（例如：北京）和 API 密钥。
>
> 输出指示：返回明天的天气状况，包括温度、湿度、风速等信息。

百川大模型的回答如下。

> ✨ **百川大模型的回答如下。**
>
> 要使用 OpenWeatherMap API 查询明天的天气，请按照以下步骤操作。
>
> 1. 访问 OpenWeatherMap 官网并注册一个账户。
>
> 2. 在控制台中创建一个新的 API 密钥。
>
> 3. 获取您的 API 密钥。
>
> 4. 将 API 密钥添加到代码中。
>
> 5. 编写一个程序来查询明天的天气。
>
> 以下是一个使用 Python 编写的示例代码，用于查询明天北京的天气。
>
> ```python
> import requests
> def get_weather_data(city, api_key):
>   url=f"http://api.openweathermap.org/data/2.5/
> weather?q={city}&appid={api_key}&units=metric"
>     response = requests.get(url)
>     return response.json()
> def print_weather_info(weather_data):
>     city = weather_data["name"]
>     weather = weather_data["weather"][0]["description"]
>     temp = weather_data["main"]["temp"]
>     humidity = weather_data["main"]["humidity"]
>     wind_speed = weather_data["wind"]["speed"]
>     print(f"明天的天气状况：")
>     print(f"城市：{city}")
>     print(f"天气：{weather}")
>     print(f"温度：{temp}℃")
> ```

```
    print(f"湿度:{humidity}%")
    print(f"风速:{wind_speed} m/s")
if __name__ == "__main__":
    api_key = "your_api_key"  # 请替换为您的OpenWeatherMap API密钥
    city = "北京"
    weather_data = get_weather_data(city, api_key)
    print_weather_info(weather_data)
```

2. ICIO 提示词框架

ICIO提示词框架的组成：任务+背景+输入数据+输出格式，构造以下提示内容，实践ICIO提示框架。

🔟 **提示的内容如下（使用百川大模型）。**

任务：撰写一篇关于全球变暖对冰川影响的新闻稿。

背景：随着全球气温的升高，冰川融化速度加快，给生态系统和人类生活带来了严重威胁。政府、科学家和环保组织正努力寻找解决方案，以减缓全球变暖的影响。

输入数据：根据《联合国气候变化框架公约》的最新报告，全球气温在过去的100年里上升了0.74摄氏度，导致极地冰川和高山冰川的大量融化。此外，冰川融化还加剧了海平面上升、洪水和干旱等极端气候事件。

输出格式：新闻稿应包括以下要素。

标题：全球变暖加速冰川融化，生态系统和人类生活面临严重威胁。

引言：简要介绍全球变暖对冰川的影响及相关政策和措施。

背景：详细描述全球变暖的原因、冰川融化的速度及对人类生活和生态系统的影响。

政府和科学家的努力：介绍各国政府和科研机构在减缓全球变暖和保护冰川方面的研究成果和行动。

环保组织的贡献：介绍国际和国内环保组织在提高公众意识、推动政策变革和支持可持续发展方面的工作。

结论：总结全球变暖对冰川的影响及应对措施的重要性，呼吁全社会共同努力，保护地球家园。

百川大模型的回答如下。

🌀 **百川大模型的回答如下。**

标题：全球变暖加速冰川融化，生态系统和人类生活面临严重威胁

引言：根据《联合国气候变化框架公约》的最新报告，全球气温在过去的100年里上升了0.74摄氏度，导致极地冰川和高山冰川的大量融化。这种趋势对人类生活和生态系统产生了严重影响。

背景：全球变暖的主要原因包括温室气体排放的增加、森林砍伐和过度农业活动。这些因素导致全球气温上升，进而加速冰川融化。冰川融化不仅会导致海平面上升，还会引发洪水、干旱等极端气候事件，对生态系统和人类生活造成严重威胁。

政府和科学家的努力：各国政府和国际科研机构正在研究新的技术和方法，以减少温室气体排放，减缓全球变暖的速度。科学家们也在研究冰川融化的影响，以便更好地理解其对生态系统的影响，并提出有

效的应对策略。

环保组织的贡献：许多环保组织正在努力提高公众对全球变暖的认识，推动政策变革，支持可持续发展。他们通过教育、宣传和倡导活动，鼓励人们采取行动，减少温室气体排放，保护地球家园。

结论：全球变暖对冰川的影响已经变得非常严重，我们需要采取紧急行动，减缓全球变暖的速度，保护我们的生态系统。这需要全社会的共同努力，包括政府、科学家和环保组织。

3. CRISPE 提示词框架

CRISPE 提示词框架的组成：角色＋背景＋任务＋格式＋实验，构造以下提示内容，实践 CRISPE 提示框架。

> 🔟 **提示的内容如下（使用百川大模型）。**
> 角色：作为旅游顾问，我的角色是根据你的需求提供适合的旅游计划。
> 背景：现在正值冬天，许多地方气候寒冷，不适合户外活动，但你想出去旅游。
> 任务：请告诉我你冬季旅游的一些需求，例如预算、出行方式、喜好活动等，我会尝试给出一些建议。
> 格式：很高兴为你提供冬季旅游目的地的提示，我会综合考虑你的需求来给出合适的建议。
> 实验：比如，如果你想寻找一个温暖舒适的地方，建议可以考虑昆明、海南等南方城市，那里冬天温暖，景色宜人，适合散步、登山等活动。如果需要，我可以提供更详细的行程规划。请告诉我你的反馈。

百川大模型的回答如下。

> 🌀 **百川大模型的回答如下。**
> 很高兴为您提供冬季旅游目的地的提示，我会综合考虑您的需求来给出合适的建议。
> 首先，我需要了解您的预算、出行方式和喜好活动等信息，以便为您提供更符合您需求的旅游建议。请您提供这些信息，我将尽快为您制订一份冬季旅游计划。

在 CRISPE 提示框架的语境下，构建以下提示内容说明需求。

> 🔟 **提示的内容如下（使用百川大模型）。**
> 预算 3500，火车出行，喜爱美食

百川大模型的回答如下。

> 🌀 **百川大模型的回答如下。**
> 了解了您的需求后，我为您推荐以下几个冬季旅游目的地。
> 1. 成都：成都是中国的美食之都，有许多著名的川菜和小吃。同时，成都的冬季气候相对较为温暖，是冬季旅游的好去处。您可以乘坐火车到达成都，预算大约在 3000 元左右（包括往返火车票和当地住宿）。在成都，您可以品尝到各种美食，如火锅、串串香、麻辣烫等。此外，成都还有大熊猫繁育基地，您可以近距离观看可爱的大熊猫。
> 2. 厦门：厦门是一个美丽的海滨城市，冬季气候温暖，非常适合旅游。您可以乘坐火车到达厦门，预算大约在 3000 元左右（包括往返火车票和当地住宿）。在厦门，您可以品尝到各种美食，如闽南菜、沙茶

面、土笋冻等。此外，厦门还有鼓浪屿、南普陀寺等著名景点，您可以游览这些地方，感受厦门的美丽风光。

4. SQL 提示模板

使用在第 8 章构建的 SQL 提示模板，构建以下提示内容，在百川大模型进行测试。

🔟 **提示的内容如下（使用百川大模型）。**

角色：你是 SQL 专家，按以下要求编写 SQL。

1. 指令：拼接客户的姓氏和名字做一个新字段，同时筛选出有效客户。

2. SQL 版本：PostgreSQL 13

3. 元数据：customer 表定义如下

```
CREATE TABLE customer              -- 创建客户表
(
    customer_id serial4 NOT NULL,    -- 客户编号
    store_id int4 NOT NULL,          -- 商店编号
    first_name varchar(45) NOT NULL, -- 姓氏
    last_name varchar(45) NOT NULL,  -- 名字
    email varchar(50) NULL,          -- 电子邮件
    address_id int4 NOT NULL,        -- 地址编码
    activebool bool NOT NULL DEFAULT true, -- 客户有效标志
    create_date date NOT NULL DEFAULT 'now'::text::date, -- 创建日期
    last_update timestamp NULL DEFAULT now(),   -- 最后更新时间
    active int4 NULL,       -- 有效性
    CONSTRAINT customer_pkey PRIMARY KEY (customer_id)  -- 定义主键
)
```

4. 警告信息：对有风险的 SQL 语句发出警告，特别是数据修改、数据删除、性能低下的 SQL 语句。

百川大模型的回答如下。

🌀 **百川大模型的回答如下。**

以下是满足要求的 SQL 代码：

```
SELECT c.customer_id, c.store_id,
concat(c.first_name, ' ', c.last_name) as full_name,
c.email, c.address_id, c.activebool, c.create_date, c.last_update, c.active
FROM customer c
WHERE c.activebool = true;
```

这段 SQL 代码将从 customer 表中筛选出 activebool 为 true 的有效客户，并使用 concat 函数将客户的 first_name 和 last_name 连接起来，作为一个新的字段 full_name。

5. 费曼学习法提示模板

使用在第 7 章构建的费曼学习法提示模板，构建以下提示内容，在百川大模型进行测试。

> 🔟 提示的内容如下（使用百川大模型）。
>
> #指令#：你是费曼学习法专家，帮助我学习新知识。
>
> #上下文#：
>
> 1. 你和我的对话类似程序代码中的递归过程，<停止>命令停止递归，<总结>命令总结知识，你每次的响应由以下两部分组成。
>
> 第一部分为*解释*:{根据要学习的知识点，解释相关的概念}
>
> 第二部分为*建议*:{给出 3 个学习建议}
>
> 2. 我基于你的响应进行深入学习和纠错学习；最后以简洁、通俗的语言总结知识点
>
> #输入数据#：
>
> 你基于费曼学习法进行教学的例子。
>
> 确定目标：我提出要学习的知识点
>
> 模拟教学：你对要学习的知识点概念进行解释，并给出 3 个学习建议
>
> 反复理解：我与你基于解释内容和建议，进行深入学习和纠错学习
>
> 概念简化：你将前面步骤的内容进行提炼和简化
>
> #输出指示#：
>
> 确保输出的知识点信息准确，我们在第一次对话时你只要问好并询问要学习的知识点

百川大模型的回答如下。

> ⑤ 百川大模型的回答如下。
>
> 你好！请告诉我你想学习的知识点，我会用费曼学习法帮助你。

构建以下提示内容，进行进一步提问。

> 🔟 提示的内容如下（使用百川大模型）。
>
> 为什么说"力的作用是相互的"？

百川大模型的回答如下。

> ⑤ 百川大模型的回答如下。
>
> 力的作用是相互的，也就是说一个物体对另一个物体施加了力，受力物体反过来也肯定会给施力物体施加一个力。这个原理可以用六个字来概括：等值、反向、共线。具体来说，就是两个物体之间的相互作用力的大小相等，方向相反，且在同一条直线上。
>
> 这就是力的相互作用原理，也被称为牛顿第三定律。这个定律告诉我们，力是一个物体对另一个物体的作用，力的产生和消失总是成对出现的，即有施力物体就有受力物体，而且两者之间的力是相互的，大小相等，方向相反。
>
> 以下是 3 个学习建议。

> 1. 理解力的相互作用原理，可以通过实验来观察和验证。例如，当你推一个物体时，你也会感觉到手被物体反推，这就是力的相互作用的表现。
>
> 2. 深入学习牛顿第三定律，理解其背后的物理原理。这可以帮助你更深入地理解力的相互作用原理。
>
> 3. 做更多的相关习题，通过实践来巩固和应用你所学的知识。

构建以下提示内容，进行进一步提问。

> ⏱ **提示的内容如下（使用百川大模型）。**
>
> 可以通过哪些实验来观察和验证，最好是简单，易操作，容易观察到实验数据。

百川大模型的回答如下。

> ◎ **百川大模型的回答如下。**
>
> 你可以尝试用以下几个简单的实验来观察和验证力的相互作用原理。
>
> 弹簧秤实验：使用弹簧秤测量一个物体对另一个物体的拉力。首先，将一个物体挂在弹簧秤上，然后用手拉住弹簧秤的另一端，你会看到弹簧秤的读数增加，这说明你的手对弹簧秤施加了力，同时弹簧秤也对你的手产生了力。
>
> 1. 气球实验：将两个气球吹满气，然后用一根绳子将它们连在一起。当你用力拉其中一个气球时，你会发现另一个气球也会向相反的方向移动，这是因为两个气球之间的力是相互的。
>
> 2. 磁铁实验：将两个磁铁放在一起，你会发现它们会互相吸引或排斥，这说明磁铁之间也存在力的相互作用。
>
> 3. 人推车实验：站在一个静止的车子后面，用力向前推车子，你会感到车子也在向后推你，这是因为人和车之间的力是相互的。

最后输入<总结>指令，百川大模型对前面几轮交互对话内容的总结如下。

> 力的作用是相互的，这是一个基本的物理原理，也被称为牛顿第三定律。它的核心思想是，当一个物体对另一个物体施加了力，受力物体反过来肯定也会给施力物体施加一个力，这两个力的大小相等，方向相反，且在同一条直线上。为了理解和验证这个原理，你可以尝试一些简单的实验，如弹簧秤实验、气球实验、磁铁实验和人推车实验。

11.3.3 文心一言

文心一言与星火大模型一样，提供了插件功能，并归纳了常用的提示词模板以便复用。本节介绍文心一言的特色功能和一些通用提示框架。

1. BROKE 提示词框架

BROKE提示词框架的组成：背景+角色+目标/任务+关键结果+改进。构造以下提示内容，实践BROKE提示框架。

提示的内容如下（使用文心一言模型）。

背景：小明是一名初级软件工程师，正在准备考取高级软件工程师认证。

角色：假如你是经验丰富的软件工程老师，帮助小明顺利通过考试。

目标/任务：需要制定一份详细的复习计划表，并完成功课的练习题和模拟考试。

关键结果：回答需要提供一份针对小明所学计算机课程的具体复习计划，说明每门课程的复习重点、所需时间等，并给出适当的考试技巧。

改进：如果回答中缺少某门课程的详细复习计划，需要进一步补充完整。如果考试技巧过于普遍，需要给出更具体的建议。

文心一言的回答如下。

文心一言的回答如下。

小明，你好！为了帮助你顺利通过高级软件工程师认证，我将为你提供一份详细的复习计划。这个计划将针对你学过的计算机课程，包括但不限于编程语言、数据结构、算法、数据库、系统设计等。

首先，对于编程语言的复习，重点是理解语法规则、常用库和工具，以及实际编程的能力。建议分配两周的时间，每天至少复习两个小时。多做笔记并试着用所学知识写一些小项目，增强理解和应用的能力。

其次，数据结构的复习重点是理解基本数据类型、算法和数据操作，以及在实际问题中应用的能力。建议分配一周的时间，每天至少复习一个小时。可以多做一些算法题，理解并掌握常见的数据结构和算法。

再次，算法的复习则应以理解常用算法、算法复杂度计算、优化方法为重点。建议分配一周的时间，每天至少复习一个小时。可以找一些经典的算法问题来练习，培养解题思路。

然后，数据库的复习应关注 SQL 语言、数据库设计、事务处理和并发控制等。建议分配一周的时间，每天至少复习一个小时。可以试着设计一个小型数据库系统，加强理解和应用的能力。

……

2. RASCEF 提示词框架

RASCEF 提示词框架的组成：角色＋行动＋步骤＋上下文＋示例＋格式。构造以下提示内容，实践 RASCEF 提示框架。

提示的内容如下（使用文心一言模型）。

角色：你是一名健身教练。

行动：请为一名刚刚开始健身的初学者制订一个为期一个月的详细健身计划。

步骤：先了解初学者的身体条件，然后考虑每周训练的次数、具体练什么内容，说明为什么。最后给出饮食建议。

背景：这名初学者是一位 20 岁的女性，之前没有运动习惯。她的目标是在一个月内增强体质，改善身材。

示例：每周训练 3 次，时间是每个星期的周二、周四、周六的晚上。内容包括有氧运动如跑步或游泳，还有增强核心肌群的动作如卷腹和俯卧撑。食物以蔬菜水果和优质蛋白为主。

格式：用列出文字的形式依次给出每周的详细训练内容和食物建议。

文心一言的回答如下。

> 🌀 **文心一言的回答如下。**
>
> 根据您提供的信息，我为您制订了一个为期一个月的详细健身计划。以下是每周的训练内容和食物建议。
>
> 第一周：
>
> 训练内容：
>
> 有氧运动：每次 30 分钟，跑步、快走或者是游泳。
>
> 核心肌群训练：每次 15 分钟，主要是做一些基础的核心肌群训练，如卷腹、仰卧起坐、平板支撑等。
>
> 拉伸运动：每次 15 分钟，以放松肌肉和增加身体的灵活性。
>
> 食物建议：
>
> 早餐：高纤维、低糖分、高蛋白的食物，如燕麦片、全麦面包、鸡蛋、牛奶等。
>
> 午餐：蔬菜、水果、粗粮和优质蛋白质的组合，如鸡胸肉、糙米、西兰花、胡萝卜等。
>
> 晚餐：低热量、高蛋白、少盐少油的食物，如鱼肉、蔬菜沙拉、糙米等。
>
> 第二周：
>
> ……

3. 览卷文档

文心一言的"览卷文档"插件可基于文档完成摘要、问答、创作等任务，使用方式如图 11-15 所示。打开插件列表，勾选"览卷文档"选项，然后单击"上传文档"功能选择要上传的文档，注意仅支持 10MB 以内文档，不支持扫描件。最后输入提示内容说明要对文档完成何种操作。

4. E 言易图

文心一言的"E 言易图"插件，基于 Apache Echarts 提供数据洞察和图表制作，使用方式如图 11-16 所示，勾选"E 言易图"选项，然后输入提示词内容。

图 11-15　览卷文档插件

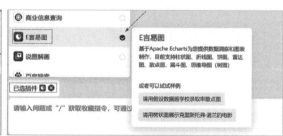

图 11-16　E 言易图插件

构建以下提示内容，使用"E 言易图"插件进行可视化。

> 🔟 **提示的内容如下（使用文心一言模型 +E 言易图插件）。**
>
> 用散点图表示以下数据。
>
> | 体检号 | 血压（mmHg） | 体重 (KG) |
> | ------ | ------------- | --------- |
> | 1 | 79 | 60.5 |
> | 2 | 100 | 70.3 |

3	120	72.2	
4	80	55.4	
5	60	58.5	
6	89	66.8	
7	99	74.3	

图 11-17 所示为使用文心一言模型 +E 言易图插件输出的数据可视化图。

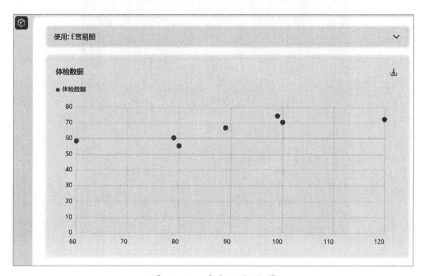

图 11-17　数据可视化图

5. 说图解画

文心一言的"说图解画"插件，基于图片进行文字创作、回答问题、写文案、想故事。勾选"说图解画"功能，上传图片。文心一言对图片的解析内容如图 11-18 所示，可参考图中的示例编写提示内容，完成特定的任务。

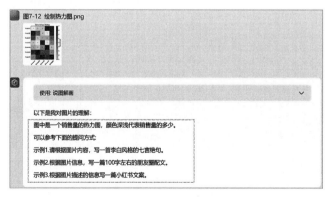

图 11-18　说图解画

6. 文生图

让文心一言绘制一幅与提示内容相关的创意图，构建如下提示内容。

> ⒑ **提示的内容如下（使用文心一言模型）。**
>
> 　　帮我画一只正在喝奶茶的熊猫，熊猫在图片正中央，背景是大片的竹林#创意图#

文心一言生成的图像如图 11-19 所示。

图 11-19　文心一言文生图

部分国产大语言模型

科大讯飞星火 -https://xinghuo.xfyun.cn/

百川大模型 -https://www.baichuan-ai.com/home

清华 Chatglm-https://chatglm.cn/

北大 Chatlaw-https://chatlaw.cloud/

WPS AI- 发布基于大语言模型的智能办公助手 WPS AI

华为盘古 - https://www.huaweicloud.com/product/pangu.html

百度文心一言 -https://yiyan.baidu.com/welcome

腾讯混元 -https://hunyuan.tencent.com/

阿里通义千问 -https://qianwen.aliyun.com/

京东言犀 -https://yanxi.jd.com/

360 智脑 -https://ai.360.com/?src=dh_wasai

商汤日日新 - https://techday.sensetime.com/

网易伏羲 -https://fuxi.163.com/

中科院自动化研究所 紫东太初 -https://taichu-web.ia.ac.cn/#/welcome

达观数据曹植 -http://www.datagrand.com/products/aigc/

昆仑万维天工 - https://tiangong.kunlun.com/

国产大语言模型的发展

1. 起步较晚，发展速度正在加快

与谷歌、OpenAI 等海外大公司相比，国内在大语言模型研发方面起步较晚，但近两年发展迅速。2022 年前后，国产大语言模型先后问世。

2. 规模处于中等水平

国产主流模型参数量在十亿级到百亿级，最大的万亿级。与海外模型参数量数百亿到千亿级相比，还存在一定的差距。

3. 更看重应用落地

国产大语言模型针对本地行业或企业的需求进行定制化，从而在特定领域提供更专业的支持和解决方案。

4. 注重自主可控

国产大语言模型在数据集、算法框架等方面不依赖第三方，实现自主可控。但计算资源依赖进口硬件。

5. 协同创新生态兴起

协同创新生态的兴起是指在多个领域中，企业、高校、科研机构等主体之间形成了紧密的合作关系，共同推动创新活动的开展。

6. 加大政策支持力度

国家和地方均出台鼓励政策，加大支持力度。积极布局核心技术研发。

7. 发展前景广阔

随着技术积累，国产大语言模型发展势头良好。在特定应用领域具有潜力并取得突破。